高等学校应用型特色规划教材

HTML + CSS + JavaScript

网页制作简明教程

王爱华　　王轶凤　　吕凤顺　　主编

清华大学出版社

北　京

内 容 简 介

目前，对网页制作的要求已不仅仅是视觉效果的美观，更主要的是要符合 Web 标准。传统网页制作是先考虑外观布局，再填入内容，内容与外观交织在一起，代码量大，难以维护。而目前 Web 标准的最大特点就是采用 XHTML + CSS + JavaScript，将网页内容、外观样式及动态效果彻底分离，从而大大减少了页面代码，可节省带宽、提高网速，更便于分工设计、代码重用，既易于维护，又方便移植。

作者根据多年的网页制作教学、实践经验以及学生的认知规律，精心编写了本书。

本书最大的特点是将 HTML 的各种元素与对应的 CSS 样式有效地融为一体，配备了大量的页面例题和丰富的运行效果图，以帮助读者系统、全面地掌握符合 Web 标准的网页制作技术。

本书知识内容系统、全面，例题丰富，既可以作为本科、专科(高职)院校相关专业的教材，也可作为计算机专业人员的自学或参考工具书。

图书在版编目(CIP)数据

HTML + CSS + JavaScript 网页制作简明教程/王爱华，王轶凤，吕凤顺主编. --北京：清华大学出版社，2014（2016.1 重印）

高等学校应用型特色规划教材

ISBN 978-7-302-37380-3

Ⅰ. ①H… Ⅱ. ①王… ②王… ③吕… Ⅲ. ①超文本标记语言—程序设计—高等学校—教材 ②网页制作工具—高等学校—教材 ③JAVA 语言—程序设计—高等学校—教材 Ⅳ. ①TP312 ②TP393.092

中国版本图书馆 CIP 数据核字(2014)第 162948 号

责任编辑：桑任松　杨作梅
封面设计：杨玉兰
责任校对：周剑云
责任印制：沈　露

出版发行：清华大学出版社
　　　　网　　　址：http://www.tup.com.cn, http://www.wqbook.com
　　　　地　　　址：北京清华大学学研大厦 A 座　　　邮　　编：100084
　　　　社 总 机：010-62770175　　　　　邮　　购：010-62786544
　　　　投稿与读者服务：010-62776969，c-service@tup.tsinghua.edu.cn
　　　　质 量 反 馈：010-62772015，zhiliang@tup.tsinghua.edu.cn
　　　　课 件 下 载：http://www.tup.com.cn,010-62791865
印 装 者：北京鑫海金澳胶印有限公司
经　　销：全国新华书店
开　　本：185mm×260mm　　　印　张：19　　　字　　数：457 千字
版　　次：2014 年 9 月第 1 版　　　印　　次：2016 年 1 月第 2 次印刷
印　　数：3001～4500
定　　价：36.00 元

产品编号：058890-01

前　言

在 Web 时代，各种网站的需求越来越多，标准越来越高，传统的网站制作教材无论从技术实现还是在网站的维护方面，已经远远不能满足技术人员的需求，而目前对网页制作的要求也不仅仅是视觉效果的美观，更主要的是要符合 Web 标准。

Web 标准的最大优点是采用 XHTML + CSS + JavaScript 将网页内容、外观样式及动态效果彻底分离，从而可以大大减少页面代码，能节省带宽、提高网速，更便于分工设计、代码重用，既易于维护，又能移植到以后更新升级的 Web 程序中；同时按照 Web 标准能够轻松制作出可在各种移动设备终端中访问的页面。

为适应现代技术的飞速发展，帮助众多喜爱网站开发的人员提高网站的设计及编码水平，作者根据多年的教学经验和学生的认知规律，在潜心研读网站制作的前沿技术之后，在与众多教师多次讨论、反复切磋的基础上，精心编写了本书。本书既可作为本科、专科/高职院校、成人继续教育的教材，也可作为计算机专业人员的工具书。

本书采用全新流行的 Web 标准，由浅入深、系统全面地介绍了 XHTML、CSS、JavaScript 的基本知识及常用技巧，打破了传统教材独立讲解三个模块的做法，摒弃了传统 HTML 元素中大部分属性的应用，将 HTML 每种元素及针对该元素能够使用的各种样式有效整合，即每种元素都会按照标准方式在页面中出现，让读者通过各种丰富实用的案例直接学习到最新标准下的知识，内容翔实完整。考虑到网页制作较强的实践性，本书配备了大量的页面例题和丰富的运行效果图，能够有效地帮助读者理解所学习的理论知识，系统全面地掌握网页制作技术。

本书在每章之后附有大量的理论与实践操作习题，并在附录中给出了习题答案，供读者课外巩固所学的内容。

全书共分 9 章。各章的主要内容说明如下。

第 1 章：介绍网络、网站部署与发布等与网站制作相关的基础知识，采用简单易懂的示例和文字，说明了 HTML、CSS 和 JavaScript 在页面中的功能、特点及使用方法，简单讲述了 HTML 和 XHTML 文档的结构及 HTML 中的基本语法。

第 2 章：主要以页面中的段落、文本块和 div 元素为切入点，详细介绍 CSS 样式表在网页制作中的重要应用，包括样式表的结构、分类、样式规则、各种选择符以及文本、盒状模型的边框、填充、边距和居中浮动等布局样式属性，为后续学习各种复杂页面元素及相关样式奠定基础。

第 3 章和第 4 章：讲解页面设计中常用的标记元素及各种元素的相关样式，例如图像、超链接、表格、列表等，同时强调各种元素样式在不同浏览器下兼容性的标准做法。

第 5 章：将传统网页制作教材中很少涉及的盒子定位技术以实现实际网站案例的方式进行详细的讲解，并将绝对定位、相对定位与浮动技术有效融合，同时解决不同浏览器兼容性的问题。

第 6、7、8 章：详细介绍 JavaScript 脚本语言的相关知识，包括基础语法、流行的事件处理方式、自定义类与对象、全局对象、系统对象、内置对象、各种 DOM 标记对象、事件对象以及样式对象。

第 9 章：通过丰富的例题，介绍目前流行的 JavaScript 动态效果应用技术，包括动态下拉列表导航技术、图像翻转与漂浮广告通用技术、综合表单验证通用技术等。

本书由王爱华、王轶凤、吕凤顺主编，朱佳、孟繁兴、张萍、倪晓瑞、尚玉新、杜玉霞任副主编。参与本书编写的人员还有山东商业职业技术学院徐红、黄丽民、张宗国、朱旭刚、王灿、闫向东、乔明国、田义振、杨立忠等老师，在此表示感谢。读者若需要进一步学习更系统、更全面的 XHTML + CSS + JavaScript 知识，可参阅由本书作者编著、清华大学出版社出版的《HTML + CSS + JavaScript 网页制作实用教程》ISBN978-7-302-27754-5。

由于作者水平有限，如有错误和遗漏，敬请各位同行和广大读者批评指正，并诚恳欢迎提出宝贵的建议。作者的 E-mail 地址是：aihuamengru@163.com。

目 录

第 1 章　HTML、CSS、JavaScript 基础知识和基本语法

【学习目的与要求】

知识点

- 静态网页与动态网页的基本概念。
- 网页的工作原理。
- HTML、CSS、JavaScript 在网页中的作用。
- HTML 语法结构。
- XHTML 语法结构。
- 文档头部<title>、<meta>和<link>标记的作用。

难点

- 网页的工作原理。
- XHTML 中的文档类型。
- 文档头部<meta>标记的应用。

1.1　Web 网页的基本概念

1.1.1　网页

1. 页面与 Web

打开浏览器浏览网页，一个窗口中显示的内容就是一个页面，页面内容一般包括站标、导航栏、广告栏和信息区，点击超链接可打开其他的页面。

Internet 采用超文本(文本、图片)和超媒体(声音、影视)的信息组织方式，在打开的页面上，用户可以通过链接访问新的页面，还可以激活一段声音、显示一幅图像甚至播放一段动画，而且这些内容可以分别来自不同国家或地区的网站——这也就是 WWW 万维网的含义。

如果把页面比作是一个纵横交错的蜘蛛网的话，蜘蛛可以在网上随意地到它想去的任何地方。人们常说的 Web 就类似于蜘蛛网的含义，现在泛指网络、互联网等技术领域，如 Web 网页、Web 网站、Web 服务器等。Web 的具体表现形式可分为超文本(Hypertext)、超媒体(Hypermedia)、超文本传输协议(HTTP)三种。

简单地说，Web 就是一种超文本信息系统，Web 的一个主要概念是超文本的链接性，

通过网页的相互链接，就可形成一个像蜘蛛网一样的巨大信息网。

例如，图 1-1 为山东商业职业技术学院网站的主页面。

图 1-1　山东商业职业技术学院网站的主页面

2．网页

用户在计算机浏览器地址栏中输入所要访问网站的网址，即可打开指定的页面，浏览该网站提供的信息。那么该如何建立网站、设计这些页面呢？

可以说，"网页"就是保存在计算机中的一个 HTML 文件，是用户在浏览器中看到的一个页面的内容。所谓"网页制作"，就是按 Web 标准，用 HTML + CSS + JavaScript 编写 HTML 文件。由于一个文件对应用户在浏览器中看到的一个页面，习惯上就把这种文件叫作"网页"，或者统称为"HTML 文件"或"HTML 文档"。

网页按其用途，可分为首页(访问网站首先看到的网页)、主页(设有网站导航的第一页，通常与首页合并为一个页面)、专栏或主题网页(对网站内容进一步细化和归类，是主页和内容网页的中转页面)和功能网页(用于注册、信息反馈的页面)等。

网页的扩展名表示了网页文件的类型，例如.htm 或.html 是用 HTML + CSS + JavaScript 编写的静态网页，而.asp、.jsp 或.php 则分别是用 ASP、JSP 或 PHP 编写的动态网页。

HTML 网页文件一般指静态网页，文件名最好由字母、数字、下划线组成，区分大小写，不能含空格、"$"或"/"等特殊字符，最好也不要出现汉字。

3．静态网页

静态页面只能按一定格式显示一定的内容信息，无须用户提交信息，也无法按用户的要求显示任意需要的内容。

目前流行的静态页面都是用 HTML + CSS + JavaScript 编写的.htm 或.html 文件。

静态页面使用 JavaScript，可实现具有交互性的动态效果，例如动态变换图像、动态更新日期、鼠标指向某个元素或区域时动态出现浮动区域、鼠标指向浮动区域内某个元素时还可动态改变显示效果并可实现超链接功能。

静态网页部署在服务器，收到客户请求后，必须下载到客户端浏览器上运行。

静态网页的所有动态内容都是事先设计好的固定内容，并随页面一同下载到客户计算机上，只不过是根据用户的操作，由浏览器执行 JavaScript 脚本产生动态效果而已，用户的操作及动态显示都与网站服务器没有关系，因此它并不是真正意义上的动态页面。

4．动态网页

动态页面可以按客户要求，任意显示保存在服务器上的信息，也可以将自己的信息提交给服务器保存，例如百度网站、邮箱网站、博客网站等的应用。

动态页面是用 HTML + CSS + JavaScript 与 ASP、PHP 或 JSP 代码混合编写的.asp 或.php 或.jsp 文件。其中，HTML + CSS + JavaScript 生成发送给客户的静态页面内容；ASP、PHP 或 JSP 代码处理客户请求，保存客户提交的数据，生成客户需要的数据。

本书中对动态网页不做任何讲解，感兴趣的读者可自行阅读其他相关的书籍。

1.1.2　网站

在逻辑上可作为一个整体的若干个网页的组合，就构成了一个网站，网站的本质就是计算机上保存所有网页文件及所有资源文件的一个文件夹。

网站文件夹也称为网站的根目录，一般网站根目录的结构如图 1-2 所示。

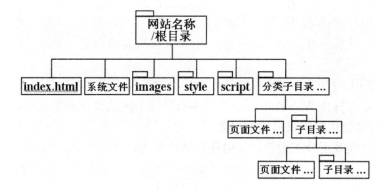

图 1-2　网站根目录的结构

一个网站中包含网页的个数并不固定，可以根据实际需求来增加或者减少。

1.1.3　Web 标准

1．W3C 组织

W3C 是英文 World Wide Web Consortium 的缩写，中文意思是 W3C 理事会，或万维网联盟，一般也称为 W3C 组织。

W3C 于 1994 年 10 月在麻省理工学院计算机科学实验室成立，目前已发展成为由生产技术产品及服务的厂商、内容供应商、团体用户、研究实验室、标准制定机构和政府部门等 500 多名会员组成的一个非赢利性组织，致力于在万维网发展方向上制定能达成共识的网络标准。到目前为止，W3C 已开发了超过 50 多个规范或标准。

有关 W3C 组织及各种标准或规范，可以访问 W3C 的官方网站 http://www.w3c.org。

2．Web 标准与 Web 2.0

Web 标准是 W3C 组织与其他标准组织在网络发展方向上制定的一系列网页技术标准的统称，其中也包括 HTML、XHTML、XML、CSS、ECMAScript(JavaScript)等若干标准或规范。

因为是网络发展方向上一系列标准的统称，所以没有人能确切地说清楚 Web 标准究竟是什么。当前正在使用的是 Web 2.0 标准。

笼统地说，Web 2.0 是相对于早期 Web 1.0 的新一类网络应用的统称，或者说，是指已经到来的新一代服务，是新兴的网络名词和概念。

使用 Web 2.0，能够设计更加符合 Web 标准的网站，Web 标准是目前国际上推广的网站标准，Web 标准典型的应用模式是"CSS+DIV"，符合 Web 标准的网站对于用户和搜索引擎更加友好。

3．使用 Web 标准的优点

使用 Web 标准制作的网页，其最大特点就是采用 XHTML + CSS + JavaScript 将网页的内容(信息)、表现(样式)和行为(交互及动态效果)分离。传统网页制作是先考虑外观布局再填入内容，内容、外观与行为交织在一起，而 Web 标准是将内容、外观与行为彻底分离，各自独立。

目前对网站制作的要求，已不仅仅是视觉效果的美观，更主要的是要符合 Web 标准，一个网站的设计是否符合 Web 标准，已经成为衡量这个网站设计水平的重要指标。

使用 Web 标准制作的网页具有下列优点：

- 内容与外观既可分工设计，又可代码移植重用，更易于修改和维护，可实现低成本开发。
- 可减少网页代码、节省带宽，提高网络传输效率、减少服务器负担，缩短网站加载时间。
- 可大幅提高浏览器解析网页的速度，提高页面的浏览速度。
- 通过修改样式，可适应多种设备及平台，并能保证可移植到新的 Web 程序中。

本书将采用 Web 标准设计网页，为读者今后从事网页制作打下良好的基础，并培养良好的习惯。

本书的主要目的也就是让读者学会如何按 Web 标准，使用 XHTML + CSS + JavaScript 编写"网页"文件，学会网页制作，并能将若干网页组织为"网站"文件夹，完成网站的设计。

1.2 网页的工作原理与制作工具

1.2.1 网页的工作原理

我们将要发布的信息按 Web 标准用 HTML + CSS + JavaScript 编写为 Web 网页文件并保存在 Web 服务器的网站文件夹中，用户在浏览器地址栏中输入该网页的网址，向服务器发出请求，Web 服务器通过 HTTP 协议将指定的网页文件及所有相关的资源文件传送到用户计算机的特定文件夹中，再通过用户计算机的浏览器解析执行该网页文件的代码，并将执行结果显示在浏览器中，从而形成用户看到的页面。网页的工作原理如图 1-3 所示。

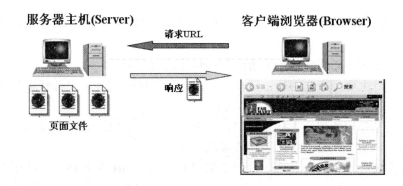

图 1-3 网页的工作原理

1.2.2 网页制作工具

(1) HTML 编辑器

HTML 编辑器可以自动生成成对的标记，适用于手工编写页面。常用的 HTML 编辑器有 HomeSite、Hotdog Pro、BBEdit 等。

(2) 可视化网页编辑器

可视化网页编辑器也就是"所见即所得"的网页编辑器，是目前应用最广泛的网页制作工具。在这种工具环境中，拖动图形控件就可以自动生成 HTML 代码，并能在编辑页面时直接看到浏览器的运行效果，常用的可视化网页编辑器有 Dreamweaver、FrontPage 等。

可视化网页编辑器最大的缺陷是会产生大量的垃圾代码，影响网页的可读性和传输速度，更为日后的维护带来不便，因此使用这类工具时应注意切换视图，及时删除废代码。

本书将在 Dreamweaver 代码视图下编写页面代码，使读者能专心学习并掌握 XHTML、CSS、JavaScript 的相关知识。

1.3 HTML、CSS、JavaScript 简介与示例

Web 标准目前流行的设计方式就是采用 HTML/XHTML + CSS + JavaScript 将网页的内容、表现和行为分离。HTML、CSS、JavaScript 都是跨平台，即与操作系统无关的，只依赖于浏览器，目前几乎所有浏览器都支持 HTML、CSS 和 JavaScript。

(1) HTML 用于在页面上添加各种元素，例如图片、文本、表格、各种媒体文件等，是制作网页的最基本的标记。

(2) CSS 样式用于美化所制作的网页，包括设计页面元素的格式、各种元素在页面中的排列和布局等。

(3) JavaScript 则用于在页面中增加各种特效设计，使所设计的页面更加活泼。

1.3.1 HTML 超文本标记语言

1. HTML

HTML 的全称是超文本标记语言(HyperText Markup Language)，通过标记符描述页面显示的文本、图片、声音和影视动画。

网页中各种页面元素的插入都是通过 HTML 标记来实现的。

所谓超文本，主要是指它的超链接功能，通过超链接将图片、声音和影视及其他网页或其他网站链接起来，构成内容丰富的 Web 页面。

HTML 是最早使用的超文本标记语言，传统 HTML 对语法要求非常宽松，例如标记可以不闭合、标记名不区分大小写、属性值可以不加引号等。

HTML 的发展经历了 HTML 第一版、2.0、3.0、4.0、4.01 和 HTML 5 的版本，在发展的过程中，尤其是从 HTML 4.0 开始，淘汰了很多标记和属性，本书中对这些标记和属性不再赘述，我们只介绍那些常用的标记以及与这些标记对应的 CSS 样式。

2. XHTML

XHTML(eXtensible HyperText Markup Language)是可扩展超文本标记语言，其表现方式与超文本标记语言 HTML 类似，不过语法上更加严格。目前推荐使用的版本是 W3C 于 2000 年发布的 XHTML 1.0 或 XHTML 1.1，其功能与 HTML 4.0 对应。

从本质上讲，XHTML 与 HTML 的区别不是太大，基本上采用 HTML 已经定义好的标记，但由于 XHTML 遵循 Web 标准，而且可以更好地与 CSS、JavaScript 结合，目前已经成为设计网页的主流。

本书将完全采用 XHTML 标准方式来介绍那些必须使用的 HTML 标记。

【例 1-1】采用 XHTML 过渡型标准的第一个 HTML 页面：

```
<!DOCTYPE html PUBLIC "-//W3C//DTD XHTML 1.0 Transitional//EN"
  "http://www.w3.org/TR/xhtml1/DTD/xhtml1-transitional.dtd">
<html  xmlns="http://www.w3.org/1999/xhtml">
<head>
<title>第一个 HTML 页面</title>
```

```
</head>
<body>
    <h2 style="text-align:center; color:blue" >这是 HTML 页面</h2>
    <hr />
    <p style="color:red">我们在学习 HTML+CSS+JavaScript。</p>
</body>
</html>
```

页面运行结果如图 1-4 所示。

图 1-4　HTML 页面的运行效果

1.3.2　CSS 层叠样式表

层叠样式表(Cascading Style Sheets，CSS)用于设置 HTML 页面中各种元素的外观效果或布局排列方式，例如文本的字体、大小和对齐方式，图片的排列、表格的效果等。

采用 CSS 实现了页面内容结构与外观表现的彻底分离，使美工人员可以按自己喜欢的样式专注于页面外观的设计，使页面样式更加丰富，而且易于维护(改变样式时只需修改CSS)、可移植、可通用。

CSS 可直接写入 HTML 文件，也可单独创建.css 外部文件。

【例 1-2】以 XHTML + CSS 采用外部独立 CSS 文件的第一个 HTML 页面。

(1)　创建独立的 c1-2.css 文件，包含下面的代码：

```
h2 { color:blue; text-align:center; }
p { color:red; }
```

(2)　在 c1-2.css 同一目录中创建 h1-2.html 页面文件：

```
<!DOCTYPE html PUBLIC "-//W3C//DTD XHTML 1.0 Transitional//EN"
  "http://www.w3.org/TR/xhtml1/DTD/xhtml1-transitional.dtd">
<html xmlns="http://www.w3.org/1999/xhtml" >
<head>
<title>第一个 HTML 页面</title>
<link type="text/css" rel="stylesheet" href="c1-2.css" />
</head><body>
    <h2>这是 HTML 页面</h2>
    <hr />
    <p>我们在学习 HTML+CSS+JavaScript。</p>
</body></html>
```

本例用外部 CSS 文件将 HTML 页面内容与表现样式完全分离，使网页代码更加简洁、便于分工设计、维护修改并可实现代码移植重用。运行结果除标题外与图 1-4 完全相同。

请读者做如下尝试：

- 修改 c1-2.css 中 color:red;为 color:green;，刷新页面，观察效果。
- 在 h1-2.html 中的</body>标记前面增加代码 "<p>这是新增加的段落</p>"，刷新页面，观察效果。

上面运行效果的变化说明了什么问题？

1.3.3　JavaScript 脚本语言

JavaScript 是一种只拥有简单语法的脚本语言，可以开发客户端浏览器的动态应用程序。目前推荐使用的版本是欧洲计算机制造商协会(ECMA)的 ECMAScript-262 标准，目前流行使用的 JavaScript、JScript 可认为是 ECMAScript 的扩展。

HTML 与 CSS 配合只能实现静态页面，提供固定信息和外观，而配合使用 JavaScript 则可以设计出具有交互性动态效果的页面。

考虑到脚本代码的复杂性，这里我们暂不举例说明，将在本书后面的章节中进行详细介绍。

1.4　HTML 文档结构和基本语法

1.4.1　HTML 文档结构

HTML 4.0 的网页文档以<html>标记开始，到</html>标记结束，一对<html></html>表示一个页面，也称为 HTML 文档的根标记或根元素。一个完整的页面由文档头部和文档主体两部分构成：

```
<html>
    <head>
        <title>文档标题</title>
        <!-- 文档头内容标记，设置页面参数 -->
        <!-- 定义 CSS 样式表及 JavaScript 代码或引用外部文件 -->
    </head>
    <body>
        <!-- 文档主体标记，定义页面显示的内容 -->
    </body>
</html>
```

1. HTML 文档头部标记<head>

文档头部标记<head></head>内部可设置页面标题和页面参数的标记、定义 CSS 样式表及 JavaScript 代码或引用外部文件，<head></head>内的标记只控制页面的性能，而不会显示在网页上。

一个 HTML 文档最多拥有一对<head></head>标记。

2. HTML 文档主体标记\<body>

HTML 文档主体标记\<body>\</body>用于定义页面所要显示的内容,浏览器页面中显示的所有文本、图像、音频和视频等都必须位于\<body>\</body>标记之间。

一个 HTML 文档最多有一对\<body>\</body>标记,且必须在\<head>标记之后。

3. HTML 的树形文档结构

HTML 文档结构属于树形结构,因此也称 HTML 文档是一棵文档树,如图 1-5 所示。

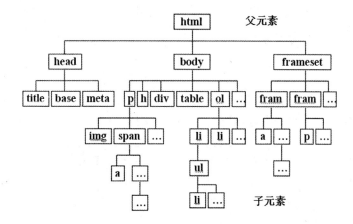

图 1-5　HTML 文档树

HTML 文档中的每个标记称为文档树的一个元素或节点,在 JavaScript 中,每个标记节点都被当作一个对象。其中上层元素(外层标记)是所有下层元素(内层标记)的父元素,下层元素是所有上层元素的子元素,\<html>标记是所有标记的父元素,也称为根元素。

1.4.2　HTML 基本语法

1. 标记语法

HTML 文档全部由标记构成,所有标记都是\<标记名>结构,即\<tag>格式。

大多数标记需要成对出现,有起始标记\<tag>和结束标记\</tag>,称为双标记。

部分标记不需要结束标记,称为单标记,表现形式为\<tag />(注意空格的使用),例如,\
为换行标记;\<hr />为水平线标记。

注意:标记名与\<或\</之间不允许有空格。

开始标记可以带有属性,结束标记必须以/开头,且不能带属性。

在 XHTML 规范中,所有双标记必须闭合。

标记体内可以包含需要的其他标记,但必须正确嵌套,不能交叉。

单标记的标记名与 "/>" 之间(即 "/>" 之前)最好留有空格,否则有些标记在某些浏览器中可能会出现解释错误。

---

2. 属性语法

HTML 大多数标记都具有属性，属性就是标记的参数，多个属性的设置顺序任意。例如水平线标记<hr />可以具有线条粗细 size、颜色 color、长度 width 及对齐方式 align 等属性：

```
<hr size="线条粗细" align="对齐方式" width="长度" color="颜色" />
```

例如：

```
<hr size="5" align="left" width="75%" color="red" />
```

这表示显示一条粗细为 5 像素、红色、左对齐显示、宽度为页面 75%(随页面宽度变化)的水平线。

任何标记的属性都有默认值，省略该属性则取默认值。

例如，<hr />等价于<hr size="2" align="center" width="100%" color="black" />表示显示一条粗细为 2 像素、黑色、居中、宽度与页面宽度相同的水平线。

> **注意：** 在 XHTML 规范里，大多数标记的属性都可以使用样式来取代，只要能够使用样式的地方，都不要再使用普通的属性设置了。

【例 1-3】显示不同属性的水平线：

```
<html>
<head> <title>设置水平线的属性</title> </head>
<body>
    粗细为 5 像素、红色、左对齐、宽度为页面 50%的水平线：
    <hr size="5" align="left" width="50%" color="red" />
    默认属性的水平线：
    <hr />
    不同的属性设置，会影响显示内容的外观样式。
</body>
</html>
```

文档运行效果如图 1-6 所示。

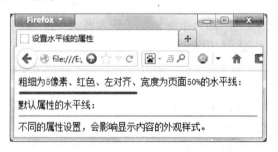

图 1-6　页面文件 h1-3.html 的运行效果

改变页面宽度时，width 为 50%的水平线会随页面的宽度变化而变化。

1.4.3　HTML 文档的标记与分类

HTML 标记按页面布局，可分为块级标记和行内标记两大类，了解标记的分类，可为使用 CSS 设计外观样式和布局打下基础。

1. 块级标记(display:block)

块级标记在页面中以区域块的形式出现，可以设置块的高度、宽度和边框。简单地说，块级标记在页面中会独自占据一整行(逻辑行)，其开头和结尾都会自动换行。如<h>标题标记、<p>段落标记和<hr />标记等。

2. 行内标记(display:inline)

行内标记也称为内联或内嵌标记，顾名思义，行内标记与它前后的其他标记内容显示在一行中，是某个区域块中的一部分。行内标记只有自身的字体大小或图像尺寸，不能独立设置其高度、宽度和边框。如<a>超链接标记、<img />图像标记、<span>标记。

行内标记可以通过 CSS 中 display 属性的 block 取值转变为块级元素。

后续章节中，我们会在介绍相关标记时进行类型说明。

1.5　XHTML 文档结构和文档类型

XHTML 1.0 的文档结构如下：

```
<!DOCTYPE html PUBLIC "-//W3C//DTD XHTML 1.0 Transitional//EN"
  "http://www.w3.org/TR/xhtml1/DTD/xhtml1-transitional.dtd">
<html xmlns="http://www.w3.org/1999/xhtml">
<head>
    <title>文档标题</title>
    <!-- 文档头内容标记，设置页面参数 -->
    <!-- 定义 CSS 样式表及 JavaScript 代码或引用外部文件 -->
</head>
<body>
    <!-- 文档主体内容标记，页面内容 -->
</body>
</html>
```

1. 什么是 DTD

DTD 的全称是文档类型定义(Document Type Definition)，是一套关于标记符的语法规则，它规定在文档中可以使用哪些标记符，这些标记要按什么次序出现，哪些标记符有属性等，简而言之，就是 DTD 规定了文档中所用标记及属性的使用规则。

XHTML 不允许自定义标记，但它可以引用标准的 DTD，就是说，W3C 已经为 XHTML 文档定义好了 DTD，其中包含了允许 XHTML 文档使用的标记，而这些标记正是对传统 HTML 标记的扩充和修改。

XHTML 文档可以使用 Strict(严格型)、Transitional(过渡型)或 Frameset(框架型)DTD，

不同类型的 XHTML 文档要使用不同的 DTD。

2．指定 XHTML 文档类型

XHTML 文档必须在开头用<!DOCTYPE>标记说明该文档是一个 XHTML 文档并指定该文档所采用的 XHTML 版本和 DTD 类型，只有这样，才能让浏览器将该网页作为有效的 XHTML 文档并按指定的 DTD 类型进行解析执行。

使用 XHTML 文档的意义，在于能通过浏览器验证文档语法的正确与否、保证该网页可以不加修改地移植到以后新的 Web 程序中、便于浏览器版本升级而不影响页面。

（1）指定 Strict DTD 的严格型 XHTML 文档：

```
<!DOCTYPE html PUBLIC "-//W3C//DTD XHTML 1.0 Strict//EN"
  "http://www.w3.org/TR/xhtml1/DTD/xhtml1-strict.dtd">
```

浏览器对 Strict DTD 文档的解析比较严格，在采用该类型的 XHTML 文档中，不允许使用任何表现样式的标记或属性，所以不建议使用这种类型。

其中 XHTML 1.0 指定了所用 XHTML 的版本，由于 XHTML 文档的默认类型为 Strict，所以 Strict 也可以省略。例如，XHTML 1.0 版本采用 Strict DTD 可以写为：

```
<!DOCTYPE html PUBLIC "-//W3C//DTD XHTML 1.0//EN"
  "http://www.w3.org/TR/xhtml1/DTD/xhtml1.dtd">
```

而 XHTML 1.1 版本采用 Strict DTD 则可以写为：

```
<!DOCTYPE html PUBLIC "-//W3C//DTD XHTML 1.1//EN"
  "http://www.w3.org/TR/xhtml11/DTD/xhtml11.dtd">
```

（2）指定 Transitional DTD 的过渡型 XHTML 文档：

```
<!DOCTYPE html PUBLIC "-//W3C//DTD XHTML 1.0 Transitional//EN"
  "http://www.w3.org/TR/xhtml1/DTD/xhtml1-transitional.dtd">
```

浏览器对 Transitional DTD 文档的解析比较宽松，在采用该类型的 XHTML 文档中仍可使用传统 HTML 4.0 表现样式的标记或属性，但必须符合 XHTML 语法。

本书全部采用 Transitional 过渡型 DTD 编写 XHTML 1.0 版本的文档。

1.6　HTML 文档头部的相关标记

文档头部的相关标记必须嵌入在<head></head>标记之间，用于设置页面的功能，包括页面标题及各种参数，这些标记内容不会显示在页面上。

1.6.1　设置页面标题<title>

一个网页最多一个<title>标记(可以省略)：

```
<title>[文档标题文本]</title>
```

<title>标记用于将指定文本显示在页面标题栏左边——页面标题，省略标记文本内容则显示空白，如果省略<title>标记则显示默认标题(一般为页面路径或浏览器名称版本)。

1.6.2   定义页面元信息<meta />

在<head>头部中,可以包含任意数量的<meta />标记,用于定义该页面的相关参数信息。例如为搜索引擎提供信息、为浏览器设置显示该页面的相关参数。

1．<meta name="键名" content="键值" />

许多搜索引擎都会根据网页 META 标记提供的信息进行搜索,例如按关键字、作者姓名、内容描述等进行搜索。

在<meta />标记中使用 name/content 属性可为网络搜索引擎提供信息,其中 name 属性提供搜索内容名,content 属性提供对应的搜索内容值。例如:

```
<meta name="keywords" content="内容关键字1, 关键字2, ..." />
<meta name="author" content="网页作者姓名" />
<meta name="description" content="页面描述文字" />
<meta name="others" content="其他搜索内容" />
```

2．<meta http-equiv="键名" content="键值" />

服务器向客户浏览器发送页面文件之前,都会先发送一个 HTTP 头部信息,默认至少发送 content-type:text/html 键/值对,通知浏览器所发送的文件类型是 HTML 文档。

使用 http-equiv/content 属性,可设置服务器发送给浏览器的 HTTP 头部信息,为浏览器显示该页面提供相关的参数:

```
<meta http-equiv="content-type" content="文档类型[;编码方式]" />默认 text/html
<meta http-equiv="charset" content="文档字符编码方式" />
<meta http-equiv="refresh" content="页面自动刷新秒数" />
<meta http-equiv="refresh" content="秒数;url=页面 url" /> 延时后自动转向页面
<meta http-equiv="expires" content="客户机器页面缓存过期时间" />
```

其中 http-equiv 属性提供参数类型,content 提供对应的参数值。

> 注意:name 属性与 http-equiv 属性不能同时在一个<meta />标记中使用。

【例 1-4】设置搜索信息及浏览器参数,到 10 秒钟后自动链接到百度页面,该页面在客户机器缓存过期时间设置为 2014 年 10 月 1 日 0 时:

```
<!DOCTYPE html PUBLIC "-//W3C//DTD XHTML 1.0 Transitional//EN"
  "http://www.w3.org/TR/xhtml1/DTD/xhtml1-transitional.dtd">
<html>
<head>
<title>设置搜索信息与浏览器参数</title>
<meta name="keywords" content="图书,计算机,网页编程" />
<meta http-equiv="refresh" content="10;url=http://www.baidu.com" />
<meta http-equiv="expires" content="Mon,1 Oct 2014 00:00:00 GMT" />
</head>
<body>
```

我们在学习 HTML+CSS+JavaScript。10 秒钟后自动链接到百度页面。

......

```
</body>
</html>
```

页面的运行结果如图 1-7 和 1-8 所示。

图 1-7　h1-4.html 页面

图 1-8　10 秒钟后自动链接到百度

在 2014 年 10 月 1 日 0 点之前再次运行该网页时，如果用户没有删除缓存文件，则浏览器直接读取客户端机器内保存的副本，而不会向 Web 服务器发送新请求。若将机器时间调整为 2014 年 10 月 1 日之后再运行该页面，客户端浏览器则会直接向 Web 服务器发送新请求，以重新获得该网页信息。

1.6.3　引用外部文件<link />

一个页面往往需要多个外部文件的配合，在<head>中使用<link />标记可引用外部文件，一个页面允许使用多个<link />标记引用多个外部文件。语法如下：

```
<link type="目标文件类型" rel/rev="stylesheet"
  href="相对路径/目标文档或资源 URL"
  [media="适用介质列表" charset="目标文件编码"] />
```

其中：

- href：该属性指定引用外部文件的 URL。
- type：该属性规定目标文件类型，常用的取值有 text/css、text/javascript、image/gif。
- rel/rev：表示当前源文档与目标文档之间的关系和方向。rel 属性指定从源文档到目标文档(前向链接)的关系，而 rev 属性则指定从目标文档到源文档(逆向链接)的关系。这两种属性可以在<link>或<a>标记中同时使用。属性的取值如下。
    - alternate：可选版本。
    - stylesheet：外部样式表。
    - start：第一个文档。
    - next：下一个文档。
    - prev：前一个文档。
    - contents：文档目录。
    - index：文档索引。
    - copyright：版权信息文档。

- ◆ chapter：文档的章。
- ◆ section：文档的节。
- ◆ subsection：文档子段。
- ◆ appendix：文档附录。
- ◆ help：帮助文档。
- ◆ bookmark：相关文档。
- ◆ glossary：文档字词的术语表或解释。
- ◆ external：外部文档。

例如，在h1-2.html代码中，<link rel="stylesheet" type="text/css" href="c1-2.css" />表示引用当前页面文件目录中的c1-2.css文件。

1.7　习　　题

1. 填空题

(1) 超文本标记语言的英文全拼是＿＿＿＿＿＿＿＿＿＿＿，英文缩写为＿＿＿＿＿。

(2) XHTML是可扩展超文本标记语言，其全称是＿＿＿＿＿＿＿＿＿＿＿。

(3) CSS(Cascading Style Sheets)是层叠样式表，其功能为＿＿＿＿＿＿＿。

(4) JavaScript是一种脚本语言，其功能为＿＿＿＿＿＿＿＿＿。

(5) 定义网页标题时使用的一对标记是＿＿＿＿＿＿＿。

(6) 要设置一条1像素粗的水平线，代码是＿＿＿＿＿＿＿。

(7) XHTML文档可以使用＿＿＿＿＿、＿＿＿＿＿或＿＿＿＿＿类型的DTD，不同类型的XHTML文档须使用不同的DTD。

(8) DTD的英文全称为＿＿＿＿＿＿＿，中文译为＿＿＿＿＿＿。

(9) 设置运行网页20秒后，自动跳转到http://www.sina.com.cn,则代码书写为＿＿＿＿＿。

(10) 引用外部文件时使用的标记是＿＿＿＿＿＿。

2. 选择题

(1) HTML代码的开始和结束标记是(　　　)。
    A. 以<html>开始，以</html>结束
    B. 以<head>开始，以</head>结束
    C. 以<style>开始，以</style>结束
    D. 以<body>开始，以</body>结束

(2) 下面不属于HTML标记的是(　　　)。
    A. <html>　　　　　　　　　　B. <head>
    C. color　　　　　　　　　　　D. <body>

(3) 为了标识一个HTML文件，应该使用的HTML标记是(　　　)。
    A. <p></p>　　　　　　　　　　B. <body></body>
    C. <html></html>　　　　　　　D. <table></table>

(4) 用 HTML 标记语言编写一个简单的网页，网页最基本的结构是(　　)。

    A. <html><head></head><frame></frame></html>

    B. <html><title></title><body></body></html>

    C. <html><title></title><frame></frame></html>

    D. <html><head></head><body></body></html>

(5) <hr color="red">表示(　　)。

    A. 页面的颜色是红色

    B. 水平线的颜色是红色

    C. 框架颜色是红色

    D. 页面顶部是红色

3. 提高题

有如下一段 HTML 代码，试分析其中的问题：

<P> 前端开发工程师写 HTML，也写 JS。

  我说：
最基础的 HTML+CSS

提示：HTML 和 XHTML 有区别，即在 HTML 中正确的，在 XHTML 中未必正确。

第2章 CSS样式表基础与盒子模型

【学习目的与要求】

知识点

- 页面中样式应用的重要性。
- 各种样式的概念。
- 样式表中各种选择符的定义及应用方法。
- 块级元素与盒子模型的概念。
- 块级元素的背景、边框、填充与边距的样式定义规则。
- 块级元素的总宽度计算方法。
- 盒子居中及浮动的设置方法。

难点

- 样式表中各种选择符的特点、定义及应用。
- 块级元素与盒子模型的应用。
- 盒子的高度塌陷的概念及解决高度塌陷的方法。

2.1 CSS 概 述

CSS(Cascading Style Sheets)称为层叠式样式表，用于设置网页中文本、图像的外观样式及版面布局。

CSS创建于1996年，在1997年W3C颁布HTML 4.0与XHTML 1.0时同时公布了CSS1标准。1998年推出了CSS2标准，目前仍在不断发展和完善中。

在第1章中，我们已经通过图1-5说明了HTML文档的树形结构，CSS中层叠的意思就是在树形标记中的子标记能够继承所有父标记定义的样式，还可以多次定义自己的样式，全部样式可以按从外到内、由先到后的顺序叠加起来，如果不发生冲突，则全部样式都有效，重复定义发生冲突时依照内层优先、后定义优先的原则进行覆盖，即内层子元素覆盖父元素样式、后定义的覆盖先定义的样式。

2.2 CSS 样式规则与内联 CSS 样式

2.2.1 CSS 样式规则

CSS样式表的核心是样式规则，样式规则由样式属性和属性值构成，每个样式属性都必须带有属性值，样式属性与属性值必须以西文冒号分隔，整个样式规则以西文分号结束。

语法格式如下：

样式属性:属性值;

例如，设置文本字号大小的样式属性 font-size 与冒号后的字号大小属性值 10pt 就构成了设置字号大小的样式规则：

font-size:10pt;

又如，设置颜色的样式属性 color 与属性值 red 构成设置文本颜色的样式规则：

color:red;

> **注意：** 如果一个属性值由多个单词组成，则必须用空格隔开；若是为一个属性提供了多个可选用的值，几个可用的值之间需要使用空格隔开，并且需要对整个属性值使用引号定界。
>
> 多个样式规则之间，不论是否换行，都必须用西文分号分开，最后一个样式规则后的分号可以省略(为便于增加新样式，最好保留)。

2.2.2 内联 CSS 样式

设置页面内容的 CSS 样式可以使用标记内部的内联 CSS 样式、网页文件内部的内嵌样式表和引用外部独立的.css 样式表文件三种方式，而且这三种方式可以混用。

内联 CSS 样式也称为行内 CSS 样式，就是在标记内部使用 style 属性定义的样式规则：

<标记名 style="样式规则1; 样式规则2; ...; ">

任何标记的 style 属性都可包含任意多个 CSS 样式规则，但这些样式规则只对该标记及其子标记有效，即这种样式代码无法共享和移植，并且导致标记内部的代码繁琐，所以一般很少使用。

本书先通过内联 CSS 样式来学习和了解 CSS，为更好地学习 CSS 样式表打下基础。

【例 2-1】内联 CSS 样式的应用：

```
<!DOCTYPE html PUBLIC "-//W3C//DTD XHTML 1.0 Transitional//EN"
  "http://www.w3.org/TR/xhtml1/DTD/xhtml1-transitional.dtd">
<html xmlns="http://www.w3.org/1999/xhtml">
<head>
<meta http-equiv="Content-Type" content="text/html; charset=gb2312" />
<title>内联 CSS 样式应用</title>
</head>
<body style="font-size:20pt; font-family:黑体;" >
 <p>body 标记可设置整个页面的字体样式，该段落按 body 设置的样式显示</p>
 <p style="color:red;">
    该段落覆盖了<span style="color:black">body 标记</span>默认的颜色</p>
 <p style="font-size:24pt; font-family:新宋体;">
    该段落覆盖了 body 标记设置的字号和字体，采用 24pt 新宋体</p>
 <p style="color:blue; font-size:28pt; font-family:楷体_GB2312;">
```

该段落覆盖并设置了自己的文本样式为：28pt、蓝色、楷体</p>
```
</body>
</html>
```

该页面的运行效果如图 2-1 所示。

图 2-1　内联 CSS 样式的应用

2.3　CSS 样式表

2.3.1　CSS 样式表的结构和使用

除了在标记内部使用内联 CSS 样式规则外，网页内部的内嵌样式表和外部独立的.css 样式表文件都要通过选择符来定义。

1. CSS 样式表的结构

CSS 样式表由选择符和若干个样式规则构成：

```
选择符 { 属性名 1:属性值 1;        /* 样式规则 1 */
        属性名 2:属性值 2;        /* 样式规则 2 */
        ...;
        /* 样式表注释内容 */
        属性名 n:属性值 n;        /* 样式规则 n */
      }
```

选择符也称为选择器，有三种基本的选择符和几种复杂的选择符形式。三种基本的选择符分别是 HTML 标记名选择符、id 选择符和 class 类选择符，复杂的选择符又包含选择符和群组选择符等。

样式表中可以使用的注释格式为：

```
/* 注释内容 */
```

2. 内嵌样式表

所谓内嵌样式表，是指在页面头部<head>与</head>标记之间使用<style>...</style>标记定义的样式表。其具体格式如下：

```
<head>
```

```
<style type="text/css">
   样式表 1~n
</style>
<head>
```

内嵌样式表只对该页面有效。

3. 外部样式表文件及引用

可以将样式表保存在单独的.css 样式表文件中，多个页面的样式表可集中存放在一个样式表文件中。一个样式表文件可以被多个网页引用，一个页面也可引用多个样式表文件。

使用样式表文件，既可以将页面内容与样式分离，也能实现代码重用和移植。

在 HTML 页面中引用外部样式表文件的方式有两种，而且都是在<head>中。

（1）用<link>标记引用：

```
<head>
   <title>标记名选择符</title>
   ...其他头部标记或<style>定义样式表
   <link href="相对或绝对路径/样式文件 1.css" type="text/css"
     rel="stylesheet" />
   <link href="相对或绝对路径/样式文件 2.css" type="text/css"
     rel="stylesheet" />
   ...其他头部标记或<style>定义内部样式表
<head>
```

（2）在<style>标记内的开头用@import 引用外部样式表文件：

```
<head>
<style type="text/css">
   @import url(相对或绝对路径/样式表文件 1.css) 目标设备 ;
   @import url(相对或绝对路径/样式表文件 2.css) 目标设备 ;
   ...
   定义内部样式表，如果使用@import，则必须在@import 之后，否则定义无效
   ...
</style>
</head>
```

其中"目标设备"指定导入的样式表应用于何种媒介类型，如 all-所有设备、screen-显示器、print-打印机等。

> 注意：IE7 及以下的浏览器不支持目标设备选项，若指定目标设备，则导入样式表无效。而 IE8 及以上或火狐等标准浏览器则可以为不同的目标设备导入不同的样式表文件。

2.3.2 基本选择符

1. 标记名选择符

标记名选择符也称为类型选择符，就是用 HTML 的标记名称作为选择符名称，等于按

标记名分类为页面中某一类标记指定统一的 CSS 样式。用法格式如下：

标记名 { 样式规则 1；样式规则 2；... }

用标记名选择符定义的样式表，对页面中该类型的所有标记都有效。

例如，如果定义了：

div { 样式规则；}

则该样式表对页面中所有的<div>标记都有效。

【例 2-2】使用内部样式定义标记名选择符样式表：

```
<!DOCTYPE html PUBLIC "-//W3C//DTD XHTML 1.0 Transitional//EN"
  "http://www.w3.org/TR/xhtml1/DTD/xhtml1-transitional.dtd">
<html xmlns="http://www.w3.org/1999/xhtml">
<head><title>标记名选择符</title>
<style type="text/css">
    h3 { font-size:18pt; font-family:楷体_GB2312; text-align:center; }
    P { color:red; background:Cyan; font-family:宋体; font-weight:bold;
        text-align:right; }
</style>
</head><body>
<h3>使用页面内部CSS样式表</h3>
<hr />
<p>第一个段落使用默认字号、淡绿色背景、红色加粗宋体，文本右对齐。</p>
<p style="text-align:left" >第二个段落标记修改为文本左对齐。</p>
</body></html>
```

运行结果如图 2-2 所示。

图 2-2　使用内部样式定义标记名选择符样式表

> 注意：p 标记样式表对所有<p>标记有效，但第二个<p>又叠加了内联样式规则，根据层叠
> 优先级规则，对重复定义有冲突的样式则内联样式优先，因此第二个段落中用 left
> 覆盖了 right，关于层叠优先级规则，在后面的内容中将会专门详细介绍。

2. id 选择符

HTML 标记都可以通过 id 属性指定一个唯一的名称。同一页面中，所有标记的 id 属性值都必须唯一，一个 id 值只对应一个标记。

如果使用某个标记的 id 属性值作为选择符，就等于是为该标记单独定义了样式表，该样式表也唯一地只对这个标记有效。其语法格式如下：

#某标记的 id 属性值 { 样式规则；}

id 选择符必须以"#"开头，"#"与 id 属性值之间不能有空格。

例如，若定义了：

#first { 样式规则 }

则该样式表仅对具有 id="first"属性的标记有效。

注意： ID 属性值有大小写之分，若元素 id="first"，而样式定义中使用了选择符#First，将不起作用。

【例 2-3】使用.css 外部样式表文件定义标记名选择符、id 选择符样式表。

(1) 创建样式表文件 c2-3.css：

```
h3{ font-size:18pt; font-family:楷体_GB2312; text-align:center; }
#first { color:red; background:Cyan; font-family:宋体; font-weight:bold;
  text-align:right; }
```

(2) 在同一目录下创建 XHTML 文件 h2-3.html：

```
<!DOCTYPE html PUBLIC "-//W3C//DTD XHTML 1.0 Transitional//EN"
  "http://www.w3.org/TR/xhtml1/DTD/xhtml1-transitional.dtd">
<html xmlns="http://www.w3.org/1999/xhtml">
<head> <title>id 选择符</title>
<link href="c2-3.css" type="text/css" rel="stylesheet" />
</head><body>
  <h3>使用外部 CSS 样式表文件</h3>
  <hr />
  <p id="first" >第一个段落使用默认字号、淡绿色背景、红色加粗宋体，文本右对齐。</p >
  <p>第二个段落没有使用样式表，使用 body 页面默认样式。</p>
</body></html>
```

运行效果如图 2-3 所示。

图 2-3　使用.css 外部样式表文件定义标记名选择符、id 选择符样式表

3. class 类选择符

HTML 标记的 class 属性值称为样式类名，任意不同类型的标记都可以使用同一个类名，若取用 class 类名作为选择符，则该样式表对所有使用该 class 属性的标记有效，使用类选择符可以为多个不同类型的标记指定相同的样式。

class 类选择符必须以圆点"."开头，"."与样式类名之间不能有空格。

.样式类名 { 样式规则; }

在标记内需要使用 class="样式类名"属性引用该样式。

例如：

.sec { 样式规则; }

则该样式表对诸如<p class="sec">、<div class="sec">、<h2 class="sec">、<li class="sec">等所有使用 class="sec"属性的任意类型的标记都有效。

> **注意**：一个标记的 class 属性值可以包含多个样式类名，从而可以引用多个样式表，但样式类名必须以空格隔开。例如 class="sec exe"标记可以使用.sec 和.exe 两个样式表。
> class 样式类名有大小写之分，若定义选择符.sec，而在标记中使用 class="Sec"，将不起作用。

【例 2-4】混合使用内部样式表和.css 外部样式表文件。

(1) 创建样式表文件 c2-4.css：

```
h3 { font-size:18pt; font-family:楷体_GB2312; text-align:center; }
p { font-family:宋体; font-weight:bold; text-align:right; }
```

(2) 在同一目录下创建 h2-4.html 文档并使用类选择符定义内部样式表：

```
<!DOCTYPE html PUBLIC "-//W3C//DTD XHTML 1.0 Transitional//EN"
"http://www.w3.org/TR/xhtml1/DTD/xhtml1-transitional.dtd" >
<html xmlns="http://www.w3.org/1999/xhtml">
<head> <title>class 类选择符</title>
<link href="c2-4.css" type="text/css" rel="stylesheet" />
<style type="text/css">
 .fir {font-size:10pt;}
 .sec { color:red; background:Cyan; }
</style>
</head><body>
 <h3>混合使用内部、外部 CSS 样式表</h3>
 <hr />
 <p class="fir sec">第一个段落字号为 10pt、淡绿色背景、红色加粗宋体，文本右对齐。
 </p>
 <p>第二个段落只使用加粗宋体、文本右对齐，其余使用 body 默认样式。</p>
 </body></html>
```

运行结果如图 2-4 所示。

图 2-4　混合使用内部样式和外部样式

2.3.3　群组与通用选择符

群组选择符可以为任意多种不同类型的选择符定义一个统一的样式表。

1. 群组选择符

群组选择符就是将任意多个标记名选择符、id 选择符或者 class 类选择符用逗号隔开，共同定义一个样式表，相当于对各个选择符单独定义了完全相同的样式表。语法格式如下：

标记名选择符, #id 选择符, .class 选择符, ... { 样式规则; }

例如：

p, h3 { 样式规则; }

则该样式表对页面中所有的<p>和<h3>标记都有效。

又如：

#first, .sec, .item, p { 样式规则; }

则该样式表对 id="first"的标记、所有 class="sec"的标记、所有 class="item"的标记、所有的<p>标记全部有效。

2. 通用选择符

通用选择符是一个特殊的群组选择符，就是用通配符*表示任意标记，为页面中的所有元素定义通用的样式规则：

* { 样式规则; }

该方式定义的样式表对所有标记都有效，包括<body>标记。

不同厂商对浏览器的默认值设置会有所不同，例如，某些块级元素的内外边距具有不同的默认值，为了在不同浏览器中具有统一的布局样式，可以使用通用选择符取消不同厂商内外边距的不同默认值，还可同时设置整个页面各个元素中文本字号的默认值：

* { margin:0; padding:0; font-size:12pt; }

注意： 如果为 body 定义样式表 body { 样式规则; }，则有些样式在子元素中不能继承，尤其对<h>、<table>标记不起作用，而*通用选择符样式表则对所有标记有效。

【例 2-5】使用群组和通用选择符定义样式表。

(1)　创建样式表文件 c2-5.css：

```
* { font-family:宋体; font-weight:bold; text-align:right; }
h3 { font-size:18pt; font-family:楷体_GB2312; text-align:center; }
p, div { color:red; background:Cyan; }
```

(2)　在同一目录下创建 h2-5.html 文档：

```
<!DOCTYPE html PUBLIC "-//W3C//DTD XHTML 1.0 Transitional//EN"
  "http://www.w3.org/TR/xhtml1/DTD/xhtml1-transitional.dtd">
<html xmlns="http://www.w3.org/1999/xhtml">
<head><title>群组与通用选择符</title>
<link href="c2-5.css" type="text/css" rel="stylesheet" />
</head><body>
  <h3>使用群组和通用选择符定义样式表</h3>
  <hr />
  <p>默认文本右对齐，而 h3 覆盖为楷体文本居中。</p>
  <div>div 与 p 标记相同，淡绿色背景、红色加粗宋体，文本右对齐。</div>
  <br />
  <div style="text-align:left">第二个 div 标记修改覆盖为文本左对齐。</div>
</body></html>
```

本例使用的*通用选择符样式表"宋体加粗右对齐"对所有标记有效，\<p\>\<div\>通过群组选择符叠加了字符和背景颜色，\<h3\>叠加了标记名选择符，根据层叠优先级规则覆盖了通用选择符中的字体和对齐，运行结果如图 2-5 所示。

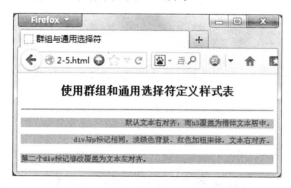

图 2-5　使用群组和通用选择符定义样式表

如果将 p、div 选择符中的字符和背景颜色都放在通用选择符中，则整个页面，包括\<h3\>都会使用相同的背景和字符颜色，除非用优先级高的样式覆盖它们。

2.3.4　包含与子对象选择符

多个选择符用空格隔开的组合称为包含选择符，又称为派生选择符，相当于条件选择样式表，仅对包含在指定父元素内符合条件的子元素有效。

(1)　标记名包含选择符：

```
标记名 1　标记名 2　...｛样式规则；｝
```

标记名包含选择符样式表仅对包含在指定类型父元素内的指定类型的子标记有效(不需要是连续相邻的父子标记)，各标记名之间必须用空格隔开。

例如：

```
div span { 样式规则; }
```

该样式表仅对包含在<div>标记内的<span>子标记有效，而对不在<div>内的<span>标记无效，对<div>自身、对包含在<div>内的其他标记无效。

又如：

```
div p span { 样式规则; }
```

该样式表仅对包含在<div>标记内的<p>标记中的<span>标记有效，两个条件必须按顺序逐级成立，缺一不可，对其他不满足条件的<span>标记无效。

【例2-6】使用包含选择符定义样式表：

```
<!DOCTYPE html PUBLIC "-//W3C//DTD XHTML 1.0 Transitional//EN"
  "http://www.w3.org/TR/xhtml1/DTD/xhtml1-transitional.dtd">
<html xmlns="http://www.w3.org/1999/xhtml">
<head>
<title>包含选择符</title>
<style type="text/css">
  div p span { color:red; font-weight:bold; }
</style>
</head>
<body>
  <span>样式无效</span>
  <p>…样式无效…<span>样式无效</span>…样式无效…</p>
  <div>
    …样式无效…<span>样式无效</span>…样式无效…
    <p>…样式无效…<span>样式表有效红色文本</span>…样式无效…</p>
  </div>
</body>
</html>
```

页面效果如图2-6所示。

图2-6　使用包含选择符定义样式表

可以看出，使用包含选择符的优点就是无须为特定的<span>标记特别定义 class 或 id 属性，使得 HTML 页面代码更加简洁。

例如定义两个样式表：

```
span { color: red; }
p span { color: blue; }
```

所有不在<p>标记内的<span>文本使用红色，而所有包含在<p>标记内的<span>文本则会覆盖为蓝色。

> **注意**：包含选择符的多个标记名之间用空格隔开而不是用逗号，如果用逗号隔开，就是对所有列出的标记都有效的群组选择符。

(2) id 标记名包含选择符：

```
#id 属性值　标记名 { 样式规则; }
```

该样式表仅对指定 id 的父标记内的指定类型的子标记有效。

例如：

```
#sidebar  img  { 样式规则 1; }
#sidebar  h2   { 样式规则 2; }
```

样式规则 1 仅对 id="sidebar"标记内所包含的<img>标记有效，对 id 标记内的其他标记无效，对不包含在 id 标记内的其他<img>标记也无效。

同样，样式规则 2 则仅对 id="sidebar"标记内所包含的<h2>标记有效。

这种方式只需对某个父标记指定一个 id，即可对该父标记内的多个同类子标记设置样式，而无须对这些标记再设置 id 或 class 属性。

> **注意**：id 属性值与被包含的标记名之间必须以空格分开。

(3) class 类名标记名包含选择符：

```
.样式类名 标记名 { 样式规则; }
```

该样式表对所有使用 class="样式类名"的父标记内指定类型的子标记有效。

例如：

```
.fancy  td { 样式规则; }
```

则该样式表仅对所有使用 class="fancy"标记中包含的所有<td>标记有效。

> **注意**：class 类名与被包含的标记名之间必须以空格分开。

(4) 子对象选择符。子对象选择符类似包含选择符，如果已对父标记用 id 或 class 指定了样式，又需要对该标记内包含的某个 id 特定子标记或多个 class 子标记定义样式，可使用子对象选择符：

```
#id 属性值 >.样式类名或#id 属性值 { 样式规则; }
.样式类名 >.样式类名或#id 属性值 { 样式规则; }
```

注意：IE 6.0 及以下版本不支持子对象选择符，在"＞"之前必须使用空格。

【例 2-7】使用子对象选择符定义样式表：

```
<!DOCTYPE html PUBLIC "-//W3C//DTD XHTML 1.0 Transitional//EN"
  "http://www.w3.org/TR/xhtml1/DTD/xhtml1-transitional.dtd">
<html xmlns=http://www.w3.org/1999/xhtml>
<head> <title>子对象选择符</title>
<style type="text/css">
  .content { width:450px; height:80px; font-size:12pt;
    border:blue 1px solid; }
  .content >#left { color:red; font-size:22pt; font-weight:bold; }
</style>
</head><body>
  <div class="content">
    <div>这是正常子对象，继承父标记字号 12pt。</div>
    <div id="left">叠加样式子对象，红色加粗 22pt。</div>
  </div>
</body></html>
```

运行结果如图 2-7 所示。

图 2-7　使用子对象选择符

因为 id 是唯一的，对 IE 6.0 及以下不支持子对象的版本，可以将.content ＞#left 选择符直接定义为#left。

2.3.5　相邻选择符

相邻选择符是指根据标记的前后关系用前一个标记为条件，对它相邻的下一个标记定义样式表：

标记名||id 属性||class 类选择符 ＋ 标记名||id 属性||class 类选择符 { 样式规则; }

相邻选择符仅对前面相邻标记满足"＋"前的选择符条件，而它自己又满足"＋"后选择符条件的那些标记定义样式表。例如：

span+p { 样式规则; }

则该样式表仅对<span>之后相邻的<p>标记有效，对<span>标记无效，对前面相邻不是<span>标记的<p>标记也无效。又如：

.one + .two { 样式规则; }

则该样式表仅对使用了 class="one" 的标记之后相邻的且使用 class="two" 的标记有效。

> **注意：** 相邻选择符+前后可以有空格，IE 6.0 及以下版本不支持相邻选择符，可选择 IE 7.0 及以上或火狐、Opera、Safari 等其他浏览器进行测试。

【例 2-8】使用相邻选择符定义样式表(注意优先覆盖顺序)：

```
<!DOCTYPE html PUBLIC "-//W3C//DTD XHTML 1.0 Transitional//EN"
  "http://www.w3.org/TR/xhtml1/DTD/xhtml1-transitional.dtd">
<html xmlns="http://www.w3.org/1999/xhtml">
<head><title>相邻选择符</title>
<style type="text/css">
    * {margin:4px 2px;}
    .two { background:Cyan; }
    .one+.two { color:blue; font-size:12pt; font-style:italic;
      border:red 1px dashed; }
    span + p { color:red; font-size:16pt; width:500px; height:auto;
      border:blue 1px solid; }
</style></head><body>
  <span>这是 span 标记。</span>
  <p>这是 span 相邻下一个 p 标记,span+p 红色 16pt 蓝色实边框指定区域。</p>
  <p>这不是与 span 相邻的 p 标记，默认样式。</p>
  <span>这是 span 标记。</span>
  <p class="two">这是 span 下一个 class="two"的 p 标记,.two 淡绿背景,span+p 红色
16pt 蓝色实边框指定区域。</p>
  <span class="one">这是 class="one"的 span 标记。</span>
  <p class="two">这是 span 相邻下一个 class="two"的 p 标记,.two 淡绿背景,span+p
红色 16pt 蓝色实边框指定区域，.one+.two 蓝色斜体 12pt 红色虚边框</p>
  <div class="one">这是 class="one"的 div 标记。</div>
  <p class="two">这是 class="one"相邻的下一个 class="two"的 p 标记,.two 淡绿背景
默认区域，.one+.two 蓝色斜体 12pt 红色虚边框。</p>
</body></html>
```

运行结果如图 2-8 所示。

图 2-8　使用相邻选择符

2.3.6 属性选择符

我们也可以根据标记的 id、class、title、alt(图像标记属性)某个属性是否定义，或根据某个属性的值是什么作为条件为这些标记定义样式表，所以称为属性选择符。

使用属性选择符的优点是不再局限于以标记的名称、id 或 class 属性为依据定义样式表，将定义样式表选择符的范围扩大到了 id、class、alt、title 等属性的模糊匹配、半模糊匹配和精确匹配。

属性选择符必须在选择符后用中括号[ ]包含指定的属性，且选择符与[ ]之间不能有空格，一般只定义一些有关字体样式的简单样式规则。

> 注意: IE 6.0 及以下版本不支持属性选择符，没有安装 IE 6.0 以上浏览器的读者可以使用火狐、Opera 或 Safari 等其他浏览器进行测试。

(1) 属性存在选择符:

标记名||id属性||class类选择符[id||class||alt||title] { 样式规则; }

属性存在选择符也称为属性赋值匹配选择符，是指那些既满足选择符条件又定义了[ ]中指定属性的标记，就是说，符合选择符的标记只要定义有[ ]中指定的属性而不论它的值是什么(甚至可以是空值)，只要指定的属性存在，即可使用该样式表。

例如:

div[id] { 样式规则; }

则该样式表仅对<div>中已定义了 id 属性(不论 id 属性值是什么)的标记有效，其他不是<div>的标记无效，没有定义 id 的<div>也无效。

再例如:

.sec[title] { 样式规则; }

则该样式表仅对所有使用 class="sec"且定义了 title 属性(不论 title 属性值是什么)的那些标记有效。

【例 2-9】使用属性存在选择符定义样式表(注意优先覆盖顺序):

```
<!DOCTYPE html PUBLIC "-//W3C//DTD XHTML 1.0 Transitional//EN"
  "http://www.w3.org/TR/xhtml1/DTD/xhtml1-transitional.dtd">
<html xmlns="http://www.w3.org/1999/xhtml">
<head><title>属性存在选择符</title>
<style type="text/css">
  *{ width:500px; height:auto; margin:5px 0; font-size:12pt; color:red; }
  #new{ background:gray; }
  #test{ background:cyan; }
  .one{ color:blue; border:blue 1px solid; }
  div[id] { font-size:14pt; font-weight:bold; }
  .one[id]{ font-size:10pt; }
</style>
```

```
</head> <body>
   <div>*选择符指定所有标记区域大小、字号 12pt、红色字符。</div>
   <div id="new">#new 叠加灰色背景、div[id]叠加字号 14pt 加粗。</div>
   <div id="new" class="one">#new 灰色背景、.one 蓝字蓝框、
       div[id]14pt 加粗、.one[id]10pt。</div>
   <div id="test">#test 淡绿背景、div[id]14pt 加粗。</div>
   <div id="" class="one">.one 蓝字蓝边框、div[id]14pt 加粗、.one[id]10pt。</div>
   <div id="">div[id]14pt 加粗。</div>
   <div class="one">.one 蓝字蓝边框。</div>
</body></html>
```

页面的运行效果如图 2-9 所示。

图 2-9 使用属性存在选择符

(2) 属性值精确匹配选择符：

标记名||id 属性||class 类选择符[id||class||alt||title="属性值"] { 样式规则; }

属性值精确匹配选择符是指那些满足选择符条件又必须定义[ ]中指定的属性，且属性值必须与指定的属性值完全相同的标记。

例如：

img[alt="小猫"] { 样式规则; }

则该样式表仅对<img>图像中定义了 alt="小猫"属性的那些标记有效，不是<img>的标记无效，<img>中没有定义 alt 的无效，定义了 alt 但属性值不是"小猫"的也无效。

又如：

.sec[title="new"] { 样式规则; }

则该样式表仅对使用 class="sec"又必须定义了 title="new"的那些标记有效。

(3) 属性值前缀匹配选择符：

标记名||id 属性||class 类选择符[id||class||alt||title^="属性值前缀"] { 样式规则; }

属性值前缀匹配选择符是指那些满足选择符条件且属性值前缀与指定的属性值相同的标记。

例如：

img[alt^="小猫"] { 样式规则; }

则该样式表对<img>图像中定义了 alt="小猫..."属性，不论 alt="小猫"、alt="小猫钓鱼"、alt="小猫跑步"，只要前缀是"小猫"的那些标记都有效，不是<img>的标记无效，<img>中没有定义 alt 的无效，定义了 alt 但开头不是"小猫"的也无效。

又如：

.sec[title^="new"] { 样式规则; }

则该样式表仅对使用 class="sec"又必须定义了 title="new..."的那些标记有效。

(4) 属性值后缀匹配选择符：

标记名||id属性||class类选择符[id||class||alt||title$="属性值后缀"]{样式规则;}

属性值后缀匹配选择符是指那些满足选择符条件且属性值后缀与指定的属性值相同的标记。

例如：

img[alt$="小猫"] { 样式规则; }

则该样式表对<img>中定义了 alt="...小猫"属性(不论 alt="小猫"、alt="黑小猫"还是 alt="花小猫"，只要后缀是"小猫")的那些标记都有效。

又如：

.sec[title$="new"] { 样式规则; }

则该样式表仅对使用 class="sec"又必须定义了 title="...new"的那些标记有效。

(5) 属性值子串匹配选择符：

标记名||id属性||class类选择符[id||class||alt||title*="属性值子串"]{样式规则;}

属性值子串匹配选择符是指那些满足选择符条件且属性值中包含指定属性值的标记。

例如：

img[alt*="小猫"] { 样式规则; }

则该样式表对<img>中定义了 alt="...小猫..."属性(不论 alt="小猫"、alt="黑小猫钓鱼"，还是 alt="花小猫跑步"，只要包含"小猫")的那些标记都有效。

又如：

.sec[title*="new"] { 样式规则; }

则该样式表仅对使用 class="sec"又必须定义了 title="...new..."的那些标记有效。

(6) 属性值连字符匹配选择符：

标记名||id属性||class类选择符[id||class||alt||title|="属性值子串"]{样式规则;}

属性值连字符匹配选择符是指那些满足选择符条件且属性值中包含指定属性值子串，该属性值子串还必须是与其他内容用连字符"-"连接的标记。

例如：

img[alt|="小猫"] { 样式规则; }

则该样式表对<img>中定义了 alt="小猫-..."属性(不论 alt="小猫-钓鱼"，还是 alt="小猫-

跑步",只要包含"小猫-其他内容"的那些标记都有效。

又如：

`.sec[title|="new"] { 样式规则; }`

则该样式表仅对使用 class="sec"又必须定义了 title="new-其他内容"的那些标记有效。

(7)　属性值内部空白符匹配选择符：

`标记名||id 属性||class 类选择符[id||class||alt||title~="属性值"] { 样式规则; }`

在介绍 class 选择符时已经说明,一个标记的 class 属性值可以包含用空格隔开的多个样式类名,这些样式类名是"或"的关系。例如 class="sec exe"标记可以同时使用.sec 和.exe 两个样式表。

属性值内部的空白符匹配选择符对属性值中的空白符作为条件使用,是指那些满足选择符条件且属性值中必须包含以空格隔开的指定内容的标记。

例如：

`img[alt~="小猫"] { 样式规则; }`

则该样式表仅对<img>中 alt 属性值是由空格隔开的多个内容(且其中一部分是"小猫"的标记)有效,如 alt="小狗 小猫"、alt="小猫 小狗"或 alt="小熊 小猫 小狗"。

又如：

`.sec[title~="new"] { 样式规则; }`

则该样式表仅对使用 class="sec"且定义了 title="其他内容 new 其他内容"、title="new 其他内容"或 title="其他内容 new"的那些标记有效。

2.3.7　伪对象(伪元素)选择符

伪元素选择符可对某些标记添加特殊效果,伪元素选择符需要在选择符前面使用冒号：

`标记名|.样式类名|#id 属性值:伪元素名 { 样式规则; }`

常用的伪元素选择符如下。

● :first-line：设置指定标记内第一行文本的样式。
● :first-letter：设置指定标记内第一个字符(包括前导符号)的样式。

例如,将<p>段落标记内的字符设置为 12pt,把其中第一行文本设置为蓝色字符,把首字母设置为 24pt 红色：

```
p { font-size:12pt; }
p:first-line { color:blue; }
p:first-letter { color:red; font-size:24pt; }
```

【例 2-10】使用伪对象设置首行独立样式、首字母下沉：

```
<!DOCTYPE html PUBLIC "-//W3C//DTD XHTML 1.0 Transitional//EN"
  "http://www.w3.org/TR/xhtml1/DTD/xhtml1-transitional.dtd">
<html xmlns="http://www.w3.org/1999/xhtml">
<head>
```

```
<title>首行独立样式、首字母下沉</title>
<style type="text/css">
  #main:first-letter { float:left;  /* 第一个字符左浮动，否则还在第一行不下沉 */
              color:blue; font-size:3em; font-weight: bold }
  #main:first-line  { color:red; font: bold 1.5em 黑体, 宋体; }
</style>
</head>
<body>
  <p id="main">通常利用 first-letter 伪对象实现首字下沉效果，利用 first-line 伪对
象实现第一行的特殊样式。
  </p>
</body>
</html>
```

运行结果如图 2-10 所示，如果去掉首字符样式中的 float:left;左浮动，则首字符还在第一行，不会产生下沉的效果，如图 2-11 所示。

图 2-10　首行独立样式、首字母下沉

图 2-11　取消左浮动首字母不会下沉

2.4　样式规则的优先级

标记内的内联 CSS 样式、页面文件中的内嵌样式表和外部样式表文件三种样式设置可以混合使用，每个标记还可以使用各种选择符(包括群组、包含、相邻、属性、伪类选择符)反复多次定义样式。

子标记首先继承父标记的样式，一个标记不论是继承还是自己反复定义多少个样式，都可以有效叠加，如果同一个样式属性重复定义多次，则根据优先级的原则进行覆盖，即优先级高的样式覆盖优先级低的样式，这就是 CSS 中"层叠"的含义。

利用层叠覆盖的特点，当需要改变某个标记的样式时，不用修改原样式，只需把改动

部分重新定义一个样式表，即可覆盖原样式。

2.4.1　样式规则的优先级原则

样式规则的优先级从低到高的顺序是：继承父标记的样式→样式表(标记名→class 类→id 选择符)→style 内联样式规则。具体说明如下：

- 继承父标记的样式级别最低，可以被标记自己定义的任何样式覆盖。
- 标记内 style 定义的内联样式级别最高，可以覆盖其他的任何样式表。
- 各个样式表的优先级根据选择符确定，原则是应用范围越广的选择符级别越低，限制条件越多即应用范围越小的选择符优先级越高。
- 单一选择符(逗号隔开的群组选择符等价于多个单一选择符)样式表优先级从低到高的顺序是：标记名选择符→class 类选择符→id 选择符→元素指定选择符。
- 包含、相邻、属性、伪类等条件选择符都包含多个单一选择符，可以理解为每个单一选择符都有一个权值，而条件选择符是多个单一选择符的权值相加，自然比任何单一选择符的优先级要高。条件选择符相互比较的原则仍然按单一选择符的优先级(标记名→class→id→元素指定)先对其中第一个选择符比较，如果相同再对第二个比较，以此类推，直到能区分出高低。所有样式表的优先级顺序为：*通用选择符→标记名→class→id→元素指定→标记名条件→class 条件→id 条件。
- 相同优先级的样式表以定义的顺序确定：先定义的优先级低，后定义的优先级高，即后者覆盖前者。
- 如果页面既引用了外部样式表文件，也定义了内部样式表，则按引用和定义的顺序确定，若是先定义内部样式表再引用外部样式表文件，则外部样式优先于内部样式，否则相反。

例如，不论内部样式表、外部样式表文件，假设定义有如下样式表：

```
*  { 样式规则 0 }
p { 样式规则 1 }
#abc { 样式规则 4 }
p.xyz { 样式规则 5 }
.xyz { 样式规则 3 }
p  { 样式规则 2 }
```

则以上规则对<p id="abc" class="xyz" style="样式规则 6" >标记都有效，层叠覆盖时优先级由低到高的顺序为：*{ 样式规则 0 }→p{ 样式规则 1 }→p{ 样式规则 2 }→.xyz{ 样式规则 3 }→#abc{ 样式规则 4 }→p.xyz{ 样式规则 5 }→style="样式规则 6"。

【例 2-11】样式表的层叠覆盖。

(1) 创建外部样式表文件 c2-11.css：

```
.first { color:blue; font-size:24pt; font-family:楷体_GB2312; }
```

(2) 在同一目录中创建页面文件 h2-11.html：

```
<!DOCTYPE html PUBLIC "-//W3C//DTD XHTML 1.0 Transitional//EN"
  "http://www.w3.org/TR/xhtml1/DTD/xhtml1-transitional.dtd">
<html xmlns="http://www.w3.org/1999/xhtml">
```

```
<head> <title>CSS 样式表的层叠覆盖</title>
<link href="c2-11.css" type="text/css" rel="stylesheet" />
<style type="text/css" >
  .first { color:green; font-size:20pt; font-family:新宋体; }
</style></head> <body>
  <p>按默认样式显示的段落</p>
  <p class="first"> 仅使用外部、内部 first 样式表的段落</p>
  <p class="first" style="color:red;font-size:14pt;font-family:黑体" >
      既使用外部、内部 first 样式表，又使用内联样式表的段落</p>
</body> </html>
```

本例分别在外部文件和页面中定义了两个.first 样式表，但由于先引用外部文件，因此内部样式表将覆盖外部样式表，运行结果如图 2-12 所示。如果在定义内部样式表之后再引用外部文件，运行结果如图 2-13 所示。

图 2-12　内部样式表覆盖外部样式表

图 2-13　外部样式表覆盖内部样式表

【例 2-12】样式表的继承覆盖(见图 2-14)，不需要使用父标记的样式时则可覆盖：

```
<!DOCTYPE html PUBLIC "-//W3C//DTD XHTML 1.0 Transitional//EN"
  "http://www.w3.org/TR/xhtml1/DTD/xhtml1-transitional.dtd">
<html xmlns="http://www.w3.org/1999/xhtml">
<head> <title>CSS 样式表的继承覆盖</title>
<style type="text/css" >
  .first { color:green; font-family:楷体_GB2312 }
  body { color:red; font-size:20pt; font-family:黑体; }
</style>
</head><body>
  <p>用继承 body 默认样式显示的段落</p>
```

```
<p style="color:blue">用内联样式仅修改蓝色字符的段落</p>
<p style="font-size:15pt">用内联样式仅修改 15pt 字号的段落</p>
<p class="first">用.first 样式表覆盖父样式(与样式表定义顺序无关)</p>
</body> </html>
```

图 2-14　样式表的继承覆盖

注意：边框、边距、填充及表格的属性不能继承。

2.4.2　用!important 提高样式优先级

当某个样式属性有可能会重复定义，但又不希望被优先级高的样式覆盖掉时，则可以在样式属性之后使用!important 关键字将该属性提高到最高优先级，相当于锁定该属性防止以后被优先级高的样式表覆盖。

注意：父标记用!important 定义的样式子标记继承后可以覆盖，即提高优先权对继承无效。
!important 必须写在样式属性分号 ";" 之前，即必须将 ";" 写在!important 后面，例如 color:blue !important; 如果将分号写在!important 前面，如 color:blue; !important 则!important 无效而且还会与下一个样式属性混合，使下一个样式属性失效。
IE6 及以下浏览器带!important 的样式仅仅对其他样式表中重复定义的该样式提高优先级不被覆盖，但在同一个选择符样式表内部重复定义的样式仍然可以覆盖前面带!important 的样式，而且一旦被内部样式覆盖后!important 也失去了功效，其他样式表也可以对其进行覆盖。而 IE7 及以上或火狐等浏览器带!important 的样式属性可以不被任何重复定义的样式覆盖。

【例 2-13】使用!important 提高优先级锁定样式：

```
<!DOCTYPE html PUBLIC "-//W3C//DTD XHTML 1.0 Transitional//EN"
 "http://www.w3.org/TR/xhtml1/DTD/xhtml1-transitional.dtd">
<html xmlns="http://www.w3.org/1999/xhtml">
<head> <title>用!important 提高样式优先级</title>
<style type="text/css">
 body { color:red !important;  /* 提高优先级对子标记的继承无效 */
     font-weight: bold; }
```

```
    p { color:blue !important; /* 对更高级别样式有效，不被覆盖 */
      font-size:15pt !important;
      font-size:20pt; }        /* IE6 及以下浏览器仍然可以覆盖 */
    .first { color:green;              /* 覆盖提高优先级的样式无效 */
      font-size:24pt;           /* IE6 一旦被内部覆盖则可以继续覆盖 */
      font-family:楷体_GB2312; }
</style></head> <body>
    <p>可以覆盖继承 body 父标记带!important 的样式。</p>
    <p style="color:green" >用内联样式修改字符颜色无效</p>
    <p class="first">用.first 样式表修改字号颜色无效，只能叠加字体。</p>
</body></html>
```

在 IE7 及以上或火狐浏览器中的运行结果如图 2-15 所示，而在 IE6 及以下的运行结果如图 2-16 所示，如果去掉 p 样式表中的 font-size:20pt;样式，则 IE6 的运行结果与 IE7 的运行结果相同。

图 2-15　IE7 及以上或火狐浏览器的运行结果

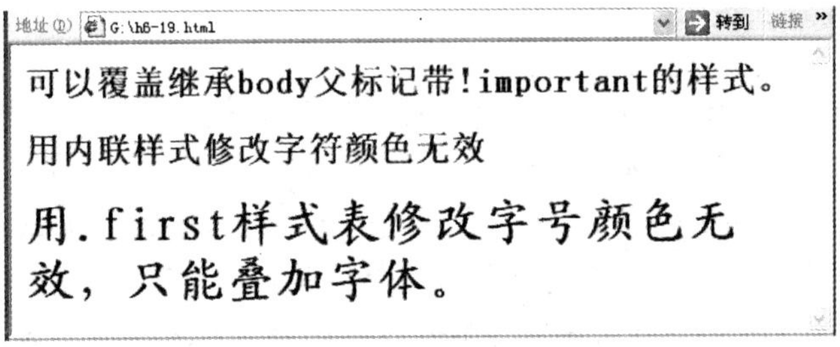

图 2-16　IE6 及以下浏览器的运行结果

如果将 body 样式表改写为：

```
body { color:red; !important  font-weight:700; }
```

则不但!important 无效，还会使 font-weight:700;加粗样式无效。

2.5　CSS 中的颜色与鼠标指针

2.5.1　CSS 颜色的属性值

颜色是在样式设置中经常使用的一种属性，例如文字的颜色、边框的颜色、区块的背景色等。

HTML 页面中的文本、区域块的背景、边框等颜色属性值一般都可以使用预定义颜色或十六进制、十进制、十进制百分比的三色分量数值等 4 种方式设置。

1. 预定义颜色值

预定义颜色值就是用英文单词表示的颜色，全部颜色名称及对应的十六进制值可以访问如下网址：

```
http://www.w3schools.com/CSS/css_colornames.asp
```

2. 十六进制数值#RRGGBB

十六进制颜色值是以#开头的 6 位十六进制数值组成的，每 2 位为一个颜色分量(不足 2 位高位补 0)，分别表示红、绿、蓝 3 种颜色分量。当 3 个分量的 2 位十六进制数都各自相同时，可使用 CSS 缩写：#RGB。

每个颜色分量以 FF(即 255)为最大、CC 为 80%、99 为 60%、66 为 40%、33 为 20%。

例如红色(red)的十六进制表示为 #FF0000 或缩写为#F00。

注意：缩写#RGB 只用于 CSS 样式，HTML 标记中的颜色属性值的十六进制不能使用缩写。

3. 十进制数值 rgb(r, g, b)

十进制颜色值是写在 rgb( )中用逗号隔开的 3 个十进制数值，分别表示红、绿、蓝 3 个颜色分量，各分量取值为 0~255。例如，红色(red)的十进制表示为 rgb(255, 0, 0)。

推荐使用网络安全色，即各分量取值尽量使用 0、51、102、153、204、255。

4. RGB 百分比 rgb(r%, g%, b%)

RGB 百分比颜色值是写在 rgb( )中用逗号隔开的 3 个百分数，分别表示红、绿、蓝 3 个颜色分量占最大值 255 的百分比。

例如，红色(red)的 RGB 百分比表示为 rgb(100%, 0%, 0%)。

注意：颜色分量取值为 0 时不能省略百分号，必须写为 0%。

2.5.2 CSS 设置鼠标形状 cursor

CSS 设置鼠标形状 cursor 的语法格式如下：

```
cursor:指针类型1, 指针类型2, ... ;
```

cursor 属性可指定当鼠标放在元素边界范围内时所显示的光标形状(但 CSS 2.1 没有具体定义是由哪个边界确定的范围)。可以用逗号隔开指定多个指针类型，浏览器按顺序选择第一个可用的指针类型。常用指针类型属性值见表 2-1。

表 2-1　常用指针类型

属 性 值	描　述	属 性 值	描　述
auto	浏览器默认光标(默认)	url(图标文件)	自定义图标
default	默认形状(通常是箭头)	e-resize	东方右箭头
pointer	链接指针(一只手)	ne-resize	东北方右上箭头
hand	小手	n-resize	北方上箭头
crosshair	精确定位(交叉十字)	nw-resize	西北方左上箭头
wait	等待(Windows 沙漏)	w-resize	西方左箭头
move	对象可被移动	sw-resize	西南方左下箭头
text	文本选择符号(光标)	s-resize	南方下箭头
help	带问号帮助选择	se-resize	东南方右下箭头

若是要设置一些比较活泼的图片鼠标指针，则需要使用 cursor:url(路径|*.ico|*.ani|*.cur)形式，使用的图片文件只能是 ico 或者 ani 或者 cur 类型的。

> **注意：** 用 url 自定义鼠标指针类型时，应在之后指定常用指针以防 url 无效，例如：
>
> ```
> p { cursor:url("first.cur"), url("second.cur"), pointer; }
> ```
>
> 设置鼠标指针在元素可见时有效，元素隐藏时无效。
> IE 浏览器可以使用 pointer 或 hand 表示一只小手，而火狐浏览器不支持 hand，为了浏览器的兼容，应统一使用 pointer。

2.6　块级元素的盒模型

盒模型也称为框模型，是 CSS 布局中的一个核心概念，所谓盒模型，就是把 HTML 的块级元素看作是一个矩形框的盒子，也就是一个可以盛放各种内容的容器，所涉及的概念有内容、宽度、高度、内填充、外边距、边框和背景等。如何在页面中摆放这些盒子，就是所谓的页面布局。

2.6.1　盒模型结构

标准的盒模型结构如图 2-17 所示。

在盒模型中，最内层的是内容区，通常需要定义该区的宽度与高度，紧挨着内容区的是内填充 padding，然后是边框 border，最外边的是外边距 margin。

1. 盒模型的宽度和高度

CSS 规范中 width 和 height 仅指块级元素的内容区域大小，IE6 及以上版本或火狐等标准浏览器都遵守该规范。

(1) 定义一个盒子时，对其宽度要求通常有如下两种情况。

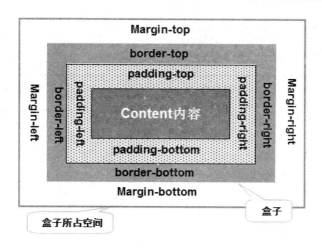

图 2-17　盒模型的结构

① 为了保证页面内容的总宽度，盒子的宽度必须固定。

② 盒子的宽度根据内部内容的宽度或者浏览器窗口宽度或者该盒子所在父元素的宽度来确定，此时必须将盒子的宽度定义为 auto。

(2) 对盒子的高度要求通常有如下两种情况。

① 如果盒子中内容的总高度确定，则可以将盒子的高度设置为一个固定值。

② 若盒子中内容的总高度并不确定，则通常将盒子的高度设置为 auto，此时，盒子的高度将根据其实际内容的多少来确定。

> 注意：为了保证盒子的运行效果在各大浏览器中是一致的，只要盒子中内容的总高度不确定，就不要将 height 设置为固定值，否则会出现的后果是，这个盒子在有些浏览器中会被撑高，在有些浏览器中则会出现滚动条，若是禁止滚动条，则造成盒子中的部分内容无法显示出来。

2. 盒模型的边框

边框包括上、右、下、左 4 个方向的，每个方向的边框都可以单独设置其样式、宽度和颜色，使用的样式属性如表 2-2 所示。

设置盒子的边框时，除了可以使用表 2-2 中提供的各个单独的样式属性来进行之外，更多的时候是使用综合的样式属性来完成。

边框的综合样式属性可以有不同的用法，若是 4 个方向的边框要求的效果不一致，可以使用两种常见的综合设置方法。

(1) 第一种用法：

```
border-style: 上边 右边 下边 左边;
border-width: 上边 右边 下边 左边;
border-color: 上边 右边 下边 左边;
```

该用法是将 4 个方向的样式一起定义，宽度一起定义，颜色一起定义，在每个综合的样式属性后面可以跟 4 个值，顺序必须是上、右、下、左，不可颠倒，4 个值之间用空格间隔，每个方向的样式、宽度和颜色都可以设置为不同的取值。

表 2-2　CSS 边框属性

设置内容	样式属性	属 性 值
盒子的上、右、下、左边框的样式	border-top-style border-right-style border-bottom-style border-left-style	none(无。默认)、hidden(隐藏)、dotted(点线)、dashed(虚线)、solid(单实线)、double(双实线)、groove(沟线)、ridge(脊线)、inset(内陷)、outset(外凸)
盒子的上、右、下、左边框的宽度	border-top-width border-right-width border-bottom-width border-left-width	取值单位为像素
盒子的上、右、下、左边框的颜色	border-top-color border-right-color border-bottom-color border-left-color	取值为任意颜色的组合

(2) 第二种用法：

```
border-top: 上边框宽度 样式 颜色;
border-bottom: 下边框宽度 样式 颜色;
border-left: 左边框宽度 样式 颜色;
border-right: 右边框宽度 样式 颜色;
```

该用法是将每个方向的宽度、样式和颜色综合在一起定义，这三个值之间也需要使用空格间隔，顺序可以随意颠倒。

若是 4 个方向的边框要求的效果完全相同，则可以直接使用综合样式属性"border:四边宽度　四边样式　四边颜色;"进行设置即可，三个取值的顺序也可以随意颠倒。

> 注意：设置边框宽度必须同时设置边框样式，如果未设置样式或设置为none，则不论宽度设置为多少都无效——自动设置为 0。

【例 2-14】为段落设置宽度、高度和边框，观察效果。

代码如下：

```
<!DOCTYPE html PUBLIC "-//W3C//DTD XHTML 1.0 Transitional//EN"
  "http://www.w3.org/TR/xhtml1/DTD/xhtml1-transitional.dtd">
<html xmlns="http://www.w3.org/1999/xhtml">
<head>
<meta http-equiv="Content-Type" content="text/html; charset=gb2312" />
<title>为段落设置宽度与高度</title>
<style type="text/css">
 p{width:400px; font-size:10pt; line-height:20px; border:1px solid #00f;}
 .p1{height:auto;}
```

```
  .p2{height:60px;}
</style>
</head><body>
  <p class="p1">这是页面中的第一个段落，该段落的高度设置为 auto，观察在浏览器中的显
  示效果</p>
  <p class="p2">这是页面中的第二个段落，该段落的高度设置为 80px，观察在浏览器中的显
  示效果</p>
</body></html>
```

页面的运行效果如图 2-18 所示。

图 2-18　例 2-14 的运行效果

3. 盒模型的内填充与外边距

许多浏览器都对于盒子的内填充和外边距(以下都简称填充和边距)提供了默认值，而且不同厂商对浏览器的默认值设置会有所不同。

为了在不同浏览器中具有统一的布局样式，定义盒子时，要根据需要自行设置填充和边距，覆盖厂商的默认值。

(1) 设置填充(padding)

填充是指元素内容与边框之间的距离，该区域中使用的是为盒子设置的背景色。

可以使用如下的样式属性分别设置 4 个方向的填充值：

```
padding-top: 上填充；
padding-bottom: 下填充；
padding-left: 左填充；
padding-right: 右填充；
```

也可以使用综合的样式属性 padding 同时设置 4 个方向的填充，具体用法如下：
- padding:值 1;——使用一个值设置 4 个方向的填充都相同。
- padding:值 1 值 2;——值 1 设置上下方向的填充，值 2 设置左右方向的填充。
- padding:值 1 值 2 值 3;——值 1 设置上填充，值 2 左右填充，值 3 下填充。
- padding:值 1 值 2 值 3 值 4;——分别设置上、右、下、左 4 个方向的填充。

(2) 设置边距(margin)

边距 margin 是元素的边框到相邻元素(或页面边界)的距离，是在元素边框之外添加的透明区域，使用父元素或 body 的背景色。

可以使用如下的样式属性分别设置 4 个方向的边距值：

```
margin-top: 上边距值;
margin-bottom: 下边距值;
margin-left: 左边距值;
margin-right: 右边距值;
```

也可以使用综合的样式属性 margin 同时设置 4 个方向的边距，具体用法如下。

- margin:值 1; ——使用一个值设置 4 个方向的边距都相同。
- margin:值 1 值 2; ——值 1 设置上下方向的边距，值 2 设置左右方向的边距。
- margin:值 1 值 2 值 3; ——值 1 设置上边距，值 2 设置左右边距，值 3 设置下边距。
- margin:值 1 值 2 值 3 值 4; ——分别设置上、右、下、左 4 个方向的边距。

4. 盒模型的背景

CSS 的背景可用颜色或图像来设置，背景属性不能继承，可以为所有元素单独设置背景，设置 body 背景时将作为整个浏览器页面的背景。CSS 的背景属性见表 2-3。

表 2-3　CSS 的背景属性

背景属性	取值和描述
background-color:背景颜色;	默认 transparent(透明)
background-image:url("图像 url");	必须是 GIF、JPEG、PNG 格式的文件
background-repeat:图像平铺方式;	repeat(平铺，默认)、no-repeat(不平铺) repeat-x(只横向平铺)、repeat-y(只纵向平铺)
background-attachment:图像固定;	scroll(默认，随页面滚动)、fixed(图像在页面固定)
background-position:图像定位;	xy 坐标值、预定义值、百分比
background:背景色;	指定背景颜色缩写
background:url("图像") 平铺 固定 定位;	按顺序综合设置缩写，不需要可省略取默认值

背景图像定位样式属性 background-position 的应用：使用坐标时，首先要说明的是浏览器窗口左上角的坐标是(0, 0)，各个块级元素左上角顶点坐标也是(0, 0)。

属性值 x 和 y 代表两个坐标值，中间用空格隔开(默认 0 0 或 top left 即元素左上角)。

(1) 使用带不同单位的数值，可直接设置图像左上角在元素中的坐标。

(2) 使用预定义关键字，可指定背景图像在元素中的对齐方式。

- 水平方向值：left、center、right。
- 垂直方向值：top、center、bottom。

两个关键字的顺序任意，若只有一个值则另一个默认为 center。

例如，center 相当于 center center(居中显示)；top 相当于 top center 或 center top(水平居中、上对齐)。

(3) 使用百分比，将百分比同时应用于元素和图像，再按该指定点对齐。

- 0% 0%：表示图像左上角与元素的左上角对齐。
- 50% 50%：表示图像 50% 50%中心点与元素 50% 50%的中心点对齐。
- 20% 30%：表示图像 20% 30%的点与元素 20% 30%的点对齐。
- 100% 100%：表示图像右下角与元素的右下角对齐，而不是图像充满元素。

如果只有一个百分数，将作为水平值，垂直值则默认为 50%。

【例 2-15】修改例 2-14，设置整个页面边距为 0，为第二个段落设置 4 个方向填充为 20px、4 个方向边距为 30px、背景色为#ddf，代码如下：

```
<!DOCTYPE html PUBLIC "-//W3C//DTD XHTML 1.0 Transitional//EN"
   "http://www.w3.org/TR/xhtml1/DTD/xhtml1-transitional.dtd">
<html xmlns="http://www.w3.org/1999/xhtml">
<head>
<meta http-equiv="Content-Type" content="text/html; charset=gb2312" />
<title>为段落设置宽度与高度</title>
<style type="text/css">
  body{margin:0;}
  p{width:400px; font-size:10pt; line-height:20px; border:1px solid #00f;}
  .p1{height:auto;}
  .p2{height:80px; padding:20px; margin:30px; background:#ddf;}
</style>
</head>
<body>
  <p class="p1">这是页面中的第一个段落，该段落的高度设置为 auto，观察在浏览器中的显示效果</p>
  <p class="p2">这是页面中的第二个段落，该段落的高度设置为 80px，四个方向填充为 20px，四个方向边距为 30px，观察在浏览器中的显示效果</p>
</body>
</html>
```

运行效果如图 2-19 所示。

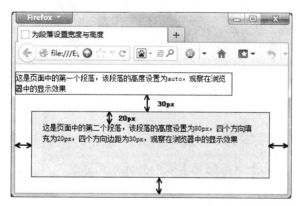

图 2-19　例 2-15 的运行效果

从图 2-19 可以看出，第二个段落中背景覆盖了填充区域部分，但是没有覆盖边距部分。

【例 2-16】为盒子设计不同位置的背景，代码如下：

```
<!DOCTYPE html PUBLIC "-//W3C//DTD XHTML 1.0 Transitional//EN"
   "http://www.w3.org/TR/xhtml1/DTD/xhtml1-transitional.dtd">
<html xmlns="http://www.w3.org/1999/xhtml">
<head>
<meta http-equiv="Content-Type" content="text/html; charset=gb2312" />
<title>为盒子设计不同位置的背景</title>
```

```
<style type="text/css">
  body{margin:0;}
  p{width:400px;height:100px;font-size:10pt;line-height:20px;border:1px
solid #00f;}
  .p1{background:url(images/flower.jpg) top left no-repeat;}
  .p2{height:100px; background:url(images/flower.jpg) right bottom
no-repeat;}
</style>
</head>
<body>
  <p class="p1">这是页面中的第一个段落，该段落的高度设置为auto，为盒子设置的背景图
放在左上角</p>
  <pclass="p2">这是页面中的第二个段落，该段落的高度设置为80px，四个方向填充为20px，
四个方向边距为30px，为盒子设置的背景图放在右下角</p>
</body>
</html>
```

运行效果如图2-20所示。

图2-20　例2-16的运行效果

2.6.2　垂直外边距的合并

在普通文档流中，两个上下相邻元素或内外元素相遇时，其垂直方向的上下外边距将会自动合并，发生重叠，外边距合并可以使都具有外边距的元素在相邻时能尽量占用较小的空间。

1. 上下相邻元素的垂直外边距合并

上下相邻两个元素的垂直外边距合并后的取值为其中较大的边距值。

假设上面元素的下边距为20px，下面元素的上边距为10px，则它们边框之间的间距不是30px，而是合并后两个元素共同享有较大的边距20px，如图2-21所示。

2. 内外包含元素的垂直边距合并

如果一个元素包含另一个元素而且外元素的上填充及上边框都是0，在IE8及以上浏

览器中，外元素的上边距会与内元素的上边距发生合并，合并后的上边距取值为其中较大的边距值，而 IE7 及以下浏览器中，外元素上边距不变，内元素上边距是其上边框到外元素边框间的距离。

假设内元素上边距为 20px，外元素没有设置上填充及上边框，但上边距为 10px(即使上边距为 0 也会合并)，则合并后内外元素具有相同的上边距 20px，如图 2-22 所示。

如果父元素的高度设置为 auto，即自适应子元素高度时，若没有设置下填充和下边框，在 IE8 及以上浏览器中，内外元素的下边距也会发生合并，这就是所谓父元素不适应子元素高度的问题。

也就是说，内外包含元素垂直方向边距合并的问题在部分浏览器中会发生，在另一部分浏览器中则没有问题，因此这属于一个浏览器兼容性问题，最简单的解决方法是：任何时候设置内外包含元素时，只要外元素没有设置上下填充或上下边框，都不要为内部的第一个元素设置上边距，也不要为内部最后一个元素设置下边距，内外元素之间必需的间距可以直接使用外元素的填充来设置即可。

3. 空元素自身的垂直外边距合并

如果没有内容的空元素有上下边距，但上下填充和上下边框都是 0，则它自己的上下边距也会发生合并。而且这个合并后的边距遇到另一个垂直相邻元素时，还会再发生上下边距的合并。

假设一个空元素没有设置上下填充及边框，上边距为 20px，下边距为 10px，则合并后的上下边距总高度(即元素总高度)为 20px，如图 2-23 所示。

图 2-21　上下相邻元素　　　　图 2-22　内外包含元素　　　　图 2-23　空元素

2.6.3　网页元素 div

尽管段落也是盒子，但是在其内部不能放置任何其他块级元素的内容，所以页面中使用最多的盒子是可以作为容器的层，尤其是整个网页的布局都是通过 DIV+CSS 来实现的，层中可以放置段落、表格、浮动框架等任意其他页面元素，当然也可以放置其他的层。插入层的标记为：

```
<div>...</div>
```

使用 div 总是要结合样式定义，对于 div 的定义通常包含如下一些样式属性：层的宽度 width、高度 height、填充、边距、边框和背景等。

2.7 盒子的居中、浮动及显示方式

2.7.1 盒子的居中

我们从网络中看到的各种网站，其整体宽度大致存在这样三种情况：第一，与浏览器窗口同宽(是指窗口变宽时，其内容区域也变宽，窗口变窄时，其内容区域也变窄)；第二，取用固定宽度；第三，介于二者之间，即当浏览器窗口足够宽时，其内容区一直与窗口同宽，当浏览器窗口宽度窄到一定程度后，其内容区的宽度不再变窄，从而出现水平方向的滚动条。

在上面三种情况中，最容易实现的是第二种情况，而当内容区取用固定宽度时，整个内容区在浏览器窗口中通常都是要设置为居中的。

在现在网页设计技术中，我们总是通过设置盒子的水平方向的边距来实现盒子的居中。具体方案为：盒子的上下方向的边距根据具体需求来设置，左右方向的边距则设置为auto，即margin:值1 auto 值2;，或者margin:值1 auto;都可以。

水平方向边距auto的意义说明：使用浏览器窗口宽度或者使用父元素盒子的宽度减去当前盒子的宽度，将差值除以2之后得到的结果作为当前元素的左右边距。

例如，若浏览器窗口宽度为1000px，盒子的宽度为800px，设置盒子的左右边距为auto，则页面运行时，为盒子设置的左右边距实际取值为100px，而当浏览器窗口变为1100px宽度时，为盒子设置的左右边距则自动变化为150px。

使用这种方案设置盒子居中时，页面必须要设置为XHTML标准的，否则将不起作用。

【例2-17】在页面中设计内外嵌套的两个盒子，都设置水平方向居中，代码如下：

```
<!DOCTYPE html PUBLIC "-//W3C//DTD XHTML 1.0 Transitional//EN"
  "http://www.w3.org/TR/xhtml1/DTD/xhtml1-transitional.dtd">
<html xmlns="http://www.w3.org/1999/xhtml">
<head>
<meta http-equiv="Content-Type" content="text/html; charset=gb2312" />
<title>盒子的水平居中</title>
<style type="text/css">
  body{margin:0;}
  .divw{width:300px; height:60px; padding:0; margin:10px auto;
    border:1px solid #f00;}
  .divn{width:260px; height:40px; padding:5px 0; margin:0 auto;
    background:#aaf;}
</style></head>
<body>
  <div class="divw">
    <div class="divn">这是内部嵌套的盒子</div>
  </div>
</body></html>
```

页面运行效果如图2-24所示。

图 2-24　例 2-17 的运行效果

从图 2-24 中也可以看出，使用 margin 所设置的只有盒子的居中，在盒子中的文本并不受其控制。

2.7.2　盒子的浮动与清除浮动

1. 样式属性 float

所有块级元素的盒子默认都是上下排列的，但是网页布局中，很多时候都需要将这些盒子左右排列，这需要使用 CSS 提供的浮动样式 float 进行设置。

CSS 允许任何元素脱离文档流向左或向右自由浮动，但只在包含它的父元素内浮动，直到它的外边缘遇到父元素的边框或另一个浮动框的边缘为止，这种浮动也可以简单理解为在父元素内部向左或者向右对齐。

语法格式如下：

```
float:none | left | right;
```

- none：不浮动(默认)。
- left：向左浮动，其他后续元素填补在右边。
- right：向右浮动，其他后续元素填补在左边。

行内元素例如<span>、<img>、<a>等浮动后都将成为一个新的块级框，可以设置其区域大小、边框及边距。

2. 设置盒子浮动时的标准做法

设置盒子浮动时，总是存在一系列的问题，这些问题在本书中不做详细介绍，这里只把解决这些问题的标准做法提供给读者，以后要设置盒子浮动时，按照这种做法来完成，能够保证在各大浏览器中都不会出现问题。

设置盒子浮动，通常是因为需要将多个盒子水平方向排列。标准的做法是，为这些左右排列的盒子定义一个宽度与这些盒子宽度之和一致的大盒子作为父元素，然后在该父元素中设置这些小盒子；浮动的小盒子如果设置了非 0 值的左右边距，就要同时给其增加 display:inline;样式属性的应用，这是为了避免在 IE6 及以下浏览器中，向左浮动的第一个元素的左边距或者向右浮动的第一个元素的右边距加倍的问题。

父元素的宽度已经确定，高度可以是固定值，也可以设置为 auto。

【例 2-18】在一个宽为 480px，高为 60px(父元素高度固定)的 div 中，设计三个宽度是150px、高度为 40px(小于父元素高度)、填充为 0、边距为 5px、向左浮动的盒子。

代码如下：

```
<!DOCTYPE html PUBLIC "-//W3C//DTD XHTML 1.0 Transitional//EN"
  "http://www.w3.org/TR/xhtml1/DTD/xhtml1-transitional.dtd">
<html xmlns="http://www.w3.org/1999/xhtml">
<head>
<meta http-equiv="Content-Type" content="text/html; charset=gb2312" />
<title>盒子的浮动</title>
<style type="text/css">
  body{margin:0;}
  .divw{width:480px; height:60px; padding:0; margin:10px auto;
    border:1px solid #f00;}
  .divn{width:150px; height:40px; padding:0; margin:5px;
    background:#ddf; float:left; display:inline;/*若是去掉 display:inline;,
    在 IE6 及以下浏览器中，左侧第一个盒子左边距将会加倍，即变为 10px */}
</style>
</head><body>
  <div class="divw">
    <div class="divn">这是内部嵌套的向左浮动的第一个盒子</div>
    <div class="divn">这是内部嵌套的向左浮动的第二个盒子</div>
    <div class="divn">这是内部嵌套的向左浮动的第三个盒子</div>
  </div>
</body></html>
```

页面的运行效果如图 2-25 所示。

图 2-25 例 2-18 的运行效果

在页面中，很多时候，作为父元素的盒子，其高度都要设置为 auto，以便能够适应子元素内容高度的变化。

【例 2-19】修改例 2-18，将父元素的高度设置为 auto，并在该元素下方增加新的元素，代码如下：

```
<!DOCTYPE html PUBLIC "-//W3C//DTD XHTML 1.0 Transitional//EN"
  "http://www.w3.org/TR/xhtml1/DTD/xhtml1-transitional.dtd">
<html xmlns="http://www.w3.org/1999/xhtml">
<head>
<meta http-equiv="Content-Type" content="text/html; charset=gb2312" />
<title>盒子的浮动</title>
<style type="text/css">
  body{margin:0;}
  .divw1{width:480px; height:auto; padding:0; margin:10px auto;
```

```
    border:1px solid #f00;}
  .divn{width:150px; height:40px; padding:0; margin:5px; background:#ddf;
    float:left; display:inline;}
  .divw2{width:480px; height:40px; padding:0; margin:10px auto;
    border:1px solid #f00;}
</style>
</head><body>
  <div class="divw1">
    <div class="divn">这是内部嵌套的向左浮动的第一个盒子</div>
        <div class="divn">这是内部嵌套的向左浮动的第二个盒子</div>
        <div class="divn">这是内部嵌套的向左浮动的第三个盒子</div>
  </div>
  <div class="divw2">这是盒子 divw2 的内容</div>
</body></html>
```

在火狐、IE8 及以上浏览器中，页面运行效果如图 2-26 所示。

图 2-26　例 2-19 在 IE8 及以上浏览器中的运行效果

图 2-26 中，上面较粗的边框线实际上是 divw1 的上下边框合在一起的 2px 的效果，即盒子 divw1 本身没有高度；显示在三个浮动盒子后面的那条边框线则是盒子 divw2 的上边框，与 divw1 的边框之间的距离是边距 10px。

3. 盒子的高度塌陷及解决方法

CSS 标准中，元素浮动后不占据新空间，它在正常文档流中所占的原空间也被关闭，即例 2-19 中三个向左浮动的盒子本身是不占据空间的，相当于父元素 divw1 是一个空元素，而作为父元素的盒子 divw1 高度没有设置(auto)，从而导致的后果是四个盒子都没有占据实际的页面空间，它们的后继元素将会上移填补，所以出现如图 2-26 所示的 divw2 上移的情况(盒子上移之后，其内部文本将无法上移)，这就是所谓的高度塌陷问题。

盒子的高度塌陷需要满足的条件有两个：第一，盒子的高度被设置为 auto；第二，盒子中所有子元素都是浮动的。

上面已经提到，作为父元素的盒子其高度经常要设置为 auto，所以不能通过给父元素设置一个具体的高度值这种做法来解决高度的塌陷问题。

盒子的高度塌陷问题需要使用清除浮动的样式属性 clear 来解决：

```
clear:none | both | left | right;
```

- none：不清除(默认)。
- both：清除向左、向右的浮动。
- left：清除左浮动。

- right：清除右浮动。

使用 clear 清除浮动效果、解决父元素高度塌陷问题的操作步骤如下。

(1) 在样式中定义.clear{clear:both;}，选择符的名称可以改变，类型也可以是 id 选择符，样式属性 clear 的取值可以根据实际情况使用 left 或者 right，最好使用 both。

(2) 在作为父元素的盒子内部最下方增加一个空白盒子，引用定义的 class 类选择符 clear 即可。

修改例 2-19，在样式定义中增加.clear{clear:both;}，在盒子 divw1 结束标记</div>前面增加代码<div class="clear"></div>。

修改后的页面运行效果如图 2-27 所示。

图 2-27　清除浮动之后 h2-19.html 的运行效果

若是在 IE7 及以下浏览器中运行 h2-19.html 文件，看到的效果将与图 2-27 的一致。

注意：设置了浮动的盒子就不能再设置其居中，因为浮动本身就是向左或者向右对齐，与居中是矛盾的，而在页面解析中，浮动要优先于居中。

2.7.3　元素的显示方式

display 属性可指定元素的类型以决定元素的显示方式：

`display:显示方式;`

行内元素除了通过定位、浮动设置成块级元素外，也可通过 display:block;设为块级元素。

通过 CSS 的":hover"伪类或用 JavaScript 代码设置元素的 display 属性，可实现动态隐藏元素为不可见或由不可见恢复为可见。

- inline：行内元素，在当前区域块内显示不换行(行内元素默认)。
- block：作为块级元素显示一个新段落(块级元素默认)。
- none：隐藏元素不显示，也不再占用页面空间，相当于该元素已不存在。
- list-item：添加列表项的项目编号并另起一行，显示在下一行——块级元素。
- inline-block：生成为行内块元素(CSS 2.1 新增值)。

2.7.4　元素的可见性 visibility

visibility 属性可指定元素的可见性：

`visibility:可见性;`

- visible：元素可见(独立元素的默认值)。
- hidden：元素隐藏不可见(但仍占据空间，显示为父元素背景色)。
- inherit：使用父元素的可见性(子元素的默认值)。
- collapse：用于表格中可删除一行或一列(不占空间)，用于其他元素相当于 hidden。

无父元素的单独元素默认 visible 可见，子元素默认 inherit 继承父元素的可见性，若父元素不可见，则子元素不可见，需要子元素动态可见时，必须设置 visibility:visible 覆盖为可见。

任何元素使用 visibility:hidden 只是不可见，原来占据的页面空间不变，隐藏后不会影响页面中其他元素的位置，需要动态可见时，可通过 CSS 的 ":hover" 伪类或 JavaScript 代码设置 visibility:visible 恢复可见。

2.8 盒子的布局应用举例

假设页面的布局结构如图 2-28 所示。

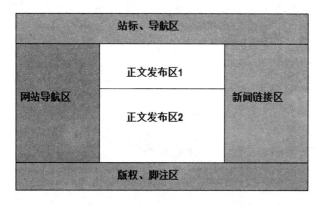

图 2-28　要设计的页面布局结构

设计该页面时需要使用的 div 是多少个呢？很多读者都会直接将图 2-28 中被分割的区域个数 6 作为 div 的个数。

1. 设计 6 个同级的盒子

【例 2-20】假设需要的页面总宽度是 200px，需要的代码如下：

```
<!DOCTYPE html PUBLIC "-//W3C//DTD XHTML 1.0 Transitional//EN"
  "http://www.w3.org/TR/xhtml1/DTD/xhtml1-transitional.dtd">
<html xmlns="http://www.w3.org/1999/xhtml">
<head>
<meta http-equiv="Content-Type" content="text/html; charset=gb2312" />
<title>无标题文档</title>
<style type="text/css">
  .div1,.div3{width:200px; height:20px; padding:0; margin:0 auto;
   background:#a00;}
  .div2-1,.div2-3{width:40px; height:50px; padding:0; margin:0;
   background:#00d; float:left;}
```

```
   .div2-2-1{width:120px; height:25px; padding:0; margin:0; background:#eee;
     float:left;}
   .div2-2-2{width:120px; height:25px; padding:0; margin:0; background:#aaf;
     float:left;}
</style>
</head><body>
   <div class="div1"></div>
   <div class="div2-1"></div>
   <div class="div2-2-1"></div>
   <div class="div2-2-2"></div>
   <div class="div2-3"></div>
   <div class="div3"></div>
</body></html>
```

其中 div1 表示站标、导航区，div2-1 表示网站导航区，div2-2-1 表示正文发布区 1，div2-2-2 表示正文发布区 2，div2-3 表示新闻链接区，div3 表示版权脚注区。

使用 h2-20.html 代码实现图 2-28 中的布局效果时，存在的问题如下：

● 代码主体部分看不出哪些盒子同属一级，6 个 div 都是一个级别的。

● 运行的效果完全不能满足原始的布局要求，如图 2-29 所示。

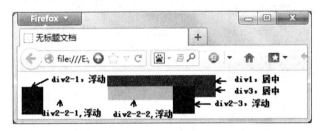

图 2-29　例 2-20 的运行效果

出现图 2-29 中效果的原因很简单。

(1) 浮动的盒子 div2-1、div2-2-1、div2-2-2、div2-3 无法控制居中。

(2) 上面 4 个盒子都是浮动的，只要浏览器宽度足够，它们就要横向排列着，若是浏览器窗口变窄，它们则被分成多行。读者可以自己查看效果。

(3) 浮动的盒子在页面中不占用高度，所以后继元素 div3 上移，直接与 div1 并在一起。

2. 为同一水平方向排列的盒子增加一个父元素

为了解决上述问题，必须为 4 个浮动的盒子设置一个父元素。

【例 2-21】为 h2-20.html 中 4 个浮动的盒子设置一个父元素，控制它们居中，且保证占据页面的高度，代码如下：

```
<!DOCTYPE html PUBLIC "-//W3C//DTD XHTML 1.0 Transitional//EN"
  "http://www.w3.org/TR/xhtml1/DTD/xhtml1-transitional.dtd">
<html xmlns="http://www.w3.org/1999/xhtml">
<head>
<meta http-equiv="Content-Type" content="text/html; charset=gb2312" />
<title>无标题文档</title>
<style type="text/css">
```

```
.div1,.div3{width:200px; height:20px; padding:0; margin:0 auto;
  background:#a00;}
.div2{width:200px; height:auto; padding:0; margin:0 auto;}
.div2-1,.div2-3{width:40px; height:50px; padding:0; margin:0;
  background:#00d; float:left;}
.div2-2-1{width:120px; height:25px; padding:0; margin:0; background:#eee;
  float:left;}
.div2-2-2{width:120px; height:25px; padding:0; margin:0; background:#aaf;
  float:left;}
.clear{clear:both;}
</style>
</head><body>
  <div class="div1"></div>
  <div class="div2">
    <div class="div2-1"></div>
    <div class="div2-2-1"></div>
    <div class="div2-2-2"></div>
    <div class="div2-3"></div>
    <div class="clear"></div>
  </div>
  <div class="div3"></div>
</body></html>
```

其中，加粗部分的代码是不同于 h2-20.html 页面的代码，div2 作为 div2-1、div2-2-1、div2-2-2、div2-3 的父元素，其高度被设置为 auto，所以需要 clear 样式清除其浮动效果以获取在页面中的高度。运行效果如图 2-30 所示。

图 2-30　增加了父元素 div2 后的效果

注意图 2-30 中的线框是作者为了强调 div2 控制的区域而专门增加的，实际运行效果中不存在。

从图 2-30 中的效果来看，已经很接近图 2-28 要求的布局效果，但是仍旧存在着问题，这是因为作为浮动元素的 div2-3，其前驱的浮动元素是 div2-2-2，所以 div2-3 会从 div2-2-2 右上角顶点开始显示，而无法从 div2-2-1 右上角顶点处开始。

3. 为局部的上下排列的盒子增加一个父元素

为解决上面的问题，必须要为上下排列的盒子 div2-2-1 和 div2-2-2 增加一个父元素。

【例 2-22】为 div2-2-1 和 div2-2-2 这两个同一级别的盒子再增加一个父元素 div2-2，该元素与 div2-1 和 div2-3 同级，也要向左浮动，同时取消 div2-2-1 和 div2-2-2 的向左浮动效果。代码如下：

```html
<!DOCTYPE html PUBLIC "-//W3C//DTD XHTML 1.0 Transitional//EN"
  "http://www.w3.org/TR/xhtml1/DTD/xhtml1-transitional.dtd">
<html xmlns="http://www.w3.org/1999/xhtml"><head>
<meta http-equiv="Content-Type" content="text/html; charset=gb2312" />
<title>无标题文档</title>
<style type="text/css">
  .div1,.div3{width:200px; height:20px; padding:0; margin:0 auto;
   background:#a00;}
  .div2{width:200px; height:auto; padding:0; margin:0 auto;}
  .div2-1,.div2-3{width:40px; height:50px; padding:0; margin:0;
   background:#00d; float:left;}
  .div2-2{width:120px; height:auto; padding:0; margin:0; float:left;}
  .div2-2-1{width:120px; height:25px; padding:0; margin:0;
   background:#eee; /*float:left;去掉浮动*/}
  .div2-2-2{width:120px; height:25px; padding:0; margin:0;
   background:#aaf; /*float:left;去掉浮动*/}
  .clear{clear:both;}
</style></head><body>
  <div class="div1"></div>
  <div class="div2">
    <div class="div2-1"></div>
      <div class="div2-2">
      <div class="div2-2-1"></div>
      <div class="div2-2-2"></div>
      </div>
    <div class="div2-3"></div>
    <div class="clear"></div>
  </div>
  <div class="div3"></div>
</body></html>
```

上面的代码在任何一个浏览器中运行都会得到统一的符合要求的布局效果，运行效果如图 2-31 所示(图中的线框是为了强调各个区域而添加的)。

图 2-31　增加了父元素 div2-2 后的效果

可见，实现图 2-28 要求的布局效果，需要使用的盒子总数是 9 个(包含一个用于清除浮动效果的空白小盒子)。

4. 关于页面布局的标准方案说明

任何时候进行页面布局时，都必须遵从下面两个原则：

● 第一，只要遇到在一行中排列的多个盒子，就必须为这些盒子定义一个共同的父元素。

● 第二，只要遇到局部区域中上下排列的多个盒子，就必须为这些盒子定义一个父元素。

2.9　习　　题

1. 选择题

(1) CSS 的全称是(　　)。

    A. Computer Style Sheets　　　　　　B. Cascading Style Sheets

    C. Creative Style Sheets　　　　　　　D. Colorful Style Sheets

(2) 以下的 HTML 中，哪个是正确引用外部样式表的方法？(　　)

    A. <style src="mystyle.css">

    B. <link rel="stylesheet" type="text/css" href="mystyle.css">

    C. <stylesheet>mystyle.css</stylesheet>

(3) 在 HTML 文档中，引用外部样式表的正确位置是(　　)。

    A. 文档的末尾　　　B. <head>部分　　　C. 文档的顶部　　　D. <body>部分

(4) 下列哪个 HTML 标签可用来定义内部样式表？(　　)

    A. <style>　　　　B. <script>　　　　C. <css>　　　　　D. <meta>

(5) 下列哪个 HTML 属性可用来定义内联样式？(　　)

    A. font　　　　　　B. class　　　　　C. styles　　　　　D. style

(6) 下列哪个选项的 CSS 语法是正确的？(　　)

    A. body:color=black　　　　　　　　B. {body:color=black(body}

    C. body {color: black}　　　　　　　　D. {body;color:black}

(7) 下列哪个属性可用来改变背景颜色？(　　)

    A. text-color　　　B. bgcolor　　　　C. color　　　　　D. background-color

(8) 如何为所有的<h1>元素添加背景颜色？(　　)

    A. h1.all {background-color:#FFFFFF}

    B. h1 {background-color:#FFFFFF}

    C. all.h1 {background-color:#FFFFFF}

(9) 哪个 CSS 属性可控制文本的尺寸？(　　)

    A. font-size　　　B. text-style　　　C. font-style　　　D. text-size

(10) CSS 定义中，进行单一选择符的复合样式声明时，不同属性应该用(　　)分隔。

    A. #   B. ,(逗号)   C. ;(分号)   D. :(冒号)

(11) 不同的选择符定义相同的元素时，优先级别的关系是(　　)。

    A. 类选择符最高，id 选择符其次，HTML 标记选择符最低

    B. 类选择符最高，HTML 标记选择符其次，id 选择符最低

    C. id 选择符最高，HTML 标记选择符其次，类选择符最低

    D. id 选择符最高，类选择符其次，HTML 标记选择符最低

(12) 如何显示这样一个边框：顶边框 10 像素、底边框 5 像素、左边框 20 像素、右边框 1 像素？(　　)

    A. border-width:10px 1px 5px 20px   B. border-width:10px 20px 5px 1px

    C. border-width:5px 20px 10px 1px   D. border-width:10px 5px 20px 1px

(13) 如何改变元素的左边距？(　　)

    A. text-indent: B. margin-left: C. margin: D. indent:

(14) 如需定义元素内容与边框间的空间，可使用 padding 属性，并可使用负值。(　　)

    A. 错误   B. 正确

(15) 如何产生带有正方形的项目的列表？(　　)

    A. list-type: square   B. list-style-type: square

    C. type: square   D. type: 2

(16) 在 IE6 以上浏览器中使用 W3C 标准时，设置某个块级元素的样式为 {width:200px; margin:10px; padding:20px; border:1px solid #f00;}，该块级元素的总宽度是(　　)。

    A. 200px   B. 220px   C. 260px   D. 262px

(17) 以下哪个不属于背景样式属性？(　　)

    A. backgroundColor   B. background-image

    C. background-repeat   D. background-position

2. 操作题

完成如图 2-32 所示的布局效果，各个盒子的宽度和高度自行定义。

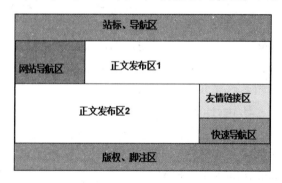

图 2-32　页面布局效果

第3章 HTML 的基本元素及样式

【学习目的与要求】

知识点

- 文本相关的各种标记及样式规则。
- 图像与图像的样式。
- 使用 div 完成文本和图像的综合排版。
- 列表及列表样式。
- 超链接及超链接伪类定义。
- 图像映射的应用。
- 表格相关标记及样式定义。

难点

- 文本样式中的行高属性的设置及行内框的概念。
- 图像样式中图像与文本垂直对齐样式属性的应用。
- 使用 div 完成文本和图像的综合排版。
- 列表样式的标准定义和应用。
- 使用包含选择符完成的超链接伪类的定义及应用。

3.1 HTML 文本字符、注释标记及水平线标记

在浏览器页面内显示的内容都必须放在 HTML 文档的主体标记<body></body>内。

1. 实体字符

实体字符就是文本中使用的特殊字符,例如"<"和">"在 HTML 中已经作为标记的定界符,若是在页面中作为尖括号、小于号或大于号使用时,将被浏览器解析为标记符号,就会引起混乱,出现错误。如果需要在页面中显示这些特殊字符,则必须使用这些字符的实体名称或实体编号。常用特殊字符的实体名称和实体编号见表 3-1。

表 3-1 常用特殊字符的实体名称和实体编号

字 符	描 述	实体名称	实体编号
	空格		
<	小于号	&lt;	&#60;
>	大于号	&gt;	&#62;
&	和号	&amp;	&#38;

字 符	描 述	实体名称	实体编号
￥	人民币	&yen;	&#165;
©	版权	&copy;	&#169;
®	注册商标	&reg;	&#174;
°	摄氏度	&deg;	&#176;
±	正负号	&plusmn;	&#177;
×	乘号	&times;	&#215;
÷	除号	&divide;	&#247;
2	平方(上标 2)	&sup2;	&#178;
3	立方(上标 3)	&sup3;	&#179;

在页面中要使用特殊字符时，只需要在代码中输入表 3-1 中的相应实体名称即可。

> **注意：** 在 HTML 文档的代码中不论使用多少空格或回车换行，在浏览器页面中显示时最多只显示一个空格，因此空格符可使用 或 ，而换行用\
标记。

2. 注释标记

如果需要在 HTML 文档中添加一些便于阅读理解但不需要显示在页面中的注释文字，可将注释内容放在\<!-- ... -->注释标记内。

- \<!-- 注释内容 -->：该标记在所有浏览器中通用。
- \<comment>注释内容\</comment>：该标记只有在 IE 浏览器中起作用，其他所有浏览器，即便是 IE 内核的也不起作用。

> **注意：** XHTML 规范除了在注释标记的开头结尾使用"--"字符外，不能在注释内容中间使用两个以上连字符"--"。

【例 3-1】在页面中显示普通字符和实体字符，注意文档中换行与页面中的换行：

```
<!DOCTYPE html PUBLIC "-//W3C//DTD XHTML 1.0 Transitional//EN"
  "http://www.w3.org/TR/xhtml1/DTD/xhtml1-transitional.dtd">
<html xmlns="http://www.w3.org/1999/xhtml">
<head>
<meta http-equiv="Content-Type" content="text/html; charset=gb2312" />
<title>显示普通字符和实体字符</title>
</head><body>
不需要任何外观、布局修饰的文本可在&lt;body&gt;标记中
<!-- 此处有若干空格、换行 -->
                                       直接输入。<br />
HTML 文档中的空格、换行对浏览器页面的显示无效。<br />
   这里使用了 空格符和&lt;br /&gt;换行标记。
<!-- 这是注释内容——页面不显示，但查看源代码可见 -->
<comment>这也是注释内容</comment>
```

```
</body></html>
```

在 IE 浏览器下的运行结果如图 3-1 所示。

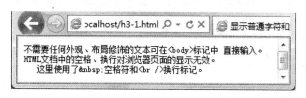

图 3-1　使用实体字符的页面——IE 浏览器

在其他浏览器下运行的结果如图 3-2 所示。

图 3-2　其他浏览器对<comment>标记的解析

3．水平线标记<hr />

水平线标记可以使用的样式属性有 width、height(取代标记中的属性 size)、color 等：

```
<hr [size="线条粗细" align="对齐方式" width="长度" color="颜色"] />
```

- size：指定线条粗细用像素为单位，默认 2(边框 1)。
- align：指定对齐方式，取值为左 left、居中 center(默认)、右 right。
- width：该属性指定长度，可用像素数字，也可用相对当前浏览器宽度的百分比，默认为 100%。
- color：指定颜色，可用颜色名称、十六进制#RRGGBB、十进制 rgb(r,g,b)。

3.2　文本与修饰标记

3.2.1　设置文本标记

有关文本字体设置、修饰的标记都是行内标记。

(1)　换行标记
：换行标记只是在文本中插入一个换行符，不同于分段，前后内容仍属于同一个区块，属于行内标记。

(2)　上下标标记<sup>、<sub>：

```
<sup>上标文本</sup>
<sub>下标文本</sub>
```

【例 3-2】使用上下标标记：

```
<!DOCTYPE html PUBLIC "-//W3C//DTD XHTML 1.0 Transitional//EN"
  "http://www.w3.org/TR/xhtml1/DTD/xhtml1-transitional.dtd">
<html xmlns="http://www.w3.org/1999/xhtml">
<head>
<meta http-equiv="Content-Type" content="text/html; charset=gb2312" />
<title>设置文本</title>
</head><body>
    <p>使用上标: a<sup>2</sup>+b<sup>2</sup>=c<sup>2</sup></p>
    <p>使用下标: x<sup>y 上标</sup>+x<sub>1 下标</sub>=z</p>
</body></html>
```

运行结果如图 3-3 所示。

图 3-3　设置上下标

3.2.2　文本修饰标记

文本修饰标记有下列几种。

- 加粗：<b>加粗文本</b>。XHTML 推荐使用<strong>...</strong>。
- 斜体：<i>斜体文本</i>。XHTML 推荐使用<em>...</em>。
- 删除线：<s>...</s>或<strike>...</strike>。XHTML 推荐使用<del>...</del>。
- 下划线：<u>...</u>。

注意：以上标记均可使用<span>标记配合 CSS 样式设置。

【例 3-3】以传统文本修饰及 CSS 设置字体与鼠标指向时的提示标注：

```
<!DOCTYPE html PUBLIC "-//W3C//DTD XHTML 1.0 Transitional//EN"
  "http://www.w3.org/TR/xhtml1/DTD/xhtml1-transitional.dtd">
<html xmlns="http://www.w3.org/1999/xhtml">
<head>
<meta http-equiv="Content-Type" content="text/html; charset=gb2312" />
<title>字体修饰</title>
<style type="text/css">
  .font { font-family:楷体_GB2312; font-weight:bold; font-size:18pt;
color:blue; }
</style>
</head><body>
   正常显示文本<br />
   <b>传统 b 加粗文本</b>, <strong>推荐 strong 加粗文本</strong> <br />
```

```
<i>传统 i 斜体文本</i>，<em>推荐 em 斜体文本</em> <br />
<u>传统 u 带下划线文本</u> <br />
<s>传统 s 带删除线文本</s>，<strike>传统 strike 带删除线文本</strike><br />
<span class="font">用 span 标记 CSS 设置蓝色 18 磅楷体加粗文本</span> <br />
<span title="志愿军">当代最可爱的人</span>—鼠标指向时显示提示内容<br />
</body></html>
```

运行结果如图 3-4 所示。

图 3-4 例 3-3 的运行结果

3.2.3 块级文本标记

(1) 标题标记<hn>：<h1>标题文本</h1> ~ <h6>标题文本</h6>。<h>是前后自动换行的块级标记，可用于定义标题文本，其中<h1>字号最大。

(2) 段落标记<p>：

```
<p>分段显示的文本</p>
```

<p>标记是前后自动换行并保持一定间距的块级标记，用于定义一个文本段落。

<p>标记默认的段前段后间距非常大，且不同浏览器下有不同的间距默认值，所以需要通过样式代码设置其段前段后的间距。

【例 3-4】使用标题与段落标记：

```
<!DOCTYPE html PUBLIC "-//W3C//DTD XHTML 1.0 Transitional//EN"
  "http://www.w3.org/TR/xhtml1/DTD/xhtml1-transitional.dtd">
<html xmlns="http://www.w3.org/1999/xhtml">
<head>
<meta http-equiv="Content-Type" content="text/html; charset=gb2312" />
<title>标题与段落</title>
<style type="text/css">
  p{margin:5px 0;/*使用样式属性 margin 设置段落的前后间距为 5 像素*/}
  .ta1{text-align:center;}
  .ta2{text-align:right;}
</style>
</head><body>
  <h1>标题 1：享受快乐</h1>
  <p>这是使用段落的第一段文本……</p>
  <h2 class="ta1">居中标题 2：享受生活</h2>
```

```
  <p class="ta1">居中显示的段落文本……</p>
  <h3 class="ta2">右对齐标题 3：享受学习生活的快乐</h3>
  <p class="ta2">右对齐显示的段落文本……</p>
</body></html>
```

效果如图 3-5 所示。

图 3-5　使用标题与段落标记的页面

3.2.4　样式组织标记<span>

样式组织标记<span>没有特定功能，也不对页面添加任何东西，仅仅通过 id、class、title、style 等标准属性结合 CSS 样式表、JavaScript 脚本实现对页面内容的控制，为页面内容增添视觉效果和动态效果，是目前网页设计中经常使用的样式布局元素。语法格式为：

```
<span>行内显示文本</span>
```

<span>是一个行内标记，通过 CSS 样式表可为行内部分文本设置特殊效果。

目前大多数行内修饰标记例如加粗<b>或<strong>、斜体<i>或<em>和下划线<u>等都已被<span>取代。

注意：<span>是行级容器标记，只能包含文本内容而不能嵌套图像或其他段落标记。

【例 3-5】用<p>设置区域块背景颜色显示本杰明·弗兰克林的名言，并用<span>设置红色、黑体，显示重点单词：

```
<!DOCTYPE html PUBLIC "-//W3C//DTD XHTML 1.0 Transitional//EN"
  "http://www.w3.org/TR/xhtml1/DTD/xhtml1-transitional.dtd">
<html xmlns="http://www.w3.org/1999/xhtml">
<head>
<meta http-equiv="Content-Type" content="text/html; charset=gb2312" />
<title>使用 span 标记</title>
<style type="text/css">
  p{ background:yellow;}
  span { color:red;font-family:黑体; }
</style>
</head>
```

```
<body>
  <p>
    早睡早起使人<span>健康</span>、<span>富裕</span>和<span>聪颖</span>。
  </p>
</body></html>
```

效果如图 3-6 所示。

图 3-6　使用<p>和<span>标记

3.3　CSS 文本样式规则

CSS 用于文本的样式规则包括字体、字号、颜色及其他各种外观样式和排列方式等。

3.3.1　CSS 大小尺寸量度的属性值

HTML 页面中显示的文本字号、边框宽度、区域块的高度/宽度等大小尺寸的量度属性值一般都可以使用绝对单位值或相对单位值两种方式设置。

1. 绝对单位

绝对单位的值就是用磅、像素、毫米等度量单位设置为固定数值：px(像素)、pt(磅，1pt=1/72 英寸)、pc(皮卡，1pc=12 pt)、mm(毫米)、cm(厘米)、in(英寸)。

像素单位因为与屏幕的分辨率有关，也可看作是相对单位，分辨率高则同样大小的字号显示得较小，分辨率低则显示的字号就比较大。

推荐使用计算机字体的标准单位 pt(最好使用 9pt、10.5pt 和 12pt)，这种度量单位可以根据显示器的分辨率自动调整，防止在不同分辨率的显示器上显示的字体不统一。

> **注意：** 传统 HTML 属性的数值不带单位默认 px，而 CSS 尺寸采用数值时必须带有单位，否则无效。CSS 仅在取值为 0 时可以省略单位，数值与单位符号之间不能有空格。

2. 相对单位

相对大小的值就是相对浏览器(或父元素)宽度或高度的百分比，对字体是指相对当前默认字号尺寸的大小，采用这种度量，可随浏览器(或父元素)大小的变化而自动调整。

- em：是当前默认字号大小(继承父元素默认字号)的倍数，可根据父元素字号的改变而自动调整。例如 2em 是当前字号的 2 倍，若父元素或默认字号为 12pt，则 2em 就是 24pt。
- ex：是当前字号高度值 x-height(通常是字体尺寸的一半)的倍数。

● %：适用区域大小或线条长度，一般是相对浏览器窗口或父元素同方向尺寸的百分比。如果设置字号大小，则表示相对当前默认字号的百分比，如 200%相当于2em。

注意：%针对不同元素尺寸的设置会有不同的含义，应参考元素的设定说明。

3.3.2　文本字符的 CSS 样式属性

文本字符的字体、字号、风格样式、粗细、变体样式都用 CSS 样式的 font 属性设置，具体样式属性见表 3-2。

表 3-2　设置文本字符字体的 CSS 样式属性

CSS 样式属性	取值和描述
font-family:字体集;	系统支持的各种字体，彼此用逗号隔开
font-size:字号大小;	不同单位的绝对固定值、%、em 相对值、预定义值
font-style:风格样式;	normal 常规、italic 斜体、oblique 偏斜体
font-weight:粗细;	normal 常规、100~900、bold 粗、bolder 更粗
font:综合属性;	font:样式 变体 粗细 字号 字体; ——按顺序用空格隔开

1. font-family:字体集列表;

我们可以在自己的计算机上安装任何一种字体，但无法要求用户去安装哪种字体，因此 CSS 使用 font-family "字体家族"属性，允许同时指定多种字体，用户浏览器将按顺序采用第一个可用的字体，即第一个字体不可用时才会依次尝试下一个。

例如：

```
font-family:华文彩云, 宋体, 黑体, Arial;
```

则首选使用华文彩云，如果机器没有安装该字体，则选择宋体，如果也没有安装宋体，则选择黑体，依次类推。如果指定的字体都没有安装，则使用浏览器默认字体。

如果使用通用的字体族(如 sans-serif)，浏览器可自动从该字体系列中选择一种字体(如Helvetica)。

应注意：

● 多种字体之间必须用西文逗号隔开。
● 字体属性值不区分大小写，但必须准确。
● 如果字体名中包含空格、#、$等符号，则该字体必须加西文单引号或双引号。例如，font-family:Arial, "Times New Roman", 宋体, 黑体;。
● 尽量使用系统默认字体，保证在任何用户浏览器中都能正确显示。

2. font-style:风格样式;

风格样式的属性值：normal 常规(默认)、italic 斜体、oblique 歪斜体(倾斜体，当某种字体不提供斜体时，使用 italic 斜体会无效，而使用 oblique 则可强制其倾斜)。

3．font-size:字号大小;

字号属性值可使用不同单位的绝对数值、相对于当前默认字号的%或 em 倍数，也可使用预定义值。

- 预定义绝对字号：xx-small、x-small、small、medium、large、x-large、xx-large 均为固定大小。
- 预定义相对字号：smaller 比当前默认字号小，larger 比当前默认字号大。

注意： 对<body>标记设置字号则对页面中除了<h1>~<h6>标题标记外的所有标记有效。

4．font-weight:粗细;

字体粗细(浓淡程度)的属性值可以使用 100、200~900 的数字值，值越大字体越粗。也可使用预定义值 normal 常规(默认)、lighter 细体、bold 粗体(约 700)、bolder 加粗体(约 900)。

注意： 实际上在设置字体粗细时，只有 bold(700)起作用。

5．综合设置字体样式缩写

综合设置字体样式的各个属性必须以空格隔开，不需要设置的属性可以省略(取默认值)，但必须按如下指定的顺序设置：

```
font: style 风格 variant 变体 weight 粗细 size 字号/行高 family 字体集;
```

例如：

```
font-family: arial, sans-serif; font-size: 30px; font-style: italic;
font-weight: bold;
```

等价于(注意顺序)：

```
font: italic bold 30px arial, sans-serif;
```

使用综合设置时还可以在设置字号的同时设置行高，即在字号后加"/"再跟行高值。

【例 3-6】使用 CSS 内联样式属性综合设置文本字符的各种样式：

```
<!DOCTYPE html PUBLIC "-//W3C//DTD XHTML 1.0 Transitional//EN"
  "http://www.w3.org/TR/xhtml1/DTD/xhtml1-transitional.dtd">
<html xmlns="http://www.w3.org/1999/xhtml">
<head>
<meta http-equiv="Content-Type" content="text/html; charset=gb2312" />
<title>字体样式应用</title>
<style type="text/css">
  h3{font:bolder 18pt 黑体; text-align:center;}
  .div1{font-size:0.2in; font-family:隶书, 楷体, 宋体;}
  .div2{font-size:12pt; font-style:italic; font-weight:bold;}
```

```
    .div3{font-size:2em; font-style:oblique; font-weight:lighter;}
    .div4{font-size:smaller; font-weight:400; font-variant:small-caps;}
    .div5{font:italic small-caps bolder 12pt/24pt 宋体;}
   div span{font: italic bold 20pt 楷体_GB2312; color:red;}
</style>
</head><body>
    <h3 style=" ">CSS 设置字体</h3>
    <hr />
      默认文本
    <div class="div1">0.2 英寸字号、隶书, 楷体，宋体字体</div>
    <div  class="div2">12pt 字号、italic 样式、bold 粗细</div>
    <div class="div3">2em 大小字号、oblique 样式、lighter 粗细</div>
    <div class="div4">smaller 字号、400 粗细、small-caps 变体</div>
    <div class="div5">综合设置文本—同时设置 24pt 行高</div>
    <div>我是山东商业职业技术学院信息技术学院的一名<span>学生</span>。</div>
</body></html>
```

运行效果如图 3-7 所示。

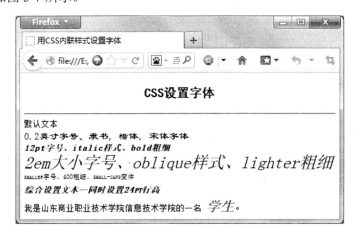

图 3-7　使用 CSS 内联样式设置字体

3.3.3　文本外观 CSS 样式属性

文本外观格式属性可定义文本颜色、字符间距、行间距、文本装饰、文本排列对齐、文本段落缩进等外观格式。文本外观格式的 CSS 属性见表 3-3。

1．color:前景字符颜色;

字符颜色属性可以使用预定义颜色值、十六进制#RRGGBB(#RGB)、十进制 rgb(r, g, b) 或百分比 rgb(r%, g%, b%)。

2．letter-spacing:字间距值;

字符间距即字符与字符之间的水平间距，属性值可用不同单位的数值，默认为 normal。例如，letter-spacing:6px;设置字间距为 6 个像素。

表 3-3 设置文本外观格式的 CSS 样式属性

文本外观格式属性	取值和描述
color:前景字符颜色;	预定义颜色、十六进制、十进制、RGB 百分比
letter-spacing:字间距;	带单位的固定数值
word-spacing:单词间距;	带单位的固定数值
line-height:行高;	带单位的固定数值、字符高度倍数、字符高度百分比%
text-decoration:装饰;	none 无装饰(默认)、underline 下划线(<a>默认)、overline 上划线、line-through 删除线、blink 闪烁
text-align:水平对齐方式;	left(默认)、right、center、justify 两端对齐
text-justify:两端对齐;	IE 浏览器配合 text-align:justify;样式规则实现两端对齐
text-indent:首行缩进量;	带单位的固定数值、百分比%
word-break:单词换行方式;	normal 英文单词词间换行，中文任意(默认)、break-all 允许英文单词中间断开换行，中文任意、keep-all 不允许中日韩文换行，英文正常
word-wrap:控制换行;	normal 不允许换行(默认)、break-word 强制换行
direction:文本书写方向;	ltr 从左向右、rtl 从右向左

3．word-spacing:单词间距;

字间距即英文单词之间的水平间隔，属性值可用不同单位的固定数值，默认为 normal。

4．line-height:行高;

行高指的是文本行的基线间的距离。而基线(Baseline)指的是一行字横排时下沿的基础线，基线并不是汉字的下端沿，而是英文字母 x 的下端沿。

属性值可用不同单位的数值，也可用不带单位的数字表示字符高度的倍数，或者使用%表示相对于字符高度的百分比。

为一行文本设置了字号和行高之后，页面解析执行时，会使用(行高−字号)/2 将结果分别增加到内容区的上方和下方，从而形成一个行内框(该框无法显示但确实存在)，行内框中的文本在垂直方向是居中的，页面设计中经常利用这一特点控制一行文本在某个 div 中垂直方向居中。

注意：行高属性值不允许使用负值。

5．text-decoration:装饰;

该样式属性用于对文本进行装饰。
- none：没有装饰(正常文本的默认值)。
- underline：下划线(<a>链接文本的默认值)。
- overline：上划线。
- line-through：删除线。

● blink：闪烁(IE 浏览器不支持)。

例如，对<a>标记使用样式规则：text-decoration:none; 则可以取消默认的下划线。

6. text-align:水平对齐方式;(text-justify:两端对齐;)

该样式属性只用于为块级元素设置文本内容的水平对齐，对行内标记无效。

- left：左对齐(默认)。
- right：右对齐。
- center：居中对齐。
- justify：两端对齐，字符不满一行时强制充满一行。

例如，对表格<th>或<td>使用样式规则：text-align:justify; 可使表格中标题两端对齐。

IE 低版本浏览器不支持 text-align:justify 样式，在 IE5 以上版本增加了 text-justify 属性配合 text-align:justify;实现两端对齐，text-justify 样式的属性值如下。

- auto：允许浏览器确定使用两端对齐法则。
- inter-word：增加单词之间的空格，两端对齐，但对段落的最后一行无效。
- newspaper：增加字或字符间的空格，两端对齐，适合拉丁文字母的两端对齐。

7. text-indent:首行缩进量;

该样式属性只用于为块级元素设置首行的缩进量，对行内标记无效。

属性值可用不同单位的数值、em 字符宽度的倍数，或相对浏览器窗口宽度的百分比%。

例如，使用 text-indent:30px;设置缩进 30 像素，与字号大小无关。

如果使用 text-indent:2em; 则无论字号大小如何，都会缩进两个字符。

text-indent 属性可使用负值实现首行向前凸出，例如 text-indent:-2em; 则可让首行向前凸出两个字符，但使用凸出时必须配合 padding-left:2em; 让文本内容整体向左缩进两个字符以上，否则凸出的字符会凸出到区域以外，甚至看不到。

【例 3-7】设置文本的外观格式：

```
<!DOCTYPE html PUBLIC "-//W3C//DTD XHTML 1.0 Transitional//EN"
  "http://www.w3.org/TR/xhtml1/DTD/xhtml1-transitional.dtd">
<html xmlns="http://www.w3.org/1999/xhtml">
<head>
<meta http-equiv="Content-Type" content="text/html; charset=gb2312" />
<title>文本修饰、对齐、缩进与行高</title>
<style type="text/css">
 body{font-size:10.5pt;}/*对 h1~h6 标题标记无效*/
 h2{font-family:黑体; text-align:center}
 .p1{text-decoration:underline; text-align:left; text-indent:2em;}
 .p2{text-decoration:overline; text-indent:10%;}
 .p3{text-decoration:blink; text-align:center; text-indent:30pt;}
 div{height:40px; padding:0; margin:0; border:1px dashed #00f;
line-height:40px;}
</style>
</head>
<body>
 <h2>添加文字修饰、对齐、缩进与行高</h2>
```

```
<hr />
<p class="p1">添加下划线、左对齐、首行缩进 2 个字</p>
<p class="p2">添加上划线、缩进浏览器 10%</p>
<p class="p3">添加闪烁、居中对齐、首行缩进 30pt</p>
<div>文本行高取用 div 的高度 40px，设置了文本在 div 中垂直方向居中，div 的边框可以视
作文本的行内框</div>
</body></html>
```

运行结果如图 3-8 所示。

图 3-8　文本修饰、对齐、缩进与行高

8．word-break:单词换行方式;

word-break 是 IE5 以上版本的专有属性，其功能与 white-space 类似，用于设置块级元素内的文本是否换行、换行时是否切断单词。

● normal：常规(默认)，英文单词词间换行——单词不被拆开，中文可任意换行。

● break-all：允许英文单词词内断开换行，中文可任意换行。

● keep-all：英文单词词间换行，但不允许中、日、韩文换行，如果文本中有标点符号或空格，当超出边界时，可在标点符号或空格处换行。

9．word-wrap:控制换行;

word-wrap 是 IE5 以上版本的专有属性，其功能是设置块级元素内的文本在超出容器边界时是否断开换行。

● normal：词内不换行，词间及中文都可换行(默认)，类似 word-break:normal;。

● break-word：内容在边界内强制换行，类似 word-break:break-all;。

10．direction:文本书写方向;

属性值：ltr，从左向右(默认)；rtl，从右向左；inherit，继承父标记的设置。

【例 3-8】处理书写方向：

```
<!DOCTYPE html PUBLIC "-//W3C//DTD XHTML 1.0 Transitional//EN"
  "http://www.w3.org/TR/xhtml1/DTD/xhtml1-transitional.dtd">
<html xmlns="http://www.w3.org/1999/xhtml">
<head>
<meta http-equiv="Content-Type" content="text/html; charset=gb2312" />
<title>空白符及书写方向</title>
```

```
<style type="text/css">
  h3{color:blue; text-align:center;}
  p{direction:rtl;}
</style>
</head><body>
  <h3>书写方向</h3>
  <hr />
  <p>从右向左的文本类似右对齐，注意末尾句号。</p>
</body></html>
```

页面效果如图 3-9 所示。

图 3-9 空白符处理及书写方向

3.4 图像与图像样式

3.4.1 插入图像

图像的插入能够使创建的页面更加形象生动，在页面中插入图像时，要使用的标记是 `<img>`，基本格式如下：

```
<img src="图像 URL" [其他各种可选属性] />
```

`<img />` 标记是行内元素，用于在当前行中插入一幅图像，图像前后的文本默认与图像底部对齐。

1. src 属性与图像路径

src 指定图像路径及文件名，文件必须是 JPEG、JPG、GIF 或 PNG 格式。

指定图像时，可以使用的路径有相对路径和根路径两种。

(1) 相对路径

相对路径就是图像文件相对于当前页面文件的路径。

- 同一目录内：只写被链接的文件名，如 cat.jpg。
- 下一级目录：目录名/文件名，如 images/cat.jpg。
- 上一级目录：../文件名，如../cat.jpg。

(2) 根路径

根路径是以斜杠/开始，后面跟随从当前文件所在盘符开始的完整路径形式，例如 /E:/html 教材(新版)/example/chap03/img/p3-1.jpg，这种路径方式必须带有盘符，一旦将整个网站文件夹移动到其他盘符下，或者复制到其他主机的其他文件夹下，该路径方式都要失效，导致无法找到图片文件，所以根路径方式在页面中不允许使用。

2．可选属性

可选属性包括下列几种。

- title：指定当鼠标指向该标记内容时显示的提示信息。
- alt：指定页面中图像不能显示时的替代文本(不超过 1024 个字符)，在 HTML 文档中，如果没有设置 title 属性，则鼠标指向图像时也将显示 alt 文本作为提示，而在 XHTML 中鼠标指向图像时仅显示 title 设置的内容，没有 title 也不会显示 alt 文本。
- width：设置图像在页面中的显示宽度，可以设置为像素，也可以设置为原图片大小百分比的形式。
- height：设置图像的高度，可以是像素或百分比形式。

3.4.2　图像样式

在 CSS 中可用于美化图像的样式属性如下。

- width：设置图像的宽度。
- height：设置图像的高度。
- border：后面可使用空格间隔跟定三个取值，用于设置图像的边框宽度(像素)、颜色和样式，三个取值的顺序可以随意颠倒。
- margin：设置图像在 4 个方向的外边距。
- vertical-align：设置同一行中图像与文字的垂直对齐方式，常用的取值如下。
  - ◆ top：图像顶端与第一行文字行内框顶端对齐。
  - ◆ text-top：图像顶端与第一行文字文本顶线对齐。
  - ◆ middle：图像垂直方向中间线与第一行文字对齐。
  - ◆ bottom：图像底线与第一行文字行内框底端对齐。
  - ◆ text-bottom：图像底线与第一行文字文本底线对齐。
  - ◆ baseline：图像底线与第一行文字基线对齐。
- display：取值为 block 时，将图像由行内元素改变为块级元素。

【例 3-9】在当前网页文件目录中的下一级文件夹 images 中保存 cat1-1.jpg 图像文件，用表格按不同设置显示该图像：

```
<!DOCTYPE html PUBLIC "-//W3C//DTD XHTML 1.0 Transitional//EN"
  "http://www.w3.org/TR/xhtml1/DTD/xhtml1-transitional.dtd">
<html xmlns="http://www.w3.org/1999/xhtml">
<head>
<meta http-equiv="Content-Type" content="text/html; charset=gb2312" />
<title>显示图像</title>
<style type="text/css">
img{width:90px; height:102px;}
.img1{border:1px solid #00f;}
.img2{ vertical-align:text-top; border:1px solid #00f;}
.img3{ vertical-align:middle;}
```

```
.img4{vertical-align:top; border:1px solid #00f;}
span{font-size:12pt;}
.sp1{line-height:60px;}
</style>
</head>
<body>
  <h2 style="text-align:center">设置图像的外观效果</h2>
  <hr />
  <table>
    <tr>
      <td><img src="images/cat1-1.jpg" title="设置图像带边框"
          alt="这是 cat1-1 图像文件" class="img1" /></td>
      <td><img src="images/cat1-1.jpg" class="img2" />
          <span class="sp1">文本顶端与图像顶端对齐</span></td>
      <td><img src="images/cat1-1.jpg" class="img3" />
          <span>与图像垂直中线对齐的文本</span></td>
    </tr>
    <tr>
      <td><img src="images/cat3.jpg" title="设置图像带边框"
          alt="这是 cat3 图像文件" class="img1" /></td>
      <td><img src="images/cat1-1.jpg" class="img4" />
          <span class="sp1">文本行内框顶端与图像顶端对齐</span></td>
      <td><img src="images/cat1-1.jpg" class="img3" />
          <span>与图像垂直中线对齐的文本</span></td>
    </tr>
  </table>
</body></html>
```

运行效果如图 3-10 所示。

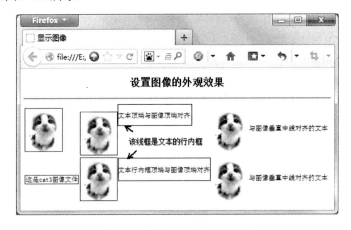

图 3-10　例 3-9 的执行效果

对图 3-10 的说明如下。

(1)　若是用鼠标指向第一个图像时，会显示 title 属性的内容，而不是 alt 属性的内容。

(2)　第二行第一幅图 cat3 并不存在，运行时在该图像的位置将显示 alt 属性的内容而不是 title 属性的内容。

(3) 第一行第二幅图 vertical-align 设置的是 text-top，右侧的文本行高 line-height 是 60px，运行效果中，是文本顶端与图片的顶端对齐(文字周围的线框是编者加上的行内框)。

(4) 第二行第二幅图 vertical-align 设置的是 top，右侧的文本行高 line-height 是 60px，运行效果中，是文本行内框顶端与图片的顶端对齐。

3.4.3　使用 display:block;将图像转换为块级元素

前面提到，\<img\>标记是行内标记，只要没有采用其他换行方法，在浏览器窗口宽度允许的情况下，各个\<img\>插入的图像都将在一行中显示，可通过设置图像的 display:block;样式属性设置其转换为块级元素。

【例 3-10】使用默认设置在一行中显示 3 幅图:

```
<!DOCTYPE html PUBLIC "-//W3C//DTD XHTML 1.0 Transitional//EN"
  "http://www.w3.org/TR/xhtml1/DTD/xhtml1-transitional.dtd">
<html xmlns="http://www.w3.org/1999/xhtml">
<head>
<meta http-equiv="Content-Type" content="text/html; charset=gb2312" />
<title>显示行内图像</title>
</head><body>
  <img src="images/cat1-1.jpg" width="90" height="102" />
  <img src="images/cat1-1.jpg" width="90" height="102" />
  <img src="images/cat1-1.jpg" width="90" height="102" />
</body></html>
```

效果如图 3-11 所示。

【例 3-11】将例 3-10 的首部代码用如下代码替换，设置所有图片都转换为块级元素:

```
<head>
<meta http-equiv="Content-Type" content="text/html; charset=gb2312" />
<title>显示块级图像</title>
<style type="text/css">
  img{display:block;}
</style>
</head>
```

运行效果如图 3-12 所示。

图 3-11　在一行中显示 3 幅图

图 3-12　一幅图占据一行

3.5 小案例：div、图像和文本的综合排版

使用 div、img 和文本样式定义，设计如图 3-13 所示的页面效果，图中的线框是为了说明页面中使用的盒子的排列情况而增加的，实际页面中不要使用这些线框。

提供的素材：teaimg 文件夹下的 top.jpg、left1.jpg、left2.png 和 bott.jpg 四个图片，图片的大小分别是 600×61、174×143、174×140 和 600×134。

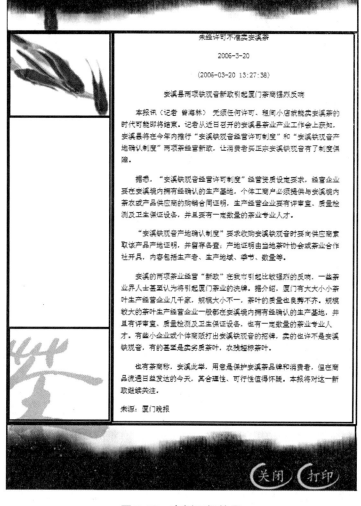

图 3-13　案例运行效果

3.5.1 案例分析

页面中使用的盒子分别如下。

将页面分成上、中、下三个部分的盒子，这里使用.top、.mid 和.bot 选择符定义，宽度都取用最长图片的宽度 600px，高度分别是 61px、auto 和 134px，填充都为 0，都要设置为居中且上、下边距必须为 0。

在中间.mid 区域中又划分为左、右两个部分，使用.mid_1 和.mid_2 选择符定义，都要向左浮动，宽度分别是 174px 和 406px，高度都设置为 auto，填充分别是 0 和 10px(将右侧盒子的填充设置为 10px，保证内部文本与盒子边框之间有一定的距离)，边距都是 0。

在.mid_1 内部划分了上、中、下三个部分，分别使用.mid_1_1、.mid_1_2 和.mid_1_3 选择符定义，宽度都为 100%(表示取用父元素的宽度)，高度分别是 143px、370px 和 140px，填充都是 0，边距都是 0。

在.mid_2 内部，所有段落中的文本字号都是 10pt，文本行高是 20px，段落前后间距都是 8px；设置一个用于居中的样式选择符.pcenter 和一个用于缩进两个字符的选择符.pind。

定义一个用于清除浮动效果的选择符.clear，在.mid 结束前使用。

3.5.2　案例代码

使用的页面文件名称是 teapage.html，代码如下：

```
<!DOCTYPE html PUBLIC "-//W3C//DTD XHTML 1.0 Transitional//EN"
    "http://www.w3.org/TR/xhtml1/DTD/xhtml1-transitional.dtd">
<html xmlns="http://www.w3.org/1999/xhtml">
<head>
<meta http-equiv="Content-Type" content="text/html; charset=gb2312" />
<title>无标题文档</title>
<style type="text/css">
  .top{width:600px; height:61px; padding:0; margin:0 auto;}
  .mid{width:600px; height:auto; padding:0; margin:0 auto;}
  .mid_1{width:174px; height:auto; padding:0; margin:0; float:left;}
  .mid_1_1{width:100%; height:143px; padding:0; margin:0;}
  .mid_1_2{width:100%; height:370px; padding:0; margin:0;}
  .mid_1_3{width:100%; height:140px; padding:0; margin:0;}
  .mid_2{width:406px; height:auto; padding:10px; margin:0; float:left;}
  .mid_2 p{font-size:10pt; line-height:20px; margin:8px 0;}
  .mid_2 .pcenter{text-align:center;}
  .mid_2 .pind{text-indent:2em;}
  .bot{width:600px; height:134px; padding:0; margin:0 auto;}
  .clear{clear:both;}
</style>
</head><body>
  <div class="top"><img src="teaimg/top.jpg" /></div>
  <div class="mid">
    <div class="mid_1">
      <div class="mid_1_1"><img src="teaimg/left1.jpg" /></div>
      <div class="mid_1_2"></div>
      <div class="mid_1_3"><img src="teaimg/left2.png" /></div>
</div>
<div class="mid_2">
<p class="pcenter">未经许可不准卖安溪茶</p>
<p class="pcenter">2006-3-20</p>
<p class="pcenter">(2006-03-20 13:27:38)</p>
<p class="pcenter">安溪县两项铁观音新政引起厦门茶商强烈反响</p>
```

```
<p class="pind">本报讯（记者 曾海林）无须任何许可、租间小店就能卖安溪茶的时代可能即将
结束。记者从近日召开的安溪县茶业产业工作会上获知，安溪县将在今年内推行"安溪铁观音经营
许可制度"和"安溪铁观音产地确认制度"两项茶经营新政，让消费者买正宗安溪铁观音有了制度
保障。</p>
<p class="pind">据悉，"安溪铁观音经营许可制度"经营资质设定要求，经营企业要在安溪境
内拥有经确认的生产基地，个体工商户必须提供与安溪境内茶农或产品供应商的购销合同证明，生
产经营企业要有评审室、质量检测及卫生保证设备，并且要有一定数量的茶业专业人才。</p>
<p class="pind">"安溪铁观音产地确认制度"要求收购安溪铁观音时要向供应商索取该产品产
地证明，并留存备查；产地证明由当地茶叶协会或茶业合作社开具，内容包括生产者、生产地域、
季节、数量等。</p>
<p class="pind">安溪的两项茶业经营"新政"在我市引起比较强烈的反响，一些茶业界人士甚
至认为将引起厦门茶业的洗牌。据介绍，厦门有大大小小茶叶生产经营企业几千家，规模大小不一，
茶叶的质量也良莠不齐。规模较大的茶叶生产经营企业一般都在安溪境内拥有经确认的生产基地，
并且有评审室、质量检测及卫生保证设备，也有一定数量的茶业专业人才。有些小企业或个体商贩
打出安溪铁观音的招牌，卖的也许不是安溪铁观音，有的甚至是卖劣质茶叶，农残超标茶叶。</p>
<p class="pind">也有茶商称，安溪此举，用意是保护安溪茶品牌和消费者，但在商品流通日益
发达的今天，其合理性、可行性值得怀疑。本报将对这一新政继续关注。</p>
<p>来源：厦门晚报</p>
    </div>
    <div class="clear"></div></div>
  <div class="bot"><img src="teaimg/bott.jpg" /></div>
</body></html>
```

> **注意**：在只包含了图片的 div 中，所设计的 div 的大小与图片的大小完全一致，在图片标记
> `<img>` 的前后不要出现空格和换行符，即 `<div><img></div>` 这三个标记一定要紧密地
> 放在一起，这是为了避免在一些低版本浏览器中，因为空格或者回车，使得 div 中
> 内容增多，实际高度比所定义高度增高，从而导致图片出现断裂的现象，读者可以
> 自己尝试。
> 为了避免上述现象，在很多网页中，若是某个 div 中只有一幅图，通常将这幅图设
> 计为 div 的背景形式，读者可尝试自己完成。

3.6 列表标记与相关样式

列表可提供容易阅读、结构化的索引信息，如提纲、目录、索引清单，可以帮助访问
者方便地找到信息，并引起访问者对重要信息的注意。例如以下对列表类型的介绍就是一
个无序列表。

- 有序列表：`<ol>`，列表项前有数字或字母变化的顺序缩进列表。
- 无序列表：`<ul>`，列表项前有特殊项目符号的缩进列表。
- 定义列表：`<dl>`，列表项前没有任何编号或符号的缩进列表。
- 目录列表：`<dir>`，类似无序列表。
- 菜单列表：`<menu>`，类似无序列表。

列表标记都是块级标记。

3.6.1　各种列表标记介绍

1. 有序列表<ol>

```
<ol [type="编号类型" start="编号起始值"]>
    <li>列表项1</li>
    <li>列表项2</li>
    <li>列表项3</li>
    ...
</ol>
```

<ol>标记定义有序列表，至少包含一个<li>列表项，每个<li>列表项前自动添加<ol>指定的递增编号或字母，自动分行且每行自动缩进。<ol>及<li>标记都必须闭合。

type 编号类型、显示内容及 start 默认值如表 3-4 所示。

表 3-4　type 编号类型、显示内容及 start 默认值

type 编号类型	显示内容	start 默认值
1(默认)	数字 1　2　3　...	1
a 或 A	英文字母 a　b　c... 或 A　B　C...	a 或 A
i 或 I	罗马数字 i　ii　iii　... 或 I　II　III...	i 或 I

XHTML 不赞成<ol><li>使用 type、start、value 属性，应使用 CSS 样式设置。

2. 无序列表<ul>

无序列表<ul>的语法格式如下：

```
<ul [type="项目符号类型"] >
    <li [type="无序符号类型" value="值"]>列表项1</li>
    <li>列表项2</li>
    ...
</ul>
```

<ul>标记定义无序列表，至少包含一个<li>列表项，每个<li>列表项前自动添加<ul>指定的项目符号，自动分行且每行自动缩进。<ul>及<li>标记都必须闭合。

type 项目符号可以取用 disc●、circle○、square■三种值。

XHTML 不赞成<ul>使用 type 属性，应使用 CSS 样式设置。

【例 3-12】使用默认列表序号或符号的有序、无序列表：

```
<!DOCTYPE html PUBLIC "-//W3C//DTD XHTML 1.0 Transitional//EN"
  "http://www.w3.org/TR/xhtml1/DTD/xhtml1-transitional.dtd">
<html xmlns="http://www.w3.org/1999/xhtml">
<head>
<meta http-equiv="Content-Type" content="text/html; charset=gb2312" />
<title>有序无序列表</title>
<style type="text/css">
```

```
    body{font-size:10pt;}
</style>
</head><body>
  <h3>有序列表</h3>
  <ol><li>苹果</li><li>香蕉</li><li>橘子</li></ol>
  <hr />
  <h3>无序列表</h3>
  <ul><li>玫瑰</li><li>栀子</li><li>玉兰</li></ul>
</body></html>
```

效果如图 3-14 所示。

3. 无序列表和有序列表的嵌套

【例 3-13】使用有序列表和无序列表的嵌套实现如图 3-15 所示的效果。

将 3-12.html 中的主体部分代码使用如下代码替换:

```
<body>
    <h3>有序列表与无序列表的嵌套使用</h3>
    <ul>
      <li>我喜爱的水果</li>
        <ol><li>苹果</li><li>香蕉</li><li>橘子</li></ol>
      <li>我喜爱的花</li>
        <ol><li>玫瑰</li><li>栀子</li><li>玉兰</li></ol>
    </ul>
</body>
```

图 3-14　使用有序、无序列表

图 3-15　有序列表和无序列表的嵌套

4. 定义列表<dl>

<dl>标记定义无编号、无符号的术语"定义列表",是一种两个层次的列表,可提供术语名词和该名词解释这两级信息。

其语法格式如下:

```
<dl>
    <dt>名词 1</dt>
        <dd>名词 1 解释 1</dd>
        <dd>名词 1 解释 2</dd>
        ...
    <dt>名词 2</dt>
        <dd>名词 2 解释 1</dd>
        <dd>名词 2 解释 2</dd>
        ...
    ...
</dl>
```

- <dt>：该标记指定术语名称不缩进，</dt>可省略但必须有文本。
- <dd>：该标记指定对术语的解释自动缩进，</dd>可省略。

一个<dt>术语定义可以有多个<dd>内容解释，也可内嵌块级元素。

【例 3-14】定义列表，如图 3-16 所示。代码如下：

```
<!DOCTYPE html PUBLIC "-//W3C//DTD XHTML 1.0 Transitional//EN"
  "http://www.w3.org/TR/xhtml1/DTD/xhtml1-transitional.dtd">
<html xmlns="http://www.w3.org/1999/xhtml">
<head>
<meta http-equiv="Content-Type" content="text/html; charset=gb2312" />
<title>定义列表</title>
<style type="text/css">
  body{font-size:10pt;}
</style></head><body>
  <dl>
    <dt>星期日</dt>
      <dd>一周的第一天</dd>
    <dt>HTML</dt>
      <dd>超文本标记语言</dd><dd>描述页面内容</dd>
    <dt>网页三剑客</dt>
      <dd>Dreamweaver</dd><dd>Flash</dd><dd>Fireworks</dd>
  </dl>
</body></html>
```

图 3-16　定义列表应用

3.6.2　列表样式

在很多页面中都使用列表来排列某一类内容的标题，如图 3-17 所示。

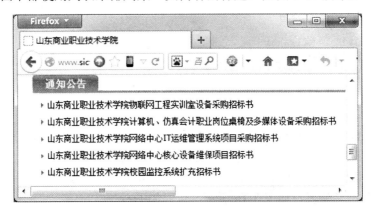

图 3-17　使用列表排列的内容版块

要实现图 3-17 中的效果，必须使用列表样式，列表样式能美化列表效果。

1. 列表专用样式属性

常用的列表专用样式属性及取值说明如表 3-5 所示。

表 3-5　列表样式属性

列表样式属性	取值和描述
list-style-type:符号类型;	无序：disc 圆点、circle 圆圈、square 方块、none 无标记
	有序：decimal 数字(默认)、none 无标记
	lower-alpha/upper-alpha 英文字母
	lower-roman/upper-roman 罗马数字
	lower-greek 希腊字母(alpha, beta...)
	lower-latin/ upper-latin 拉丁字母
list-style-position:符号位置;	outside 符号位于文本左侧外部
	inside 符号位于文本内部——缩进
list-style-image:url(图像 URL);	用图像符号替换列表项符号、none 不使用图像(默认)
list-style:类型/url(图像 url) 位置;	顺序任意

2. 标准列表样式设置

许多浏览器对整个页面文档及块元素的外边距与内填充都已提供了默认值，而且不同厂商对浏览器的默认值设置会有所不同，例如，列表元素，在 IE9、IE7 及以下浏览器中默认提供了左外边距，而 IE8 及火狐中默认提供了左内填充，为了保证在不同浏览器中效果完全相同，定义列表样式时，除了使用列表标记的专用样式之外，必须辅助使用列表标记的边距、填充样式设置和列表项标记的边距填充样式设置。以下是在经过反复修改、多方测试之后，得到的兼容各大浏览器的列表样式设置方法。

(1) 设置列表标记 ol 或 ul 的边距、填充都是 0。

(2) 设置列表项标记 li 的左填充是 0，左边距为 20px，列表符号位置为 outside，列表符号类型或者图像符号自己随意选定，通常不建议使用较大的图片，否则效果很差。

3. 标准列表样式应用示例

【例 3-15】完成图 3-17 中的列表效果，代码如下：

```
<!DOCTYPE html PUBLIC "-//W3C//DTD XHTML 1.0 Transitional//EN"
  "http://www.w3.org/TR/xhtml1/DTD/xhtml1-transitional.dtd">
<html xmlns="http://www.w3.org/1999/xhtml">
<head>
<meta http-equiv="Content-Type" content="text/html; charset=gb2312" />
<title>山东商业职业技术学院</title>
<style type="text/css">
  ul{margin:0; padding:0;}
  ul li{margin:0 0 0 20px; padding:0; list-style:url(images/arrow_01.gif)
outside; font-size:10pt;}
</style>
</head><body>
  <ul>
      <li>山东商业职业技术学院物联网工程实训室设备采购招标书</li>
      <li>山东商业职业技术学院计算机、仿真会计职业岗位桌椅及多媒体设备采购招标书
      </li>
      <li>山东商业职业技术学院网络中心 IT 运维管理系统项目采购招标书</li>
      <li>山东商业职业技术学院网络中心核心设备维保项目招标书</li>
      <li>山东商业职业技术学院校园监控系统扩充招标书</li>
  </ul>
</body></html>
```

样式代码中的 margin 设置的是外边距，而 padding 设置的是内填充。

3.7　超链接标记与伪类

超链接是 WWW 技术的精华，是网页中最重要、最根本的元素之一。超链接能够使多个孤立的网页之间产生一定的联系，从而将这些网页形成一个有机整体。

一个网站往往有许多页面，使用超链接建立起彼此的关系，可以从一个页面轻松地转入另一个页面。

超链接的含义是指从一个网页上通过文本或图像热点链接到指定的目标，该目标可以是当前页面中的某一个锚点 anchor，也可以是另一个页面文件，或者是其他各种类型的文件，例如图片文件、文本文件、压缩包文件、各种 office 文档等。当链接的是页面文件、图片文件或者文本文件时，点击超链接时，将直接打开这些文件并看到内容，若是其他类型的文件，点击超链接时，出现的将是下载界面，也就是说，网页中的下载功能都是通过超链接来实现的。

3.7.1 超链接标记及属性

1. 超链接标记

超链接标记的语法格式如下：

```
<a [href="URL 或#锚点或 Email" [target="目标窗口"]]>链接文本或图像</a>
```

其中<a>标记是一个行内标记，使用 href 属性后就构成一个超链接标记，点击文本或图像热点，则可链接到 href 指定的文件或锚点。省略 href 时仅仅在文档中设置一个锚点。

- href：该属性指定链接文档的 URL、锚点或用 E-mail 发送邮件。
- target：该属性指定链接页面的显示窗口(默认为_self 当前窗口，还可设置为_blank 新窗口、_parent 父框架、_top 顶层框架)。

2. href 属性及 URL 路径

<a>标记用 href 指定链接页面 URL 路径时，可以采用绝对、相对或根路径，相对路径和根路径在图像标记中已经讲解过，这里不再赘述，这里只介绍绝对路径的简单应用。

绝对路径是页面文件在网络中的完整路径，主要用于当前网站与其他网站的友情链接。例如：

```
http://www.163.com/index.html
```

如果是默认首页文件名：index.html、index.htm、index.jsp、default.html、default.htm、default.jsp，则连同最后的"/"都可以省略。即上例等同于：

```
http://www.163.com
```

href 属性除了可以使用绝对路径、相对路径和根路径之外，还可以直接使用#表明链接的是当前页面自己。

3. 超链接应用示例

【例 3-16】h3-16.html 代码如下：

```
<!DOCTYPE html PUBLIC "-//W3C//DTD XHTML 1.0 Transitional//EN"
  "http://www.w3.org/TR/xhtml1/DTD/xhtml1-transitional.dtd">
<html xmlns="http://www.w3.org/1999/xhtml">
<head>
<meta http-equiv="Content-Type" content="text/html; charset=gb2312" />
<title>超链接页面</title>
<style type="text/css">
  ul{list-style-type:none; font-size:10pt; line-height:20px;}
</style>
</head><body>
  <ul>
    <li> <a href="http://www.163.com" target="_blank"
      title="单击这里链接 163 网站">163 网站</a></li>
    <li> <a href="h3-17.html" target="_blank">学习页面</a></li>
```

```
    <li> <a href="images/cat1.jpg" target="_blank">
      <img src="images/cat1.jpg" alt="单击通过页面查看原图像" width="30"
        height="35" border="0" /></a></li>
  </ul>
</body></html>
```

【例 3-17】被链接页面 h3-17.html 与主页面 h3-16.html 保存在同一文件夹目录下，被链接图像文件 cat1.jpg 保存在当前目录的下一级文件夹 images 中。

h3-17.html 代码如下：

```
<!DOCTYPE html PUBLIC "-//W3C//DTD XHTML 1.0 Transitional//EN"
  "http://www.w3.org/TR/xhtml1/DTD/xhtml1-transitional.dtd">
<html xmlns="http://www.w3.org/1999/xhtml">
<head>
  <meta http-equiv="Content-Type" content="text/html; charset=gb2312" />
  <title>学习页面</title>
</head><body>
  <h1 style="text-align:center" >学习 HTML 课程页面</h1>
  <hr />被链接子页面，与主页面保存在同一目录中。
</body></html>
```

文件 h3-16.html 运行效果如图 3-18 所示，点击"学习页面"链接之后，运行的效果如图 3-19 所示，点击图片热点之后，将在新窗口中直接打开图片。

图 3-18　h3-16.html 为主页面　　　　图 3-19　h3-17.html 为被链接子页面

4. 关于 target 属性的说明

HTML 中，target 属性可指定打开链接页面的窗口，在 XHTML 的过渡型 DOCTYPE (xhtml1-transitional.dtd)下，该属性也可以正常使用，但是在 XHTML 严格型 DOCTYPE (xhtml1-strict.dtd)下，该属性是被禁用的，目的是防止有些网站恶意地自动打开众多的广告页面。

虽然严格型的 XHTML 1.1 禁用 target 属性，但如果特别需要打开新窗口显示被链接页面时，可以用 JavaScript 代码设置<a>标记的 target 属性，也可为超链接设置单击事件，在事件函数中使用 Window 对象的 open 方法打开新窗口。

为了便于查阅，我们先在这里介绍一下设置<a>标记 target 属性的 JavaScript 代码。

首先在需要打开新窗口显示链接页面的<a>标记中增加一个合法的 rel 属性作为打开新窗口的标志(也可使用 id 或 class 属性，但对应的 JavaScript 代码不同)：

```
<a href="URL" rel="external" >文本或图像</a>
```

然后在页面文档或已有的外部.js 文件中添加以下 JavaScript 代码：

```
window.onload = externalLinks;                   //页面装载完毕调用函数
function externalLinks()                         //打开新窗口的函数
{ var anchors = document.getElementsByTagName("a");//获取所有<a>标记数组
  for (var i=0; i<anchors.length; i++)
    { var a=anchors[i];
      if (a.getAttribute("rel")=="external")
        a.target="_blank"; //设置 target 属性
    }
}
```

3.7.2 链接到普通文档、图像或多媒体文件

使用超链接标记<a>也可以链接到普通文档、表格、图像或音频、视频等多媒体文件，用户单击链接文本时浏览器会直接显示、播放或者提示用户"打开"或"保存"该文件。

对音频或视频等多媒体文件，如果用户机器上安装了播放软件，则可选择"打开"文件进行播放，如果没有安装播放软件，一般浏览器会为用户下载软件并自动播放。如果不能播放，可选择"保存"文件。

【例 3-18】链接图像或多媒体文件，本例页面使用了背景图片：

```
<!DOCTYPE html PUBLIC "-//W3C//DTD XHTML 1.0 Transitional//EN"
 "http://www.w3.org/TR/xhtml1/DTD/xhtml1-transitional.dtd">
<html xmlns="http://www.w3.org/1999/xhtml">
<head>
<meta http-equiv="Content-Type" content="text/html; charset=gb2312" />
<title>链接媒体和视频文件</title></head>
<body style="background-image:url(images/p3-4.jpg)">
  <p style="text-align:center">
  单击超链接小图像可打开查看或保存原图: <br />
  <a href="images/p3-5.jpg"><img src="images/p3-5_sm.jpg" alt="查看原图" />
  </a>
  <a href="images/p3-6.jpg"><img src="images/p3-6_sm.jpg" alt="查看原图" />
  </a>
  <a href="images/p3-7.jpg"><img src="images/p3-7_sm.jpg" alt="查看原图" />
  </a>
  <a href="images/p3-8.jpg"><img src="images/p3-8_sm.jpg" alt="查看原图" />
  </a>
  </p>
  <p style="text-align:center">
  单击该动画可以链接播放或保存视频文件:
  <a href="images/pond.mov">
    <img src="images/projector.gif" width="40" height="50"
```

```
        align="middle" />
  </a> </p>
</body></html>
```

运行结果如图 3-20、3-21 所示。

图 3-20　h3-18.html 主页面

图 3-21　查看或保存资源文件

3.7.3　设置锚点和 E-mail 链接

锚点链接可以在点击链接后跳转到同一文档或其他文档中的某个指定位置，但必须使用不带 href 属性的<a>标记在该位置设置锚点标识符。

```
<a name||id="锚点唯一标识符"></a>
```

设置锚点不能使用 href 属性，传统 HTML 使用 name 属性设置锚点，XHTML 标准统一使用 id 属性，锚点标识符必须唯一且不能以数字开头，不同页面的锚点可以相同。

(1)　链接跳转到同一页面内的指定锚点：

```
<a href="#锚点标识符">链接文本或图像</a>
```

(2)　链接其他页面并跳转到指定锚点：

```
<a href="文档URL#锚点标识符" [target="目标窗口"]>链接文本或图像</a>
```

(3)　链接 E-mail 地址发送电子邮件：

```
<a href="mailto:Email地址 [?subject=主题 [&body=正文]]">链接文本或图像</a>
```

如果用户电脑安装了 Outlook 邮件发送软件，点击该超链接时，可自动启动邮件发送。E-mail 地址 "?" 后可以带有多个属性，但属性之间必须用&隔开。例如：

```
<a href="mailto:lfshun@163.com?subject=作业&body= HTML作业">提交作业</a>
```

应用技巧：为防止垃圾邮件作者自动收集 E-mail 地址，可用字符实体替换 E-mail 地址中的一些字符，如字母 f 可使用 "f"，lfshun@163.com 可写为 lfshun@163.com；再如，链接文本中的逗号可用%2C 代替、空格可用下划线_代替。

【例 3-19】可以超链接到本页面 top、A 锚点或 h3-20.html 页面的 A、B 锚点并可启动发送 E-mail 邮件的主页：

```
<!DOCTYPE html PUBLIC "-//W3C//DTD XHTML 1.0 Transitional//EN"
```

```
  "http://www.w3.org/TR/xhtml1/DTD/xhtml1-transitional.dtd">
<html>
<head> <title>带锚点主页面</title> </head>
<body>
  <h2 style="text-align:center">
    <a id="top"> </a>HTML 学习    第一章          <!-- 设置锚点 top -->
  </h2>
    索引: 1-1 <a href="#A">1-2</a>                    <!-- 链接本页锚点 A -->
       <a href="h3-20.html#A">2-1</a>                <!-- 链接 h3-20.html 锚点 A-->
       <a href="h3-20.html#B">2-2</a>                <!-- 链接 h3-20.html 锚点 B-->
  <hr />
    1-1 第一节: 标记<br /> <br /> <br /> <br /> <br />
    <br /> <br /> <br /> <br />
    <a id="A"> </a>                                  <!-- 设置锚点 A -->
    1-2 第二节: 属性<br /> <br /> <br /> <br /> <br /> <br />
    <br /> <br /> <br />
    <a href="#top">返回开始</a> <br />              <!-- 链接本页锚点 top -->
    <a href="mailto:l&#102;shun@163.com">联系我们</a> <br />
    <a href="mailto:l&#102;shun@163.com?subject=作业&body= HTML">提交作业
</a>
</body>
</html>
```

【例 3-20】被链接子页面 h3-20.html 与主页面 h3-19.html 保存在同一目录中。
h3-20.html 代码如下:

```
<!DOCTYPE html PUBLIC "-//W3C//DTD XHTML 1.0 Transitional//EN"
  "http://www.w3.org/TR/xhtml1/DTD/xhtml1-transitional.dtd">
<html>
<head> <title>带锚点子页面</title> </head>
<body>
  <h2 style="text-align:center">
    <a id="A"> </a> HTML 学习    第二章        <!-- 设置锚点 A -->
  </h2>
  <hr />
    2-1 第一节: <br /> <br /> <br /> <br /> <br /> <br />
    <br /> <br /> <br /> <br />
    <a id="B"> </a>                                  <!-- 设置锚点 B -->
    2-2 第二节: <br /> <br /> <br /> <br /> <br /> <br /> <br />
    <br /> <br /> <br />
    <a href="h3-19.html" title="单击返回主页第一章">返回</a>
</body>
</html>
```

读者在运行这两个文件时，为了保证能够出现点击超链接之后的效果，需要将窗口高度调整小一些。若是窗口很高，则要自行在代码中加入一些换行标记。

文件 h3-19.html 的初始运行效果如图 3-22 所示，点击其中的超链接热点 "1-2" 后，得到的运行效果如图 3-23 所示。

图 3-22　h3-19.html 页面

图 3-23　超链接到锚点页面(1)

点击图 3-22 中的超链接热点"2-1"和"2-2"之后，得到的运行效果分别如图 3-24 和图 3-25 所示。

图 3-24　超链接到锚点页面(2)

图 3-25　超链接到锚点页面(3)

3.7.4　伪类选择符

链接热点文本如果没有设置 CSS 样式，默认以蓝色带下划线显示，点击后变为紫红色，对链接图像则默认带蓝色边框，点击后为紫红色边框。可通过 CSS 设置各种操作状态的外观样式。

超链接的操作状态包含初始状态、鼠标悬停状态、点击状态和访问过状态，共 4 个。对每种状态都可以设置独立的外观样式，这些样式需要使用伪类选择符来设置。

伪类是将条件和事件考虑在内的样式表类型，它不是真正意义上的类或标记对象，可以看作是从某一个标记中分解出来的一个子状态，伪类的名称是由系统定义的，而不是用户随意指定的。

使用伪类作为选择符可为一个标记的不同子状态指定样式表，以添加特殊效果。

CSS 的伪类名不区分大小写，目前常见的伪类有如下几种。

- link：设置超链接文本在超链接尚未被访问时的样式(默认字符蓝色带下划线)。
- visited：设置超链接文本已被访问过之后的样式(默认字符红色带下划线)。
- hover：设置鼠标指向、经过、悬浮在某个标记上方时该标记的样式。
- active：设置鼠标单击激活某个标记时该标记的样式。
- focus：设置某个标记被选中(获得焦点)时该标记的样式。
- first-child：设置某个标记被包含为其他标记的第一个子标记时的样式。

1．伪类选择符的使用

对伪类指定样式时，必须用冒号前缀父标记选择符作为伪类选择符：

标记名[.样式类名 或 #id属性]:伪类名 { 样式规则；}

伪类样式可以继承、覆盖父标记定义的样式。
可以使用群组选择符同时为多个伪类定义相同的样式：

标记名[.样式类名]:伪类名1，标记名[.样式类名]:伪类名2，... { 样式规则；}

2．<a>标记的伪类选择符

超链接<a>标记可按顺序使用 link、visited、hover、active 等 4 种伪类选择符。
如果对页面中的所有超链接标记都设置相同的伪类选择符，则可定义以下样式表：

```
a { 样式规则；}          ——用父标记指定 4 种子状态共有的样式，由 4 个伪类继承
a:link { 样式规则1；}     ——单独指定尚未访问超链接的样式
a:visited { 样式规则2；}   ——单独指定已经访问过超链接的样式
a:hover { 样式规则3；}    ——单独指定鼠标指向超链接时的样式
a:active { 样式规则4；}   ——单独指定单击激活超链接时的样式
```

某些浏览器要求必须按以上顺序定义样式表，其中不需要单独指定样式的可以省略，仅继承父标记<a>的样式或使用默认样式。对于使用相同样式的伪类，可使用群组选择符。
例如，对尚未访问和已经访问过的链接采用相同样式表: a:link, a:visited { 样式规则;}。
【例 3-21】超链接伪类选择符的简单应用。
修改例 3-16，设置页面中所有超链接初始状态和访问过状态的样式为蓝色文本、没有下划线，鼠标悬停状态的样式为红色文本带下划线。
在样式代码中增加如下代码：

```
a:link,a:visited{color:#00f; text-decoration:none;}
a:hover{color:#f00; text-decoration:underline;}
```

页面初始状态的运行效果如图 3-26 所示，将鼠标悬浮在超链接热点文字上的效果如图 3-27 所示。

图 3-26　超链接伪类应用的初始状态

图 3-27　超链接伪类应用的鼠标悬停状态

如果只对某一个特定的<a>标记设置伪类样式，则可对该标记定义 id 属性，用"id 属性"选择符或"a#id 属性"选择符定义伪类样式表：

```
a#id 属性          { 样式规则 1； }
a#id 属性:link    { 样式规则 2； }
a#id 属性:visited  { 样式规则 3； }
a#id 属性:hover    { 样式规则 4； }
a#id 属性:active   { 样式规则 5； }
```

如果对页面中的某一部分<a>标记设置样式，则可对这些<a>标记定义一个相同的 class 类名，如果需要对<a>标记分组定义样式，则可以按组分别定义 class 类名，用元素指定选择符分别定义各自的伪类样式表：

```
a.class 类名            { 样式规则 1； }
a.class 类名:link      { 样式规则 2； }
a.class 类名:visited   { 样式规则 3； }
a.class 类名:hover     { 样式规则 4； }
a.class 类名:active    { 样式规则 5； }
```

3. 使用包含选择符定义超链接的伪类

网页中，我们经常看到的超链接样式的设置是针对一个一个区域的，例如一级导航整体是一种效果，二级导航是一种效果，页面中某一个区域的导航链接是一种效果。如图 3-28 所示的山东商业职业技术学院网站首页中的超链接就包括一级导航、商院新闻和通知公告导航以及快速导航三个不同区域的不同效果的超链接样式。

图 3-28　山东商业职业技术学院网站首页

上面提到对于页面中某一部分超链接设置样式时，可以使用相同的类名来实现，这种方法用起来特别繁琐，不建议读者使用，我们可以采用的更好的方案是使用包含选择符定义各个区域的超链接样式。

例如，假设使用 class 类选择符.div1、.div2 和.div3 分别定义一级导航使用的盒子、商院新闻使用的盒子和通知公告使用的盒子，则对于各个区域的超链接样式，可以采用如下的代码进行定义：

```
.div1 a{ color:#fff; text-decoration:none;} /*定义盒子div1内部的超链接4个状态都是白色不带下划线 */
.div2 a:link,.div2 a:visited,.div3 a:link,.div3 a:visited { color:#000;
text-decoration:none;}
.div2 a:hover, .div3 a:hover { color:#00f; text-decoration:underline; }
```

关于快速导航区域超链接的样式设置将在 3.10 节的案例中进行详细介绍。

4．其他伪类选择符

(1) 设置指定标记被选中(获得焦点)时的样式：

标记名[.样式类名]:focus { 样式规则; }

例如：

```
img:focus { border-style:solid; border-width:2; border-color:red; }
```

该样式用于设置图像被选中时带红色边框。

(2) 设置指定标记被包含为其他标记的第一个子标记时使用该样式：

标记名[.样式类名]:first-child { 样式规则; }

例如：

```
li:first-child { text-transform:uppercase; }
```

该样式可将 ol 或 ul 列表中的第一个列表项<li>设置为大写。

又如：

```
div:first-child span { color:blue; }
```

则所有 div 中第一个子元素中的 span 标记都使用蓝色字符。

(3) 伪类选择符 hover 可以用在段落、列表等很多标记上，来设置鼠标移动到这些元素上的时候元素的显示效果。

> **注意:** 对 focus、first-child，还有 first、left 等，并不是所有浏览器都支持，使用很少。hover 在其他元素中的使用也并不是所有的浏览器都支持。

3.8　图像映射标记

一幅图像可以整体作为超链接使用，如果需要将一幅图像分为几个部分分别链接到不同的页面，则可以使用图像映射。例如医疗用人体图像，不同部位可链接不同医疗方案的页面，再如用户单击中国地图中的不同城市时，则可链接到该城市的详细地图页面。

图像映射一般仅用于不规则的、比较复杂的图像，对有规则的图像，可用图像处理软件将图像分割为若干块独立的小图像，每个图像块用一个超链接将它们单独链接到不同页面，然后再把小图像按原顺序排列起来。

3.8.1　创建图像映射标记

<map>标记用于定义客户端图像映射，标记内必须包含内嵌的<area />划分区域标记：

```
<map name||id="唯一映射名称">
    <area shape="区域类型" coords="区域参数" href="对应链接页面 URL"
        [target="目标窗口" title||alt="鼠标指向的提示信息"] />
    <area ... />
    ...
</map>
```

<map>标记在文档中的位置任意，也可以单独保存为.html 文件。

name||id 属性指定唯一的映射名称，并在<img />标记中使用该名称建立映射关联。

<area />标记用于指定图像中可单击的一个区域及对应的链接页面，当用户单击这个区域时，即可链接打开指定的页面。

shape：指定所选区域的形状，如 rectangle 为矩形、circle 为圆、polygon 为多边形。

coords：指定区域坐标(像素)：图像左上角坐标为(0,0)，超出边界的值将被忽略。

● 矩形："x1,y1,x2,y2"分别为矩形左上角(x1,y1)和右下角(x2,y2)坐标。
● 圆形："x,y,r"分别为圆心坐标(x,y)和半径 r。
● 多边形："x1,y1,x2,y2,x3,y3,..."分别是顺序顶点坐标，结尾点不需要与开始点重复。

nohref：该属性可以指定排除不链接的映射区域，取值为 true 或 false。

图像映射热点区域的坐标可用 FrontPage、Dreamweaver 等软件工具获取，这些软件能让用户在图像上绘制热点区域，然后自动生成坐标数据或 HTML 代码文件。

> 注意：HTML 可使用 title 或 alt 显示鼠标指向对应区域时的提示信息，而 XHTML 只能用 title。
>
> 如果<area />指定的区域重叠，则先定义的优先。即之后重复定义的无效，可在之前用<area href="" />覆盖暂时不需要超链接的区域为"死区域"，需要时，再去掉<area href="" />。

3.8.2　使用图像映射的<img />图像

定义图像映射后，即可在需要的位置用<img />插入带映射的图像，但必须使用 usemap 属性关联<map>的图像映射，当用户单击某个热点区域时，即可链接打开指定的页面：

```
<img src="URL" alt="替代文本" usemap="#map 标记指定的映射名" />
```

如果图像映射标记单独保存在 xxx.html 文件中，则可使用：

```
<img src="URL" alt="替代文本" usemap="xxx.html#map 标记指定的映射名" />
```

【例 3-22】使用图像映射制作一个介绍项目工作流程的页面，项目工作流程图像 p3-9.jpg 设置了 6 个热点映射区域，分别对应 h3-22 目录中的 6 个页面文档，通过超链接对应的页面可以了解每个阶段的工作任务。运行结果如图 3-29 所示。

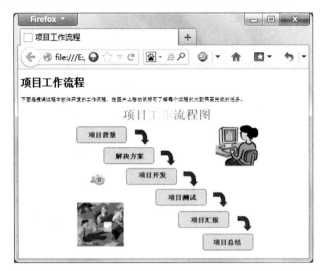

图 3-29　使用图像映射的项目工作流程图像

(1)　创建 h3-22.html 文档：

```
<!DOCTYPE html PUBLIC "-//W3C//DTD XHTML 1.0 Transitional//EN"
  "http://www.w3.org/TR/xhtml1/DTD/xhtml1-transitional.dtd">
<html xmlns="http://www.w3.org/1999/xhtml">
<head>
<meta http-equiv="Content-Type" content="text/html; charset=gb2312" />
<title>项目工作流程</title>
</head>
<body>
  <h1>项目工作流程</h1>
  <p>下面是授课过程中软件开发的工作流程,在图片上移动鼠标可了解每个过程的大致需要完成的
任务。</p>
  <p style="text-align:center"><img src="images/p3-9.jpg" alt="项目流程"
style="border:none" usemap="#p3-9" /></p>
  <map id="p3-9">
    <area shape="rect" coords="32,55,189,108" href="h3-22/h3-22-1.html"
         title="点击查看 h3-22-1.html 项目背景详细内容" target="_blank" />
    <area shape="rect" coords="118,121,275,171" href="h3-22/h3-22-2.html"
         title="解决方案" target="_blank" />
    <area shape="rect" coords="189,185,346,235" href="h3-22/h3-22-3.html"
         title="项目开发" target="_blank" />
    <area shape="rect" coords="282,248,437,298" href="h3-22/h3-22-4.html"
         title="项目测试" target="_blank" />
```

```
    <area shape="rect" coords="351,317,508,367" href="h3-22/h3-22-5.html"
        title="项目汇报" target="_blank" />
    <area shape="rect" coords="427,386,583,436" href="h3-22/h3-22-6.html"
        title="项目总结" target="_blank" />
  </map>
</body>
</html>
```

(2)　在 h3-22.html 目录中创建文件夹 h3-22 并保存图像映射的超链接页面(简略文档)。

①　h3-22/h3-22-1.html 为项目背景：

```
<p>主要是带领学生一起了解需要开发项目的背景，并通过以下几种方法完成项目的需求分析文档：
</p>
<ul><li>直接给出项目需求分析文档</li>
    <li>通过不同角色扮演，多次交流得到需求分析文档</li>
    <li>真实拜访客户，多次交流得到需求分析文档</li>
</ul>
```

②　h3-22/h3-22-2.html 为解决方案：

```
<p>主要是带领学生一起设置开发项目的解决方案，主要包括项目的界面设计、数据库设计以及功能
模块设计三大部分。</p>
```

③　h3-22/h3-22-3.html 为项目开发：

```
<p>主要是带领学生一起根据第二步设置的解决方案，进行具体的开发。此时需要针对具体的业务流
程、技术知识点、编码规范等进行讲解。</p>
```

④　h3-22/h3-22-4.html 为项目测试：

```
<p>主要是指导学生设计测试用例，然后根据测试用例进行项目测试，完成设计的测试用例。最终完
成整个项目各阶段的测试。</p>
```

⑤　h3-22/h3-22-5.html 为项目汇报：

```
<p>主要是要求学生制作幻灯片进行项目开发的汇报以及项目演示。在该阶段同时可以让学生对各自
的优缺点进行互评。</p>
```

⑥　h3-22/h3-22-6.html 为项目总结：

```
<p>主要让各组学生对本次项目开发的整个过程进行总结。同时在该阶段可以让学生简单了解一些项
目提交给用户后的维护工作。</p>
```

3.9　表格标记及样式

　　表格标记在传统网页制作的布局方面举足轻重，几乎所有布局都采用表格，而且多重表格层层嵌套，代码非常混乱，不易阅读，也不易维护修改。在目前基于 Web 2.0 标准的网页制作中，布局都采用了 CSS，表格也恢复了它原有的功能，仅仅用于排列那些有着明显的行列规则的页面内容。

　　例如，山东商业职业技术学院网站首页中的商院新闻版块和通知公告版块中除了超链接热点，还有相应的新闻或公告的日期，属于比较有规则的行列排列形式的内容。

鉴于表格在现在网页设计中的作用，本书中只介绍那些常用的标记、属性和样式。

创建一个表格时，必须使用的三对标记是创建表格的<table>...</table>，创建表格中一个行的<tr>...</tr>和创建一个单元格的<td>...</td>，因此可以把这三对标记看作是表格的基本标记，此外，表格中使用的标记还有<th>...</th>、<caption>...</caption>、<thead>...</thead>、<tfoot>...</tfoot>和<tbody>...</tbody>等。

3.9.1 创建表格的基本标记

1. <table>标记及属性

<table>标记用于创建表格，用于说明在这对标记之间的所有内容都属于表格的内容，反之，只要是属于表格应用中的所有标记和内容，都必须要放在这对标记之间。

在<table>标记中的常用属性及说明如表3-6所示。

表3-6 <table>标记中的常用属性说明

属性名称	描　　述
border	设置表格边框，包括表格外围边框和表格内每个单元格的边框。默认值是0
width	设置表格宽度，可以是数字或百分比方式的值
align	设置表格在浏览器窗口或者父元素容器中的对齐方式,不能控制单元格的对齐方式。取值可以是 left、center、right。 设置表格居中通常都是在<table>标记中使用 align="center"，而不是用样式属性取代
cellspacing	设置相邻单元格之间间距，若是把单元格看作一个盒子，相当于设置盒子的 margin，默认是 2px，用作布局的表格，通常都设置该属性为 0
cellpadding	设置单元格内容与单元格边框之间的距离，若是把单元格看作一个盒子，相当于设置盒子的 padding。默认为 1px，用作布局的表格通常都设置该属性为 0

HTML 中为<table>标记提供的属性还有很多，都不是很常用，所以这里不做介绍。

2. <tr>标记及属性

<tr>标记用于生成表格中的行，一对<tr>...</tr>标记创建表格的一个行。

在<tr>标记中的常用属性及说明如表 3-7 所示。

表3-7 <tr>标记中的常用属性说明

属性名称	描　　述
align	设置当前行中所有单元格内容的水平对齐方式。取值可以是 left、center、right，默认是 left
valign	设置当前行中所有单元格内容的垂直对齐方式。取值可以是 baseline、bottom、middle、top。baseline 按基线对齐，默认取值是 middle
height	设置当前行的高度。在<tr>标记中设置的高度从 Dreamweaver 的设计视图中不体现，但是在运行效果中体现

3. <td>、<th>标记及属性

<td>标记用于生成表格中的单元格，一对<td>...</td>创建一个单元格。<th>标记通常用在表格的第一个行中，用于生成表格的列标题，默认加粗并居中对齐，其他效果与<td>标记相同。

在<td>、<th>标记中的常用属性及说明如表 3-8 所示。

表 3-8　<td>、<th>标记中的常用属性说明

属性名称	描　述
align	设置当前单元格内容的水平对齐方式。取值可以是 left、center、right，默认是 left
valign	设置当前单元格内容的垂直对齐方式。取值可以是 baseline、bottom、middle、top
width	设置当前单元格的宽度。可同时控制整个列的宽度
height	设置当前单元格的高度，可同时控制整个行的高度。在 Dreamweaver 的设计视图和运行效果中都能体现

4. 表格标题标记<caption>

<caption>标记定义表格前的大标题：

<caption>表格标题</caption>

该定义必须在<table>内第一个<tr>行标记之前，且只能有一个，该标题默认在表格之前居中显示。

【例 3-23】创建三行三列的表格，宽度为 420 像素，在页面内居中，边框为 1，单元格边距和间距都取默认值；表格标题为"示例表格"；第一行高度 30px，内容垂直方向顶端对齐，水平方向居中；第一列和第二列宽度都是 140 像素，第三列宽度默认；单元格中的文本字号为 10pt。

代码如下：

```
<!DOCTYPE html PUBLIC "-//W3C//DTD XHTML 1.0 Transitional//EN"
  "http://www.w3.org/TR/xhtml1/DTD/xhtml1-transitional.dtd">
<html xmlns="http://www.w3.org/1999/xhtml">
<head>
<meta http-equiv="Content-Type" content="text/html; charset=gb2312" />
<title>无标题文档</title>
<style type="text/css">
  table td{font-size:10pt;}
</style>
</head><body>
<table width="420" border="1" align="center">
  <caption>示例表格</caption>
  <tr height="30" valign="top" align="center">
    <td width="140">第一行第一列</td>
    <td width="140">第一行第二列</td>
    <td>第一行第三列</td>
```

```
    </tr>
    <tr>
      <td>第二行第一列</td><td>第二行第二列</td><td>第二行第三列</td>
    </tr>
    <tr>
      <td>第三行第一列</td><td>第三行第二列</td><td>第三行第三列</td>
    </tr>
</table>
</body></html>
```

运行效果如图 3-30 所示。

图 3-30　h3-23.html 的运行效果

从图 3-30 中可以看出，表格第三列宽度很明显没有达到第一列和第二列的 140 像素，这是因为在表格总宽度的 420 像素中，除了前面两个列的 width 占据了 280 像素之外，还要被三个单元格的左右边框、表格的左右边框、单元格的间距和单元格的填充占据很多像素。所以在使用表格进行页面局部内容的布局时，总是要将其边框、单元格间距和单元格边距都设置为 0，否则会带来很多问题。

3.9.2　表格基本标记中的样式属性

在表格的基本标记中，常用的样式属性如表 3-9 所示。

表 3-9　表格标记的样式属性

表格样式属性	取值和描述
table-layout	表格布局，用于\<table\>标记中。automatic 为自动布局(默认)，单元格列宽自动设定，取单元格没有折行的最宽内容。fixed 为固定表格布局，固定布局，表格宽度、列宽、边框、单元格间距等采用设定值，否则按浏览器宽度自动分配
border-collapse	设置边框合并，用于\<table\>标记中。separate 为边框分开(默认)、collapse 表示合并为一个单一边框。单元格边框合并后，则不能使用 border-spacing 样式设置单元格边框间的间距，也不能使用 empty-cells 样式设置显示空单元格。当最外围表格的边框与单元格的边框合并时，IE 保留表格的边框，而火狐浏览器则保留单元格的边框
border-spacing	水平间距、垂直间距，用于\<table\>标记中。带单位数值——仅用于 separate 边框分开模式。可用于取代表格标记中的 cellspacing 属性，但是部分浏览器中不支持

续表

表格样式属性	取值和描述
empty-cells	显示空单元格，用于<table>标记中。hide 表示空单元格不绘制边框(默认)、show 表示绘制边框。IE7 及以下版本浏览器不支持此属性，可在<td>标记内使用空格实体字符
border	用于<table>标记，设置表格外围的边框效果；用于<td>标记，设置指定单元格的边框效果
width	用于<table>标记，设置表格的宽度；用于<td>标记，设置单元格的宽度
height	用于<table>标记，设置表格的高度；用于<tr>标记，设置行的高度；用于<td>标记，设置单元格的高度
background	可用于设置整个表格、某些行或者某些单元格的背景色或背景图
text-align	用于<table>标记，设置整个表格所有单元格内容水平对齐方式。 用于<tr>标记，设置指定行中所有单元格内容水平对齐方式。 用于<td>标记，设置指定单元格中内容水平对齐方式
vertical-align	用于<tr>标记，设置指定行中所有单元格内容的垂直对齐方式。 用于<td>标记，设置指定单元格中内容的垂直对齐方式。 top: 把元素的顶端与行中最高元素的顶端对齐。 text-top: 把元素的顶端与父元素字体的顶端对齐。 middle: 把此元素放置在父元素的中部。 bottom: 把元素的顶端与行中最低的元素的顶端对齐。 text-bottom: 把元素的底端与父元素字体的底端对齐。 %: 使用 line-height 属性的百分比值来排列此元素。允许使用负值

说明：设置单元格内容垂直方向对齐方式的取值中，text-top、text-bottom 在各个浏览器中的效果往往不同，尤其是当在表格一行的不同单元格中分别存放了图片和文本时，更是容易混乱，所以建议读者若是设计页面时有这种文字和图片的布局需求，直接取用 top、middle 或者 bottom 即可，这三个取值在各个浏览器中都是一致的。

【例 3-24】创建一个两行三列的表格，设置表格边框合并，在第一行某个单元格中设置一幅图，另一个单元格中设置文字，都设置为顶端 top 对齐；在第二行某个单元格中是图片，另一个单元格中是文章，设置为 text-top 对齐；在第三行单元格中只有文字，也设置为 text-top 对齐，观察效果。页面代码如下：

```
<!DOCTYPE html PUBLIC "-//W3C//DTD XHTML 1.0 Transitional//EN"
  "http://www.w3.org/TR/xhtml1/DTD/xhtml1-transitional.dtd">
<html xmlns="http://www.w3.org/1999/xhtml">
<head>
<meta http-equiv="Content-Type" content="text/html; charset=gb2312" />
<title>无标题文档</title>
<style type="text/css">
  table{ border-collapse:collapse;font-size:10pt;}
  .tr1{vertical-align:top;}
  .tr2{vertical-align:text-top;}
```

```
    .tr3{vertical-align:text-top; height:40px;}
  img{border:1px solid #00f;}
</style>
</head>
<body>
<table width="420" border="1" align="center" cellpadding="0">
  <caption>示例表格</caption>
  <tr class="tr1">
    <td width="140">第一行内容</td>
    <td width="140"><img src="images/cat1.jpg" height="100" /></td>
    <td>第一行第三列</td>
  </tr>
  <tr class="tr2">
    <td>第二行第一列</td>
    <td><img src="images/cat2.jpg" height="100" /></td>
    <td>第二行第三列</td>
  </tr>
  <tr class="tr3">
    <td>第三行第一列</td>
    <td>第三行第二列</td>
    <td>第三行第三列</td>
  </tr>
</table>
</body>
</html>
```

运行效果如图 3-31 所示。

读者注意观察第二行的文字显示位置。

图 3-31　h3-24.html 的运行效果

3.9.3　表格单元格合并

单元格合并的页面效果如图 3-32 所示。

图 3-32 单元格合并的效果

设置单元格合并时，需要在<td>或者<th>标记中使用属性 colspan 或者 rowspan。

1. 使用 colspan 设置跨列合并

属性 colspan 的取值表示当前单元格需要跨越的列数，例如 colspan=2 则表示跨两列合并，若表格一共有 4 个列，则当前行中除去该列之外，还需要再设置两个列。

2. 使用 rowspan 设置跨行合并

属性 rowspan 的取值表示当前单元格需要跨越的行数，例如 rowspan=3 则表示跨三行合并，即该单元格被三个行共用。

【例 3-25】完成如图 3-32 所示的表格，代码如下：

```
<!DOCTYPE html PUBLIC "-//W3C//DTD XHTML 1.0 Transitional//EN"
  "http://www.w3.org/TR/xhtml1/DTD/xhtml1-transitional.dtd">
<html xmlns="http://www.w3.org/1999/xhtml">
<head>
<meta http-equiv="Content-Type" content="text/html; charset=gb2312" />
<title>合并单元格</title>
</head><body>
  <table width="480" border="1">
   <tr><th colspan="3" >第一学期</th><th colspan="3" >第二学期</th></tr>
   <tr>
      <th>数学</th> <th>物理</th><th>英语</th>
      <th>数学</th> <th>物理</th> <th>英语</th>
   </tr>
   <tr>
      <td>98</td> <td>95</td> <td>80</td><td>95</td>
      <td>87</td> <td>88</td>
   </tr>
  </table>
  <hr />
<table width="480" border="1">
   <tr><th colspan="2"> </th><th>螺母</th><th>螺栓</th><th>锤子</th>
   </tr>
   <tr>
      <th rowspan="3">第一季度</th>
```

```
        <th>一月</th><td>2500</td><td>1000</td><td>1240</td>
      </tr>
      <tr> <th>二月</th><td>3000</td><td>2500</td><td>4000</td></tr>
      <tr> <th>三月</th><td>3200</td><td>1000</td><td>2400</td></tr>
    </table>
</body></html>
```

3.9.4　表格结构划分标记\<thead\>、\<tfoot\>、\<tbody\>

　　\<thead\>、\<tfoot\>、\<tbody\>标记可对表格的结构进行划分，用于对内容较多的表格实现表格头和页脚的固定，只对表格正文滚动，或在分页打印长表格时能将表格的表头和页脚分别打印在每张页面上。

- \<thead\>：定义表格头，必须包含\<tr\>行标记，一般包含表格前大标题和第一行的列标题。
- \<tfoot\>：定义表格页脚，可以不包含\<tr\>行标记，一般包含合计行或脚注标记。
- \<tbody\>：定义一段表格主体，只能包含\<tr\>行标记，可指定多行数据划分为一组。

> **注意：** 表格结构划分标记必须在\<table\>内使用，一个表格只能有一个\<thead\>、一个\<tfoot\>，可以有多个\<tbody\>，三种标记不能相互交叉，代码中这三对标记顺序可以随意，但是页面显示时必须按\<thead\>、\<tfoot\>、\<tbody\>顺序出现。

　　【例3-26】 使用表格结构划分：

```
<!DOCTYPE html PUBLIC "-//W3C//DTD XHTML 1.0 Transitional//EN"
 "http://www.w3.org/TR/xhtml1/DTD/xhtml1-transitional.dtd">
<html xmlns="http://www.w3.org/1999/xhtml">
<head>
<meta http-equiv="Content-Type" content="text/html; charset=gb2312" />
<title>设置表格结构</title></head>
<body>
  <table width="480" border="1" >
    <thead align="center">
      <caption>表格结构划分</caption>
      <tr> <th> </th>
        <th>网页设计</th> <th>数据库开发</th> <th>程序设计</th>
      </tr>
    </thead>
    <tfoot>
      <tr> <th>页脚合计：</th>
        <td>合计1</td> <td>合计2</td> <td>合计3</td>
      </tr>
    </tfoot>
    <tbody align="center">
      <tr> <th>清华出版社</th>
        <td>Dreamweaver</td><td>Access</td><td>C++</td>
      </tr>
```

```
<tr> <th> </th><td> </td><td> </td><td> </td>
</tr>
<tr> <th>北大出版社</th>
    <td>FrontPage</td> <td>SQL SERVER</td> <td>C#</td>
</tr>
<tr> <th> </th><td> </td><td> </td><td> </td>
</tr>
</tbody> </table></body></html>
```

运行效果如图 3-33 所示。

图 3-33　使用结构划分的表格

3.10　小案例：山东商职学院网站首页制作

为了方便读者理解，设计山东商职学院网站首页时，将其划分为上下排列的 6 个 div，这 6 个 div 必须在水平方向居中。

该页面中要定义的样式代码比较多，这里使用外部样式文件 sysy.css 定义，页面文件则使用 sysy.html 定义。

下面分别完成 6 个 div 的设计过程。

1. 设计站标及广告牌模块

站标及广告牌模块使用的图片情况如图 3-34 所示。

图 3-34　商职网站首页广告牌的分割图

使用 class 类选择符.div1-3 定义该模块需要的 div，表示这个盒子控制了第一到第三共三行内容，在 sysy.css 中定义样式的代码如下：

```
.div1_3{width:990px; height:auto; padding:0; margin:0 auto;}
```

创建的 sysy.html 页面代码如下：

```
<!DOCTYPE html PUBLIC "-//W3C//DTD XHTML 1.0 Transitional//EN"
  "http://www.w3.org/TR/xhtml1/DTD/xhtml1-transitional.dtd">
<html xmlns="http://www.w3.org/1999/xhtml">
<head>
<meta http-equiv="Content-Type" content="text/html; charset=gb2312" />
<title>商职学院首页</title>
<link type="text/css" rel="stylesheet" href="sysy.css" />
</head><body>
  <div class="div1_3"><img src="images/index_1_1.jpg" /><img
src="images/index_1_2.jpg" /><img src="images/index_2.jpg" /><img
src="images/index_3_1.jpg" /><img src="images/index_3_2.jpg" /><img
src="images/index_3_3.jpg" /></div>
</body></html>
```

这里采用的做法是将需要的 5 幅图都按照顺序排列在一个盒子中，图片之间不允许有缝隙存在，所以从<div>到</div>是一行完整的代码，标记之间没有回车、没有空格。

2. 设计一级导航模块

一级导航模块如图 3-35 所示。

首　页　|　学校概况　|　机构设置　|　教育教学　|　科学研究　|　招生信息　|　就业平台　|　学生社区　|　校园文化　|　媒体报道　|　商职院报　　评建专栏

图 3-35　一级导航模块

该模块使用 class 类选择符.div4 定义，背景图是 index_4.jpg，超链接的 4 个状态样式都是白色，没有下划线。

在 sysy.css 中增加的样式代码如下：

```
.div4{width:990px; height:31px; padding:0; margin:0 auto;
background:url(images/index_4.jpg); font-size:10.5pt; line-height:31px;
text-align:center;}
.div4 a{color:#fff; text-decoration:none;}
```

在 sysy.html 中，主体部分增加代码如下：

```
<div class="div4">
<a href="1.html">首  页</a> 
| <a href="1.html">学校概况</a> 
| <a href="1.html">机构设置</a> 
| <a href="1.html">教育教学</a> 
| <a href="1.html">科学研究</a> 
| <a href="1.html">招生信息</a> 
| <a href="1.html">就业平台</a> 
| <a href="1.html">学生社区</a> 
| <a href="1.html">校园文化</a> 
| <a href="1.html">媒体报道</a> 
| <a href="1.html">商职院报</a> 
```

```
| <a href="1.html">评建专栏</a></div>
```

这里没有设计各个子页面，超链接 href 属性使用的页面文件 1.html 读者可以随意创建一个，也可以使用#取代，但使用#时，在部分浏览器下，将无法看到超链接伪类的效果。

3. 设计图片与商院新闻模块

图片与商院新闻模块使用的图片文件及版块分割方式如图 3-36 所示。

图 3-36　图片与商院新闻模块

原网站左侧区域中是多幅图的轮换，使用了一个 Flash 动画，读者可以使用 JavaScript 中图片的轮换功能来实现，本书中只使用一幅图取代。

使用 class 类选择符.div5 定义这一行内容所使用的大盒子，大盒子中需要使用两个向左浮动的盒子.div51 和.div52，边距都设置为 0。

(1) 两个盒子的高度都是 248 像素。

(2) 盒子 div52 的宽度根据图片 index_5_2_1.jpg 的宽度确定。

(3) 最后再确定盒子 div51 的宽度。

(4) 盒子 div51 中水平和垂直方向都居中放置图片 index_5_1_2.jpg，根据盒子的大小和图片的大小计算出 4 个方向的填充值，通过填充来设置盒子的居中。

(5) 盒子 div52 中上下排列两个盒子 div521 和 div522：

- 盒子 div521 的宽度与 div52 相同，高度为 58 像素，边距填充都是 0，背景图片是 index_5_2_1.jpg(也可将图片作为内容使用)。

- 盒子 div522 的宽度与 div5-2 相同，高度为 190 像素，边距填充都是 0，背景图是 index_5_2_2.jpg，内容是使用 7 行 2 列的表格排列的图片符号列表和超链接，表格每行的单元格高度都是 27 像素，超链接初始状态和访问过状态为黑色、无下划线；鼠标悬停时为黑色、带下划线。

在 sysy.css 中增加的样式代码如下：

```
.div5{width:990px; height:248px; padding:0; margin:0 auto;}
.div51{width:303px; height:220px; padding:14px 30px; margin:0;
background:url(images/index_5_1_1.jpg); float:left;}
.div52{ width:627px; height:248px; padding:0; margin:0; float:left;}
.div521{ width:100%; height:58px; padding:0; margin:0;
background:url(images/index_5_2_1.jpg);}
.div522{ width:100%; height:190px; padding:0; margin:0;
background:url(images/index_5_2_2.jpg);}
.div522 ul{padding:0; margin:0; list-style:url(images/dot.jpg) outside;}
```

```
.div522 ul li{padding:0; margin:0 0 0 20px;}
.div522 table td{ height:27px; font-size:10pt;}
.div522 table .td1{ width:527px;}
.div522 table .td2{ width:100px;}
.div522 a:link,.div522 a:visited{ color:#000; text-decoration:none;}
.div522 a:hover{ color:#00f; text-decoration:underline;}
```

在 sysy.html 中增加的页面代码如下：

```
<div class="div5">
    <div class="div51"><img src="images/index_5_1_2.jpg" /></div>
    <div class="div52">
      <div class="div521"></div>
      <div class="div522">
        <ul>
          <table cellpadding="0" cellspacing="0">
          <tr>
            <td class="td1"><li><a href="1.html" target="_blank">
              我校举行"中国食品安全体系的演讲与分析"报告会</a>
              </li></td><td class="td2">01 月 03 日</td>
          </tr>
          <tr>
            <td><li><a href="1.html" target="_blank">
              "果实催熟专用乙烯发生器"及"小型双温果蔬保鲜库"成果鉴定</a>
              </li></td><td>01 月 02 日</td>
          </tr>
          <tr>
            <td><li><a href="1.html" target="_blank">
              我校学生会主席许铭当选山东省学生联合会副主席</a>
              </li></td><td>01 月 02 日</td>
          </tr>
          <tr>
            <td><li><a href="1.html" target="_blank">
              惠发学院成立暨揭牌仪式举行</a>
              </li></td><td>01 月 02 日</td>
          </tr>
          <tr>
            <td><li><a href="1.html" target="_blank">
              我校学报再获"全国高职学报十佳学报"称号</a>
              </li></td><td>01 月 01 日</td>
          </tr>
          <tr>
            <td><li><a href="1.html" target="_blank">
              职业教育市场营销专业教学资源库建设项目第三次会议召开</a>
              </li></td><td>01 月 01 日</td>
          </tr>
          <tr>
            <td><li><a href="1.html" target="_blank">
              点燃青春 共筑中国梦 我校学子喜迎新年</a>
              </li></td><td>12 月 31 日</td>
```

```
            </tr>
          </table>
        </ul>
      </div>
    </div>
  </div>
```

说明：商院新闻版块和下面的通知公告版块中的超链接热点在网站中都是要动态生成的，系统管理员每发布一条新闻，就产生一个新的链接，将一条旧的链接推下去，如此循环反复。本书中我们不讲解动态内容，只使用固定的链接热点来设计。

4. 设计通知公告与快速导航模块

通知公告与快速导航模块中使用的图片文件及版块分割方式如图 3-37 所示。

图 3-37　通知公告与快速导航模块

使用 class 类选择符.div6 定义整个版块使用的大盒子，在大盒子中需要使用两个向左浮动的盒子.div61 和.div62。

(1) 两个盒子的高度都设置为 182px(根据右侧 div62 中需要的内容的总高度确定)，边距填充都是 0。

(2) 盒子 div61 的宽度根据图片 index_6_1.jpg 的宽度确定为 631px。

(3) 盒子 div62 的宽度要使用总宽度 990 减去盒子 div61 的宽度，得到 359px。

(4) 盒子 div61 中，上下排列两个盒子 div611 和 div612，宽度与 div61 一致，高度分别是 43px 和 139px；div611 的内容是图片 index_6-1.jpg；div612 的内容是使用表格排列的图片符号列表和超链接，表格单元格高度是 27 像素，超链接初始状态和访问过状态为黑色、无下划线；鼠标悬停状态为黑色、带下划线。

(5) 盒子 div62 中包含 4 个上下排列的盒子，分别是 div621、div622、div623、div624，其中 div621、div622 和 div624 三个盒子的宽度与 div62 的宽度相同，边距填充都是 0，高度根据相应的背景图片高度来确定，分别是 43px、37px 和 37px，而盒子 div623 的宽度定义为 344px，高度设置为 65 像素，左填充是 15px(设置的左填充是为了保证内部的 4 个块级超链接元素能够居中)，其余填充 0，边距是 0，内容是设计为块元素的超链接。超链接的样式要求如下：

- 将超链接 a 的样式定义为——向左浮动(设置了向左浮动之后，超链接标记就由原来的行内元素转为块级元素)，宽度 60px，高度 40px，上下填充是 10px，左右填充为 0，左边距为 15 像素，其他边距为 0，字号为 10pt，水平方向居中，文本行高为 20px(一行文本占据 20px，两行占据 40px，正好是高度 40px，上下填充 10px 则保证了内容在垂直方向居中)。

- 超链接初始状态和访问过状态为黑色、无下划线，背景图为 index_6_2_6.jpg。
- 鼠标悬停状态为黑色、无下划线，背景图为 index_6_2_7.jpg。

在 sysy.css 中增加的样式代码是：

```
.div6{width:990px; height:182px; padding:0; margin:0 auto;}
.div61{ width:631px; height:182px; padding:0; margin:0; float:left;}
.div611{ width:100%; height:43px; padding:0; margin:0;}
.div612{ width:100%; height:139px; padding:0; margin:0;}
.div612 ul{padding:0; margin:0; list-style:url(images/arrow.gif) outside;}
.div612 ul li{padding:0; margin:0 0 0 20px;}
.div612 table td{ height:27px; font-size:10pt;}
.div612 table .td1{ width:531px;}
.div612 table .td2{ width:100px;}
.div612 a:link,.div612 a:visited{ color:#000; text-decoration:none;}
.div612 a:hover{ color:#00f; text-decoration:underline;}
.div612 table{ margin:0 0 0 25px;}
.div62{ width:359px; height:182px; padding:0; margin:0; float:left;}
.div621{ width:100%; height:43px; padding:0; margin:0;
 background:url(images/index_6_2_1.jpg);}
.div622{ width:100%; height:37px; padding:0; margin:0;
 background:url(images/index_6_2_2.jpg) no-repeat;}
.div623{ width:344px; height:65px; padding:0 0 0 15px; margin:0;
 background:url(images/index_6_2_3.jpg) repeat-y;}
.div624{ width:100%; height:37px; padding:0; margin:0;
 background:url(images/index_6_2_4.jpg) no-repeat; text-align:center;}
.div623 a{float:left; width:60px; height:40px; padding:10px 0;
 margin:0 0 0 15px; font-size:10pt; text-align:center; line-height:20px}
.div623 a:link, .div623 a:visited{ color:#000; text-decoration:none;
 background:url(images/index_6_2_6.jpg);}
.div623 a:hover{ color:#000; text-decoration:none;
 background:url(images/index_6_2_7.jpg);}
```

在 sysy.html 中增加的页面内容代码是：

```
<div class="div6">
    <div class="div61">
        <div class="div611"><img src="images/index_6_1.jpg" /></div>
        <div class="div612">
        <ul>
            <table cellpadding="0" cellspacing="0">
            <tr>
                <td class="td1"><li><a href="1.html" target="_blank">
                山东商业职业技术学院物联网工程实训室设备采购招标书</a>
                </li></td> <td class="td2">12 月 12 日</td>
            </tr>
            <tr>
                <td><li><a href="1.html" target="_blank">
            山东商业职业技术学院计算机、仿真会计职业岗位桌椅及多媒体设备采购招标书</a>
            </li></td><td>12 月 10 日</td>
```

```
    </tr>
    <tr>
      <td><li><a href="1.html" target="_blank">
        山东商业职业技术学院网络中心 IT 运维管理系统项目采购招标书</a>
        </li></td><td>12 月 10 日</td>
    </tr>
    <tr>
      <td><li><a href="1.html" target="_blank">
        山东商业职业技术学院网络中心核心设备维保项目招标书</a>
        </li></td><td>12 月 04 日</td>
    </tr>
    <tr>
        <td><li><a href="1.html" target="_blank">
        山东商业职业技术学院校园监控系统扩充招标书</a>
        </li></td><td>10 月 21 日</td>
    </tr>
    </table>
  </ul>
  </div>
</div>
<div class="div62">
  <div class="div621"></div>
  <div class="div622"></div>

  <div class="div623">
    <a href="1.html" target="_blank">应用<br />系统</a>
    <a href="1.html" target="_blank">宣传思想<br />教育网</a>
    <a href="1.html" target="_blank">专题<br />网站</a>
    <a href="1.html" target="_blank">友情<br />链接</a>
  </div>

  <div class="div624"><img src="images/index_6_2_5.jpg" /></div>
  </div>
</div>
```

说明：div623 中的超链接已经被定义为块元素，其链接热点文字内部可以插入换行标记
。

5. 设计背景长条与站址模块

背景长条的效果如图 3-38 所示。

图 3-38　站址版块上方的背景长条

定义 class 类选择符 div7，宽度为 990 像素、高度为 5 像素，填充和上下边距都是 0，左右边距是 auto，使用的背景图是 index_6.jpg。

站址模块如图 3-39 所示。

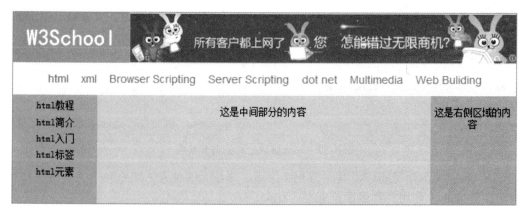

图 3-39　站址信息模块

需要定义 class 类选择符 div8，宽度为 990 像素，高度为 40 像素，上下填充为 23px，左右填充为 0，上下边距为 0，左右边距为 auto，背景是 index_7.jpg，内部文本字号是 10pt，文本行高为 20px，文本在水平方向居中。

在 sysy.css 中增加的样式代码如下：

```
.div7{width:990px; height:5px; padding:0; margin:0 auto;
  background:url(images/index_6.jpg);}
.div8{width:990px; height:40px; padding:23px 0; margin:0 auto;
  background:url(images/index_7.jpg); font-size:10pt; line-height:20px;
  text-align:center;}
```

在 sysy.html 中增加的页面内容代码如下：

```
<div class="div7"></div>
<div class="div8">版权所有 山东商业职业技术学院　　通信地址：济南市旅游路 4516 号
  邮编：250103　　电话：0531-86335888　　联系我们　　周边交通<br />
  鲁 ICP 备 05002370</div>
```

至此，山东商业职业技术学院网站首页设计完成，编者所提供并采用的只是各种设计方法中的一种，大家对这些内容熟悉之后，可以自己尝试很多不同的设计方案，只是无论使用哪种方案，务必要保证设计的页面在各大浏览器中都能得到一致的运行效果。

3.11　课堂练习小案例

请读者按照相关的要求，自己独立完成下面的小案例。

在学习网站设计的相关内容时，读者也可以浏览 www.w3school.com.cn 网站，内容很全面。本节中要设计的小案例取用了该网站中的部分内容，具体要实现的页面效果如图 3-40 所示。

图 3-40　模拟 w3school 网站的部分内容

创建的样式文件是 w3school.css，页面文件是 w3school.html。

设计页面的具体要求如下。

(1) 整个页面内容外围有边框，需要定义一个容纳所有内容的大盒子.divw。样式要求：宽度 950px，高度自动，填充 0，上下边距 0，左右边距 auto，边框 2px，实线，颜色为#888。

(2) 定义盒子.div1，设计第一行内容。样式要求：宽度 950px，高度 93px，边距填充都是 0，内容是左右排列的两个盒子 div11 和 div12。

- .div11 样式要求：宽 220px，高 93px，边距填充 0，背景#999，向左浮动，字号 36pt，字体黑体，文字白色，文本行高 93px，水平居中。
- .div12 样式要求：宽 730px，高 93px，边距填充 0，背景图 w3-1.jpg，向左浮动。

(3) 定义盒子 div2，设计第二行中的一级导航。样式要求：宽度 950px，高度 60px，边距填充 0，背景#eee，字体取用 Arial(英文字体，不同浏览器默认不同)，字号 16pt，文本行高 60px，水平方向居中，内容是超链接。注意：

- 超链接初始状态和访问过状态的颜色为#666，无下划线。
- 鼠标悬停状态的颜色为#a00，显示下划线。

(4) 定义盒子 div3，设计第三行内容。样式要求：宽度 950px，高度 220px，边距填充都是 0，内容是横向排列的盒子 div31、div32 和 div33。

- div31 和 div33 样式要求：宽 160px，高 220px，边距填充 0，背景色#aaa，向左浮动，文本字号 10pt，水平方向居中。
- div31 中超链接使用段落排列，段前和段后间距都是 8 像素，超链接样式要求：初始状态和访问过状态为黑色、无下划线，鼠标悬停状态为黑色带下划线。
- div32 样式要求：宽 630px，高 220px，边距填充 0，背景色#ccc，向左浮动，文本字号 10pt，水平方向居中。

3.12　习　　题

1. 选择题

(1) 以下方法中，不属于 CSS 定义颜色的方法是(　　)。

　　A. 用十六进制数方式表示颜色值　　　B. 用八进制数方式表示颜色值

　　C. 用 rgb 函数方式表示颜色值　　　　D. 用颜色名称方式表示颜色值

(2) 在网页中最为常用的两种图像格式是(　　)。

　　A. JPG 和 GIF　　　　　　　　　　B. JPG 和 PSD

　　C. GIF 和 BMP　　　　　　　　　　D. BMP 和 SWF

(3) 关于下列代码片段的说法中，(　　)是正确的。(选择两项)

```
<HR size="5" color="#0000FF" width="50%">
```

　　A. size 是指水平线的宽度　　　　　B. size 是指水平线的高度

　　C. width 是指水平线的宽度　　　　　D. width 是指水平线的高度

(4) 下列有关锚记的叙述中，正确的有(　　)。(选择两项)

　　A. 锚记可指向各种 Web 资源，如 HTML 页面、图像、声音文件甚至影片

B. \<a>标签用于指定要链接的文档地址，href 属性用于创建至链接源的锚记

C. 在使用命名锚记时，可以创建能够直接跳到页面特定部分的链接

D. 如果浏览器无法找到指定的命名锚记，则转到文档的底部

(5) 运行下面创建表格的代码，在浏览器里会看到(   )的表格。

```
<TABLE width="20%" border="1">
  <TR>
    <TD> </TD> <TD> </TD> <TD> </TD>
  </TR>
  <TR>
    <TD> </TD> <TD> </TD> <TD> </TD>
  </TR>
</TABLE>
```

A. 3行2列　　 B. 2行3列　　　 C. 3行3列　　 D. 2行2列

(6) 运行下面的代码，在浏览器里会看到(   )。

```
<TABLE width="20%" border="1">
  <TR>
    <TD colspan="2""> </TD>
  </TR>
  <TR>
    <TD rowspan="2"> </TD>
    <TD> </TD>
  </TR>
  <TR>
    <TD> </TD>
  </TR>
</TABLE>
```

A. 6个单元格　 B. 5个单元格　　　 C. 4个单元格　 D. 3个单元格

(7) HTML 语言中，设置表格中文字与边框距离的标签是(   )。

A. \<TABLE border=#>　　　　　　 B. \<TABLE cellspacing=#>

C. \<TABLE cellpadding=#>　　　　 D. \<TABLE width=# or %>

(8) 想要使用户在单击超链接时弹出一个新的网页窗口，下面(   )选项符合要求。

A. \<A href="right.html" target="_blank">新闻\</A>

B. \<A href="right.html" target="_parent">体育\</A>

C. \<A href="right.html" target="_top">财经\</A>

D. \<A href="right.html" target="_self">教育\</A>

(9) 在 HTML 中，要定义一个空链接，使用的标记是(   )。

A. \<a href="#">　 B. \<a href="?">　　 C. \<a href="@">　　 D. \<a href="!">

(10) 以下 CSS 长度单位中，属于相对量度单位的是(   )。

A. pt　　　　　 B. in　　　　　 C. em　　　　　 D. cm

(11) 以下 CSS 长度单位中，属于绝对量度单位的是(   )。

A. em　　　　　 B. ex　　　　　 C. px　　　　　 D. pt

2. 操作题

(1) 创建如图 3-41 所示网页的列表。

(2) 创建如图 3-42 所示网页的列表。

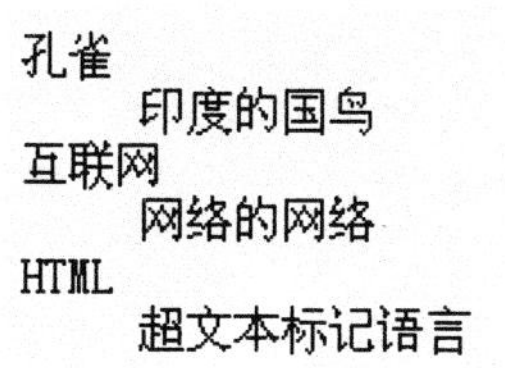

孔雀
　　　印度的国鸟
互联网
　　　网络的网络
HTML
　　　超文本标记语言

图 3-41　创建的列表(1)

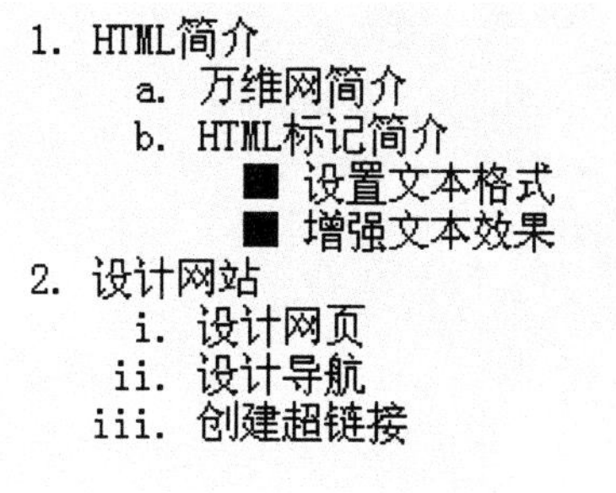

1. HTML简介
　　a. 万维网简介
　　b. HTML标记简介
　　　　■ 设置文本格式
　　　　■ 增强文本效果
2. 设计网站
　　i. 设计网页
　　ii. 设计导航
　　iii. 创建超链接

图 3-42　创建的列表(2)

第4章 HTML框架、表单、多媒体

【学习目的与要求】

知识点

- 浮动框架的用法。
- 表单的制作。
- 多媒体标记的使用。

难点

- 浮动框架与超链接的关联方法。
- 各种表单元素的生成方法和属性。
- 媒体标记的应用。

4.1 HTML的浮动框架

框架可以将浏览器窗口划分为若干个区域,在每个区域内显示一个独立的页面,使用框架,可以在一个浏览器窗口中同时显示多个不同的独立页面,可以方便地进行网页导航。传统的HTML提供了框架集的结构和概念,在标准的XHTML 1.1中,不再支持普通框架的应用,虽然可以在使用Frameset DTD框架型的XHTML 1.0文档中继续应用框架,但是不建议读者继续使用,现在页面的设计中,若要使用框架,更多应用的是浮动框架。

浮动框架是一种特殊的框架页面,在浏览器窗口中可以直接将浮动框架嵌入在某个div中或者表格的某个单元格中,以达到通过div或者是表格来控制页面布局的目的。

4.1.1 浮动框架的基本概念

1. 浮动框架标记及属性

浮动框架标记的语法格式如下:

```
<iframe src="页面文件 URL"></iframe>
```

<iframe>是一个行内双标记,可用于在<body>页面中创建一个内联"浮动"框架,即内部窗口,在该窗口中可打开一个独立的页面。

<iframe>标记中常用的属性如下。

(1) width:该属性设置浮动框架的宽度,通常与所在div或单元格的宽度一致。

(2) height:该属性设置浮动框架的高度(可以通过脚本设置浮动框架高度与所加载页面的内容高度一致)。

(3) align:该属性设置浮动框架在页面中的对齐方式(left、right、center),因为浮动框架一般要求与所在 div 或单元格宽度一致，所以很少使用该属性。

(4) id|name：设置浮动框架的 id 或者 name 属性，必须是唯一值。

(5) scrolling：设置浮动框架的滚动条，取值有 auto、yes、no 三种。

- 若使用 auto，则当浮动框架内部加载页面的高度高于框架本身的高度时，显示滚动条，否则不显示(默认)。
- 若使用 yes，则不论浮动框架内部加载页面的高度如何，都要显示滚动条。
- 若使用 no，则不论浮动框架内部加载页面的高度如何，都不显示滚动条。

(6) frameborder：设置浮动框架的边框，取值为 1 则有边框(默认)，为 0 则没有边框。

2. 浮动框架与超链接的关联

在页面中增加一个或者多个浮动框架，不是只为了在其中加载显示一个或几个固定的页面，而是通常要根据用户点击的其他区域中的超链接，来确定要加载到浮动框架中的新的页面文件。

例如读者都非常熟悉的邮箱网站页面，点击超链接写信、收信或者打开某一封信件时，都在一个固定的区域中打开界面，即需要在浮动框架与超链接之间建立起关联。

建立浮动框架与超链接之间关联的具体方法为：在超链接<a>标记的 target 属性中指定<iframe>的 id||name 属性值，可以将链接页面加载显示在指定的<iframe>浮动窗口内。

4.1.2　浮动框架的应用举例

按如下要求修改在 3.11 节中创建的文件 w3school.html。

(1) 将第三行中的 div3、div31、div32 和 div33 的高度都设置为 520px。

(2) 将 div32 中的背景色、字号和居中对齐样式设置都去掉。

(3) 去掉 div32 中原来的文本内容，增加浮动框架的应用，浮动框架初始时加载的页面文件是 htmljc.html。

(4) 修改 div31 中的超链接"html 教程"，设置 href 属性为 htmljc.html，target 属性为浮动框架 name 属性的值 main；修改超链接"html 简介"，设置 href 属性为 htmljj.html，target 属性为浮动框架 name 属性的值 main。

修改之后，样式文件 w3school.css 的完整代码如下：

```
.divw{ width:950px; height:auto; margin:0 auto; padding: 0 ; border: 2px solid #888;}
.div1{ width:950px; height:93px; padding:0; margin:0;}
.div11{ width:220px; height:93px; margin:0; padding:0; background:#999;
font-size:32pt; float:left; font-family:黑体; color:#fff; line-height:93px;
  text-align:center;}
.div12{ width:730px; height:93px; padding:0; margin:0; float:left;
  background:url(image/w3_1.jpg);}
.div2{ width:950px; height:60px; padding:0; margin:0; background:#eee;
  font-family:Arial; font-size:16pt; line-height:60px; text-align:center;}
.div2 a:visited,.div2 a:link{ color:#666; text-decoration:none;}
.div2 a:hover{ color:#a00; text-decoration:underline;}
.div3{ width:950px; height:520px; margin:0px; padding:0px;}
.div31{ width:160px; height:520px; padding:0px; margin:0px;
```

```
background:#aaa; float:left; font-size:14pt; text-align:center;}
.div31 p{margin:8px 0;}
.div31 a:link,.div3-1 a:visited{color:#000; text-decoration:none;}
.div31 a:hover{color:#000; text-decoration:underline;}
.div32{ width:630px; height:520px; padding:0px; margin:0px; float:left;}
.div33{ width:160px; height:520px; padding:0px; margin:0px;
  background:#aaa; float:left; font-size:14pt; text-align:center;}
```

w3school.html 页面文件完整的代码如下：

```html
<!DOCTYPE html PUBLIC "-//W3C//DTD XHTML 1.0 Transitional//EN"
  "http://www.w3.org/TR/xhtml1/DTD/xhtml1-transitional.dtd">
<html xmlns="http://www.w3.org/1999/xhtml">
<head>
<meta http-equiv="Content-Type" content="text/html; charset=gb2312" />
<title>无标题文档</title>
<link type="text/css" rel="stylesheet" href="w3school.css" />
</head>
<body>
<div class="divw">
    <div class="div1">
        <div class="div11">W3School</div>
        <div class="div12"></div>
    </div>
    <div class="div2">
     <a href="#">html</a>    
     <a href= "#">xml</a>    
     <a href="#">Browser Scripting</a>     
     <a href="#">Server Scripting</a>     
     <a href="#">dot net</a>    
     <a href="#">Multimedia</a>    
     <a href="#">Web Buliding</a></div>
    <div class="div3">
        <div class="div31">
            <p><a href="htmljc.html" target="main">html 教程</a></p>
            <p><a href="htmljj.html" target="main">html 简介</a></p>
            <p><a href="#">html 入门</a></p>
            <p><a href="#">html 标签</a></p>
            <p><a href="#">html 元素</a></p>
        </div>
        <div class="div32"><iframe src="htmljc.html" name="main"
         width="630" height="520" scrolling="no" frameborder="0">
          </iframe></div>
        <div class="div33"><p>这是右侧区域的内容</p></div>
    </div>
</div>
</body>
</html>
```

需要创建的 htmljc.html 代码如下：

```
<!DOCTYPE html PUBLIC "-//W3C//DTD XHTML 1.0 Transitional//EN"
  "http://www.w3.org/TR/xhtml1/DTD/xhtml1-transitional.dtd">
<html xmlns="http://www.w3.org/1999/xhtml">
<head>
<meta http-equiv="Content-Type" content="text/html; charset=gb2312" />
<title>无标题文档</title>
<style type="text/css">
  body{margin:0;}
</style>
</head>
<body>
<img src="image/htmljc.jpg" width="632" height="521" />
</body></html>
```

需要创建的 htmljj.html 代码如下：

```
<!DOCTYPE html PUBLIC "-//W3C//DTD XHTML 1.0 Transitional//EN"
  "http://www.w3.org/TR/xhtml1/DTD/xhtml1-transitional.dtd">
<html xmlns="http://www.w3.org/1999/xhtml">
<head>
<meta http-equiv="Content-Type" content="text/html; charset=gb2312" />
<title>无标题文档</title>
<style type="text/css">
  body{margin:0;}
</style>
</head>
<body>
<img src="image/htmljj.jpg" width="632" height="521" />
</body></html>
```

页面初始运行效果如图 4-1 所示。

图 4-1　w3school.html 的初始运行效果

单击左侧的超链接"html 简介"后的效果如图 4-2 所示。

图 4-2　w3school.html 点击超链接之后的效果

4.2　表 单 标 记

到目前为止，所能设计的网页都属于静态网页，用户只能单向地从网站获取浏览信息，即使用了 JavaScript，也只能实现视觉上的动态效果，而不是真正意义上的动态网页。

实际上，HTML 是一条双行通道，用户也可以通过网页向网站服务器提交发送信息，由服务器的处理程序收集保存，具有向服务器提交信息功能的网页就是所谓的动态网页。

动态网页由两部分构成：

● 用表单收集并发送用户信息的 HTML 页面。

● 接收处理用户信息并对用户做出响应的后台服务器程序。

在 HTML 页面中，能接受用户输入信息并提交给服务器的标记统称为表单元素，表单是用户通过页面与网站服务器进行交互的工具，可实现网络注册、登录验证、问卷调查、信息发布、订单购物等功能。

本书只介绍 HTML 页面中使用的表单标记，有关接收处理用户信息的后台服务器程序可参阅 ASP、JSP、PHP 等相关书籍。

4.2.1　创建表单标记<form>

表单是一个容器，在该容器中可以添加各种表单元素，用于输入或选择要提交的数据；也可以添加非表单元素，例如表格、div、段落、图片等。<form>标记负责收集用户输入的信息，并在用户点击提交按钮时，将这些信息发送给服务器。

在 HTML 页面<body>内任意位置插入<form>...</form>标记，即可创建一个表单。一个页面可创建多个表单，并可发送给同一个或者不同的服务器程序。表单标记<form>的语法格式如下：

```
<form action="服务器url||mailto:Email" [id||name="表单唯一名称"
  method="post||get" ]>...</form>
```

action：指定接收并处理表单数据的服务器程序 URL 或是接收数据的 E-mail 邮箱地址。服务器程序 URL 可以是绝对或相对路径，#表示提交给当前页面程序。

id||name：指定表单的唯一名称，用于区分同一页面的多个表单。

method：指定传送数据的 HTTP 方法，可以使用 GET(默认)或 POST 方法。

- GET 方法将信息附加在提交 url?之后发送：url?键名 1=键值 1&键名 2=键值 2&...，该方法提交的数据在地址栏中可以看到，保密性较差，且长度不超过 8192 个字符。
- POST 方法将信息封装在表单的特定对象中发送，没有字符限制，保密性强。

accept、accept-charset、enctype 属性可指定服务器接受的内容类型及字符编码、表单内容编码的 MIME 类型，在普通的静态页面中可以不定义。

4.2.2　表单输入标记<input />

用户输入提交数据使用的文本框、单选按钮、复选框、提交/重置按钮等都是<input />表单输入元素(控件)。

<input />标记用于接受用户的输入信息，可位于页面<body>中的任意位置，但只有在<form>标记内才能被<form>收集并发送给服务器，否则只具有显示功能。

<input />标记的语法格式如下：

```
<input type="控件类型" name="控件名称" />
```

- type：指定元素的控件类型，默认为单行文本框"text"。
- name：指定与输入数据(键值)相关联的唯一标识名称(键名)。
- id：指定唯一名称——配合 JavaScript 响应事件时操作元素。

1.　单行文本框 type="text"(默认)

语法格式如下：

```
<input [type="text"] name="名称" value="默认值" maxlength="允许输入字符数"
  readonly="readonly" disabled="disabled" />
```

- value：指定控件默认显示的初值。
- maxlength：指定控件允许输入的最多字符或汉字个数(默认不限)。
- disabled：设置第 1 次加载页面时禁用该控件——灰色不可用(默认可用)。
- readonly：指定该控件内容为只读——不能编辑修改(默认可编辑)。

2.　密码框 type="password"

语法格式如下：

```
<input type="password" name="名称" value="默认值" maxlength="最大字符数"
  readonly="readonly" disabled="disabled" />
```

用户在密码框中输入的内容自动显示为圆点，各属性的设置用法与文本框完全相同。

说明：在文本框和密码框中还有一个 size 属性，现在页面设计中基本不再使用，而是使用样式属性 width 设置元素的宽度，效果更好。

3．隐藏表单域 type="hidden"

语法格式如下：

```
<input type="hidden" name="名称" value="默认值" />
```

隐藏表单域在页面中不显示，就是说，对用户是不可见的，但当用户提交表单时，隐藏表单域的 name 键名与 value 键值会自动发送到服务器。

有时，不同页面的表单数据会提交给同一个服务器程序处理，网页设计人员一般就是利用隐藏表单域对不同的页面设置不同的默认值，服务器程序根据隐藏表单域的值，即可判断出是哪个页面发送的表单数据，从而确定该如何处理这些数据。

隐藏表单域不能使用 disabled 属性禁用该控件。

【例 4-1】使用文本框、密码框、隐藏表单域：

```
<!DOCTYPE html PUBLIC "-//W3C//DTD XHTML 1.0 Transitional//EN"
  "http://www.w3.org/TR/xhtml1/DTD/xhtml1-transitional.dtd">
<html xmlns="http://www.w3.org/1999/xhtml">
<head>
<meta http-equiv="Content-Type" content="text/html; charset=gb2312" />
<title>文本框、密码框、隐藏表单域</title>
</head><body>
  <h3 style="text-align:center">用户登录页面</h3>
  <form action="#" method="post" >
    用户名：<input name="userName" size="10" /> <br />
    密  码：<input type="password" name="pass" size="10" /> <br />
    <input type="hidden" name="type" value="3" />
    提交的数据：userName="输入的用户名";pass="输入的密码";隐藏 type="3"
    <hr />
    <table><tr><td>默认文本框(输入不限)</td> <td> <input /> </td></tr>
      <tr><td>文本框 maxlength="10"</td>
        <td><input value="最多输入 10 个字符" size="16" maxlength="10" /></td>
      </tr>
      <tr><td>文本框 readonly="readonly" </td>
        <td><input value="只读不能输入修改" size="16" readonly="readonly" />
        </td>
      </tr>
      <tr><td>密码框 maxlength="10"</td>
        <td><input value="最多 10 个字符" type="password" size="16"
         maxlength="10" /></td> </tr>
      <tr><td>密码框 disabled="disabled"</td>
        <td><input value="灰色不可用" type="password" size="16"
          disabled="disabled" /></td> </tr>
    </table></form>
</body></html>
```

运行结果如图 4-3 所示。

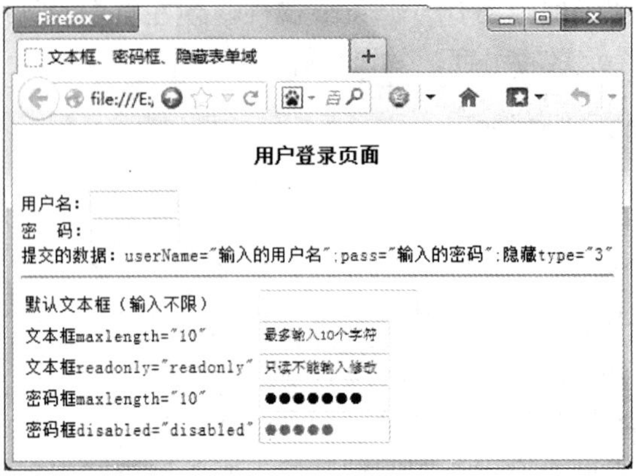

用户登录页面

用户名：
密　码：
提交的数据：userName="输入的用户名"；pass="输入的密码"；隐藏type="3"

默认文本框（输入不限）
文本框maxlength="10"　　最多输入10个字符
文本框readonly="readonly"　只读不能输入修改
密码框maxlength="10"　　●●●●●●●
密码框disabled="disabled"　●●●●●

图 4-3　h4-1.html 的运行效果

4．复选框 type="checkbox"

语法格式如下：

```
<input type="checkbox" name="名称" value="提交值" checked="checked"
 disabled="disabled" />
```

checked：设置第一次加载时该控件已被选中(默认不选中)。
一组复选框中允许同时选中多个，<form>表单提交服务器的值为数组：

```
name 名称={ 选中的提交值 1，选中的提交值 2，... }
```

> **注意**：同一组中多个复选框的 name 名称必须相同，每个复选框用 value 设置自己被选中时的提交值。

5．单选按钮 type="radio"

语法格式如下：

```
<input type="radio" name="名称" value="提交值" checked="checked"
 disabled="disabled" />
```

> **注意**：同一组多个单选按钮是互斥的，任何时刻只能选择其中一个，提交值最多只有一个。
> 　　　同一组多个单选按钮的 name 名称必须相同，各自用 value 设置自己被选中时的提交。
> 　　　同一组中最多只能有一个单选按钮可用 checked 属性设置初始加载时已被选中。

6．提交按钮 type="submit"

语法格式如下：

```
<input type="submit" id||name="名称" value="显示文字" size="显示宽度"
 disabled="disabled" />
```

- value：设置按钮上显示的文字，默认"submit"或"提交"。
- size：设置按钮显示宽度，IE 浏览器不起作用——默认为按钮名称的长度，建议使用样式中的 width 属性设置宽度来取代该属性。
- id||name：设置按钮的唯一名称，只配合 JavaScript 响应事件。

提交按钮是表单<form>中的核心控件，用户输入信息完毕后，一般都是通过单击提交按钮，才能完成表单数据的提交，就是说，由 submit 按钮通知<form>收集输入元素的值并提交给服务器。

7. 重置(复位)按钮 type="reset"

当用户输入信息有误时，可通过点击重置按钮取消已输入的所有表单信息，使输入元素恢复为初始默认值并等待用户重新输入。语法格式如下：

```
<input type="reset" id||name="名称" value="显示文字" size="显示宽度"
 disabled="disabled" />
```

- value：设置按钮上显示的文字，默认"reset"或"重置"。
- size：设置按钮显示宽度，IE 浏览器不起作用——默认为按钮名称的长度。
- id||name：设置按钮唯一名称，只配合 JavaScript 响应事件。

【例 4-2】用 submit 提交信息、用 reset 重置按钮重新输入信息：

```
<!DOCTYPE html PUBLIC "-//W3C//DTD XHTML 1.0 Transitional//EN"
 "http://www.w3.org/TR/xhtml1/DTD/xhtml1-transitional.dtd">
<html xmlns="http://www.w3.org/1999/xhtml">
<head>
<meta http-equiv="Content-Type" content="text/html; charset=gb2312" />
<title>提交、重置输入信息</title> </head>
<body>
 <form action="#" method="post">
  <h3 style="text-align:center">用户注册页面</h3>
  输入名称：<input name="user" maxlength="20" /><br />
  输入密码：<input type="password" name="pass1" maxlength="16" /><br />
  确认密码：<input type="password" name="pass2" /><br />
  选择性别：<input type="radio" name="nv" value="0" checked="checked" />男
          <input type="radio" name="nv" value="1"/>女<br />
  选择您喜欢的运动：
     <input type="checkbox" name="yd" value="爬山"
          checked="checked" />爬山  
     <input type="checkbox" name="yd" value="游泳"
          checked="checked" />游泳   
     <input type="checkbox" name="yd" value="跑步"/>跑步<br />
  <input type="hidden" name="type" value="3" /><br />
  <input type="submit" value="提交" />
  <input type="reset" value="取消" />
 </form>
</body>
</html>
```

运行效果如图 4-4 所示。

图 4-4 h4-9.html 页面的运行效果

8. 上传文件选择框 type="file"

语法格式如下：

```
<input type="file" name="名称" disabled="disabled" />
```

该标记显示为一个文本框并带一个"浏览..."按钮，可以直接在文本框中输入上传文件的路径及文件名，也可通过单击"浏览..."按钮弹出文件选择对话框来选择文件。

9. 用图像代替提交按钮 type="image"

语法格式如下：

```
<input type="image" src="图像文件 URL" id||name="名称" size="显示宽度"
 border="0||1" alt="图像不显示的替代文本" width="宽度" height="高度" />
```

该标记可以显示图像代替提交按钮，当用户点击该图像时，即可通知<form>收集表单数据并按 action 指定的"服务器 url"发送给服务器程序。

10. 标准按钮 type="button"

语法格式如下：

```
<input type="button" id||name="名称" value="显示名称" />
```

该标记定义一个可点击的按钮，单击按钮时对表单没有任何行为，但可响应单击事件启动 JavaScript 程序。

例如，通过单击按钮可调用 JavaScript 函数 checke()对表单中某些数据进行验证：

```
<input type="button" value="验证表单数据" onclick="checke()" />
```

4.2.3 文本区标记<textarea>

<textarea>标记可定义一个多行文本区域，用于输入无限数量的文本。
语法格式如下：

```
<textarea name="名称" rows="可见行数" cols="可见列数" wrap="换行模式"
  readonly="readonly" disabled="disabled">
    [初始默认文本]
</textarea>
```

其中，rows、cols 指定文本区显示的行列数，建议使用 CSS 的 height 和 width 属性设置宽度与高度，取代这两个属性。

wrap：指定文本换行模式，取值为 virtual、physical、off。

- virtual：按文本区宽度自动换行显示，但传给服务器的文本中自动换行无效，只在用户控制换行的地方有换行符。
- physical：按文本区宽度自动换行并将该换行符传送给服务器。
- off：由用户自己控制换行。

4.2.4　按钮标记<button>

使用<button>标记可自定义按钮，比<input type="button" />按钮提供了更强大的功能和更丰富的内容，在 button 按钮内可放置任意文本或图像，包括多媒体播放内容，唯一禁止的是在按钮内使用图像映射，以避免鼠标单击按钮与单击图像热点区域的混淆。

语法格式如下：

```
<button id||name="名称" type="按钮类型" value="初始值" disabled="disabled">
    [按钮文本、图像或多媒体]
</button>
```

type 指定按钮类型。

- button：普通按钮(IE 默认)。
- submit：提交按钮(W3C 规范及其他浏览器默认)。
- reset：复位重置按钮。

value 设置按钮的初始值，此值可被 JavaScript 脚本使用或修改。

注意：<button>最好配合 JavaScript 事件，如果在表单中使用，不同浏览器会提交不同的值，例如 IE 提交<button>与<button/>之间的文本，而其他浏览器将提交 value 属性值。

【例 4-3】表单应用页面，在表单中使用少量表格可以对表单元素布局定位：

```
<!DOCTYPE html PUBLIC "-//W3C//DTD XHTML 1.0 Transitional//EN"
  "http://www.w3.org/TR/xhtml1/DTD/xhtml1-transitional.dtd">
<html xmlns="http://www.w3.org/1999/xhtml">
<head>
<meta http-equiv="Content-Type" content="text/html; charset=gb2312" />
<title>应用输入标记</title>
</head>
<body>
  <h3 style="text-align:center">应用输入标记</h3>
    <form action="#" method="post" >
      <table>
```

```
<tr><td>输入名称: </td> <td><input name="user" /></td></tr>
<tr><td>输入密码: </td> <td><input type="password" name="pass1" />
</td></tr>
<tr><td>选择性别: </td> <td><input type="radio" name="nv" value="男" />
男
   <input type="radio" name="nv" value="女"/>女</td></tr>
<tr><td>喜欢的运动: </td>
  <td><input type="checkbox" name="yd" value="爬山"
    checked="checked" />爬山 
    <input type="checkbox" name="yd" value="游泳"
      checked="checked" />游泳</td></tr>
 <tr><td>上传照片: </td>
    <td><input type="file" name="pic" size="30" /></td></tr>
  <tr><td>个人介绍: </td>
    <td><textarea name="jieshao"></textarea></td></tr>
</table>
<input type="hidden" name="type" value="3" /> <br />
<input type="submit" value="提交" /><input type="reset" /><br />
</form>
</body>
</html>
```

运行结果如图 4-5 所示。

图 4-5 h4-3.html 页面的运行效果

4.2.5 滚动列表与下拉列表标记<select><option>

1. 创建滚动、下拉列表标记<select>

<select>标记可创建下拉列表(也称为单选菜单,只能选择其中一项),也可创建滚动列表(也称为多选菜单,既可以单选一项、也可以按住 Ctrl 键同时选择多项)。

<select>标记的语法格式如下:

```
<select name="名称" size="可见选项数" multiple="multiple" disabled="disabled">
  <option>选择项</option>
  ...
</select>
```

size：指定列表可见选择项数，同时也指定了滚动或下拉列表类型。省略 size 或取值为 1 则创建下拉列表——单选，取值大于 1 则为创建滚动列表。

multiple：该属性仅当 size 取值大于 1 创建滚动列表时有效，对下拉列表无效。使用 multiple="multiple" 允许在滚动列表中按住 Ctrl 键同时选择多项。省略该属性默认滚动列表只能单选。

对下拉列表，<form> 表单提交服务器的值为单值：

name 名称=所选项的单个 value 值

对滚动列表，<form> 表单提交服务器的值为数组多值：

name 名称={ 所选项 1 的 value 值, 所选项 2 的 value 值, ...}

2．列表选项标记<option>

<option>标记的语法格式如下：

```
<option value="提交选项值" name="名称" selected="selected"
  disabled="disabled">
   页面显示的选项文本
</option>
```

<option>标记定义滚动或下拉列表中的一个选项(条目)，必须在<select>标记内使用。

- value：指定提交给服务器的选项值，省略则默认使用显示的选项文本。
- selected：指定初始被选中的项目，任何列表中只能有 1 个选项可设置。
- disabled：指定该项首次加载时被禁用。

【例 4-4】列表选择框：

```
<!DOCTYPE html PUBLIC "-//W3C//DTD XHTML 1.0 Transitional//EN"
  "http://www.w3.org/TR/xhtml1/DTD/xhtml1-transitional.dtd">
<html>
  <head> <title>使用下拉列表和滚动列表</title> <head> <body>
   <form action="#" method="post" >
    用户名：<input name="user" /> <br />
    密  码：<input type="password" name="pass"/> <br />
    出生年月：
    <select name="year" >
      <option>1988</option><option>1989</option> <option>1990</option>
      <option selected="selected">1991</option> <option>1992</option>
      <option disabled="disabled">1993</option> <option>1994</option>
      <option>1995</option> <option>1996</option> <option>1997</option>
      <option>1998</option> <option>1999</option> <option>2000</option>
    </select>年
    <select name="month">
```

```
<option value="1">一月</option> <option value="2">二月</option>
<option value="3" selected="selected">三月</option>
<option value="4">四月</option> <option value="5">五月</option>
<option value="6">六月</option> <option value="7">七月</option>
<option value="8">八月</option> <option value="9">九月</option>
<option value="10">十月</option> <option value="11">十一月</option>
<option value="12">十二月</option>
</select>月<br /><br />
爱好(多选)：特长(单选)：<br />
<select name="like1" size="3" multiple="multiple" >
  <option value="1" selected="selected">音乐</option>
  <option value="2">美术</option>
  <option value="3" selected="selected">体育</option>
  <option value="4">劳动</option>
</select>     
<select name="like2" size="3" >
  <option>唱歌</option> <option>画画</option>
  <option>长跑</option> <option>短跑</option>
</select> <br /><br />
<input type="submit" value=" 提 交 " />
<input type="reset" value=" 重 置 " />
  </form>
</body>
</html>
```

运行结果如图 4-6 所示。

图 4-6 h4-4.html 的运行效果

3. 列表项分组标记<optgroup>

<optgroup>标记可定义选项组，用于对列表项进行分组，必须在<select>标记内使用。分组名显示为加粗斜体，但不能被选择，被分组的列表项将采用缩进显示。语法如下：

```
<optgroup label="分组名">
  <option>选择项</option>
    ...
</optgroup>
```

【例 4-5】列表选择框分组：

```
<!DOCTYPE html PUBLIC "-//W3C//DTD XHTML 1.0 Transitional//EN"
  "http://www.w3.org/TR/xhtml1/DTD/xhtml1-transitional.dtd">
<html xmlns="http://www.w3.org/1999/xhtml">
<head>
<meta http-equiv="Content-Type" content="text/html; charset=gb2312" />
<title>使用下拉列表和滚动列表</title>
<head><body>
    <form action="#" method="post" >
      请选择选修课：
      <select name="WebDesign">
       <optgroup label="客户端语言">
         <option>HTML</option>
         <option>CSS</option>
         <option>javascript</option>
       </optgroup>
       <optgroup label="服务器语言">
         <option>PHP</option>
         <option>ASP</option>
         <option>JSP</option>
       </optgroup>
       <optgroup label="数据库">
         <option>Access</option>
         <option>MySQL</option>
         <option>SQLServer</option>
       </optgroup>
      </select>
    </form>
</body></html>
```

运行效果如图 4-7 所示。

图 4-7　h4-5.html 页面的运行效果

4.2.6 控件标签标记<label>

<label>标记可为表单控件定义一个标签或标注，当用户点击该标注内容时，浏览器自动将光标焦点转到相关的控件上。<label>标记的语法如下：

```
<label for="控件 id">标注内容</label>
```

for 属性可将<label>的标注内容绑定到指定 id 的表单控件上。

【例 4-6】使用控件标签：

```
<!DOCTYPE html PUBLIC "-//W3C//DTD XHTML 1.0 Transitional//EN"
  "http://www.w3.org/TR/xhtml1/DTD/xhtml1-transitional.dtd">
<html xmlns="http://www.w3.org/1999/xhtml">
<head>
<meta http-equiv="Content-Type" content="text/html; charset=gb2312" />
<title>使用控件标签</title> </head>
<body>
  <form action="#" method="post" >
    <label for="un">用户名:<input name="user" id="un" /></label> <br />
    密  码:<input type="password" id="up" name="pass"/><br /><br />
    <input type="submit" /> <input type="reset" />
  </form>
  <label for="un">修改用户名</label><br />
  <label for="up">修改密码</label>
</body></html>
```

运行结果如图 4-8 所示，单击"用户名"或"修改用户名"文本，光标会自动移到 id="un"的文本框中，同样，单击"修改密码"文本，光标会自动移到 id="up"的密码框中。

图 4-8　h4-6.html 页面的运行效果

4.2.7　表单分组及标题标记<fieldset><legend>

<fieldset>标记可将表单中一部分相关元素打包分组，浏览器以特殊方式显示这组表单字段，例如特殊边界、3D 效果等，甚至可创建一个子表单来处理这些元素。也可重新设置 CSS 样式。<fieldset>标记的语法格式如下：

```
<fieldset>
  <legend>分组标题</legend>
  表单控件
  ...
</fieldset>
```

【例4-7】对两个表单分组，一个整体分组，一个部分分组(效果见图4-9)：

```
<!DOCTYPE html PUBLIC "-//W3C//DTD XHTML 1.0 Transitional//EN"
  "http://www.w3.org/TR/xhtml1/DTD/xhtml1-transitional.dtd">
<html xmlns="http://www.w3.org/1999/xhtml">
<head>
<meta http-equiv="Content-Type" content="text/html; charset=gb2312" />
<title>表单分组</title><head>
<body>
    <fieldset>      <legend>整体分组</legend>
      <form action="#" method="post" >
        <label>高度: <input type="text" /> </label>
        <label>宽度: <input type="text" /> </label>
      </form>
    </fieldset>
    <form action="#" method="post" >
        用户名: <input name="user" /> <br />
        密  码: <input type="password" name="pass"/> <br /> <br />
        <fieldset> <legend>出生年月: </legend>
          <select name="year" >
            <option>1990</option><option>1991</option><option>1992</option>
            <option>1993</option><option>1994</option><option>1995</option>
          </select>年
          <select name="month" >
            <option value="一月">一月</option><option value="二月">二月</option>
            <option value="三月">三月</option><option value="四月">四月</option>
          </select>月<br /><br />
        </fieldset> <br />
      <input type="submit" /> <input type="reset" />
    </form>
</body></html>
```

图 4-9　h4-7.html 页面

4.2.8　应用 div 和样式的表单设计

一个页面中的表单元素通常都放在某一个区域中，对于该区域的定义则使用 div 完成；而添加表单元素时，则要使用样式控制这些元素的外观，包括宽度、高度、填充、边距、边框以及内部文本字号和颜色等。

【例 4-8】表单元素样式应用：

```
<!DOCTYPE html PUBLIC "-//W3C//DTD XHTML 1.0 Transitional//EN"
  "http://www.w3.org/TR/xhtml1/DTD/xhtml1-transitional.dtd">
<html xmlns="http://www.w3.org/1999/xhtml">
<head>
<meta http-equiv="Content-Type" content="text/html; charset=gb2312" />
<title>提交、重置输入信息</title>
<style type="text/css">
  .divw{width:360px; height:auto; padding:20px; margin:0 auto;
    background:#eef;}
  .divw p{ margin:8px 0 0 0; text-align:center;}
  .input1{width:240px; height:20px; padding:3px; margin:2px;
    border:1px solid #66f; font-size:10pt;}
  .user{color:#f00; border:1px dashed #66f;}
  .jianjie{height:60px!important; line-height:20px; vertical-align:top;}
</style>
</head><body>
<div class="divw">
  <h3 style="text-align:center">用户注册页面</h3>
  <form action="#" method="post" >
    输入名称: <input name="user" class="input1 user" /><br />
    输入密码: <input type="password" name="pass1" class="input1" /><br />
    确认密码: <input type="password" name="pass2" class="input1" /><br />
    个人简介: <textarea name="jianjie" class="input1 jianjie"></textarea>
    <p><input type="submit" value=" 提  交 " />
     <input type="reset" value=" 取  消 " /></p>
  </form>
</div>
</body>
</html>
```

说明：

表单元素的边框可以根据设计者自己的喜好来改变，也可以设置边框是 0。

个人简介文本域不使用 rows 定义行数，也不使用 cols 定义列数，而是使用 width 定义总宽度 240px，使用 height 定义总高度 60px，结合文本的高度 20px，保证文本域中可见的文本是三行。超过三行后滚动条起作用。

文本域左侧的"个人简介"文本默认与文本域的底部对齐，对文本域使用 vertical-align:top;即可将其设置为顶端对齐。

运行效果如图 4-10 所示。

图 4-10　使用了样式的表单界面

4.3　IE 浏览器滚动字幕、背景音乐与多媒体

IE 浏览器可以用<marquee>标记定义页面的滚动字幕(事实上，现在各大浏览器都能支持滚动字幕的应用)、用<bgsound>标记播放音频文件作为背景音乐、用<embed>标记播放视频多媒体文件。

4.3.1　IE 浏览器滚动字幕标记<marquee>

1. 基本的标记应用

<marquee>标记可在页面中添加滚动的文字——字幕。滚动文本的样式、变体、粗细、字号、字体等可使用 CSS 设置。<marquee>标记的语法格式如下：

```
<marquee>滚动文字——字幕文本</marquee>
```

在页面中通常都是将滚动文字控制在某个指定的 div 内部或者表格的单元格内部滚动，由此确定的常用属性如下。

- direction：滚动方向，取值为 left 向左(默认)、right 向右、up 向上、down 向下。
- behavior：滚动方式，取值为 scroll 循环(默认)、slide 一次、alternate 往复。
- loop：循环次数(默认无限)，behavior="slide"指定一次时仍以 loop 的次数为准。
- scrollamount：滚动速度，即每次移动文字的距离，单位默认为像素，越大越快。
- scrolldelay：滚动延时(毫秒)，两次移动的时间间隔，越小越快，若是希望看到走走停停的效果，可以将该属性设置一个较大的值。

注意：字幕的移动效果应使用滚动速度 scrollamount 与滚动延时 scrolldelay 协调配合。

【例 4-9】滚动字幕滚动方向、方式、速度的设置：

```
<!DOCTYPE html PUBLIC "-//W3C//DTD XHTML 1.0 Transitional//EN"
  "http://www.w3.org/TR/xhtml1/DTD/xhtml1-transitional.dtd">
```

```
<html xmlns="http://www.w3.org/1999/xhtml">
<head>
<meta http-equiv="Content-Type" content="text/html; charset=gb2312" />
<title>字幕的滚动方向方式和速度</title> </head>
<body>
  <h3 style="text-align:center">字幕的滚动方向方式和速度</h3>
  <hr>
  <marquee scrollamount="2" scrolldelay="20" >我向左无穷循环，速度慢</marquee>
  <marquee direction="right" loop="5" scrollamount="6" scrolldelay="4">
      我向右循环 5 次，速度快
  </marquee>
  <marquee direction="up" behavior="slide" >我只向上移动一次</marquee>
  <marquee direction="down" behavior="alternate" loop="5">
      我向下移动，上下往返 5 次
  </marquee>
</body></html>
```

2. 课堂练习

修改在 3.5 节中完成的小案例 teapage.html，在引用了 class 类选择符 mid_1_2 的 div 中增加滚动文字"茶爽添诗句，天清莹道心。只留鹤一只，此外是空林。"，要求如下：①移动方向向上；②移动速度为每次 5 像素；③移动延迟为 200 毫秒。4 句诗句使用 4 个段落添加，段落前后间距为 8px，文本字号为 16pt、隶书、深灰色#333，文本居中。

运行效果如图 4-11 所示。

图 4-11　添加滚动文字后的 teapage.html 页面运行效果

4.3.2　IE 浏览器播放背景音乐标记

标记可以将 MIDI、AVI、MP3 格式的音视频文件作为网页背景音乐播放：

```
<bgsound src="音乐文件URL" loop="播放次数" />
```

- src：指定音频文件的绝对或相对路径及文件名。
- loop：用数字指定播放次数，默认播放 1 次，取值-1 或 infinite 为无限循环。

【例 4-10】添加背景音乐：

```
<!DOCTYPE html PUBLIC "-//W3C//DTD XHTML 1.0 Transitional//EN"
 "http://www.w3.org/TR/xhtml1/DTD/xhtml1-transitional.dtd">
<html xmlns="http://www.w3.org/1999/xhtml">
<head>
<meta http-equiv="Content-Type" content="text/html; charset=gb2312" />
<title>添加背景音乐</title>
<style type="text/css">
  body{ font:18pt 楷体_gb2312; color:navy;
    background:url("img/p4-2.jpg") no-repeat 100% 0%; } /*右上角对齐*/
  h1{ font-family:黑体; text-align:center; color:black; }
</style>
</head><body>
<bgsound src="img/1.mp3" loop="5" />
  <h1>水调歌头-明月几时有</h1> <hr />
  明月几时有？把酒问青天。<br>
  不知天上宫阙，今夕是何年。<br>
  我欲乘风归去，又恐琼楼玉宇，<br>
  高处不胜寒，起舞弄清影，何似在人间。<br>
  转朱阁，抵绮户，照无眠。<br>
  不应有恨，何事偏向别时圆。<br>
  人有悲欢离合，月有阴晴圆缺，此事古难全。<br>
  但愿人长久，千里共婵娟。<br>
</body><html>
```

页面效果如图 4-12 所示。

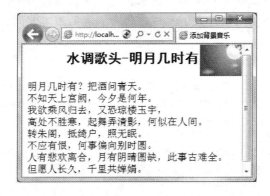

图 4-12　h4-10.html 页面

4.3.3　IE 浏览器播放多媒体标记<embed>

<embed>标记是一个行内标记，可以播放音频音乐 MP3、MID、WAV，视频电影 WMV、AVI、ASF、MPEG 和 SWF、Flash 动画等多媒体文件：

```
<embed src="多媒体文件URL" width="播放插件高度" height="播放插件宽度"
  hidden="是否隐藏播放插件" autostart="是否自动播放" loop="是否循环播放">
</embed>
```

- src：指定音频或视频文件的绝对或相对路径及文件名。
- hidden：是否隐藏播放面板，取值 false 或 no 不隐藏(默认)、true 隐藏。
- autostart：是否自动播放，取值 false 或 no 不自动播放(默认)、true 自动播放。
- loop：是否循环播放，取值 false 或 no 只播放一次(默认)、true 循环播放。
- type：指定播放文件的 MIME 类型，参数取值及含义如下。
  - ◆ audio/x-wav　　　　　　　WAV 音频
  - ◆ audio/basic　　　　　　　AU 音频
  - ◆ audio/mpeg　　　　　　　MP3、RM 音频
  - ◆ audio/midi　　　　　　　MID 音频
  - ◆ audio/x-ms-wma　　　　　WMA 音频
  - ◆ audio/x-pn-realaudio-plugin　RealAudio
  - ◆ video/x-msvideo　　　　　AVI
  - ◆ video/x-ms-wmv　　　　　WMV
  - ◆ video/mpeg　　　　　　　MPEG 视频
  - ◆ video/quicktime　　　　　QuickTime
- wmode：指定播放模式，默认不透明，transparent 透明。

> **注意：** <embed>为 IE 浏览器标记，其他浏览器可能不支持或者不能全部支持。对 Flash 动画文件若不设置 width、height，则采用原图尺寸；对视频文件，若不指定播放插件大小，会采用默认插件尺寸；而对音频文件，若不指定播放插件大小，则播放器不可见，但会占据页面固定的空间。如果指定了播放插件大小，但使用 hidden="true" 隐藏播放插件，则播放插件大小无效，仍占据页面固定空间。

【例 4-11】播放音频文件、Flash 文件：

```
<!DOCTYPE html PUBLIC "-//W3C//DTD XHTML 1.0 Transitional//EN"
  "http://www.w3.org/TR/xhtml1/DTD/xhtml1-transitional.dtd">
<html xmlns="http://www.w3.org/1999/xhtml">
<head>
<meta http-equiv="Content-Type" content="text/html; charset=gb2312" />
<title>播放音频、flash 文件</title> </head>
<body>
  <h3>隐藏、自动循环播放音频文件</h3>
  <embed src="img/1.mp3" width="400" height="40"
```

```
        hidden="false" autostart="true" loop="true" ></embed>
    <h3>播放 flash 文件</h3>
    <embed src="img/3.swf" width="600" height="200" ></embed>
</body></html>
```

第一个<embed>播放音频，由于设置隐藏，所以设置插件大小无效，仍占据默认的固定空间，如图 4-13 所示。去掉 hidden="true"或改为 false，则会按指定大小显示播放器，如图 4-14 所示，此时若只去掉 width、height，则相当于隐藏播放器。

图 4-13　隐藏播放器的页面　　　　　图 4-14　显示音频播放器的页面

4.4　XHTML 播放多媒体标记

将图像或多媒体音频或视频文件包含到网页中最简单、最可靠的方法是使用超链接标记<a>链接到这些文件，就像链接另一个 HTML 文件。当用户单击链接文本时，可以直接显示播放，或提示"打开"或"保存"这些文件。

将多媒体信息嵌入到网页中的标记是<object>。

4.4.1　嵌入对象标记<object><param>

<object>标记可定义一个嵌入页面的多媒体或 Applet 对象，由于并不是所有浏览器都支持<object>标记(如 Opera 浏览器对<object>不显示任何内容)，因此<object>同时提供了一个所有浏览器都能支持的解决方案：如果不能显示<object>，则执行标记内的代码，就是说，可以在<object>标记内嵌套针对不同浏览器的<object>或<embed>，作为候补替换文本，实现最大程度地与浏览器兼容。

1．嵌入播放器对象标记<object>

<object>标记可位于<head>或<body>标记内，语法格式如下：

```
<object 首选嵌入对象标记>
    <param 为嵌入对象提供参数 />
    <object 第一备用嵌入对象标记> </object>
    <embed 其他备用替换标记> </embed>
</object>
```

- classid：指定浏览器引用播放器对象的 URL，通常是 Java 类的 ID。
- width/height：指定嵌入对象的宽度、高度。
- name：指定对象的唯一名称，以便在脚本中使用。
- codetype：指定 classid 所引用代码的 MIME 类型。
- codebase：指定嵌入对象 URL 的基准 URL。
- standby：指定嵌入对象在加载过程中所显示的文本。
- archive：指定与对象相关的资源文件 URL 列表，空格分隔。
- data：指定对象需要处理的数据文件的 URL。
- type：指定 data 指定文件的数据 MIME 类型。
- declare：指定对象仅可被声明，不能创建，直到得到应用。
- usemap：指定与对象一同使用的客户端图像映射的 URL。

2．为嵌入对象提供参数的标记<param />

<param />标记必须在<object>或<applet>标记内使用，每一个<param />标记可为包含它的<object>或<applet>对象提供一个参数：

```
<param name="参数名称—键名" value="参数值—键值" />
```

- name：指定参数名称。
- value：指定参数值。
- src||url||movie：针对不同播放器，不可同时使用。
  - src：指定 RealPlayer 播放器播放的音频或视频文件 URL。
  - url：指定 Media Player 播放器播放的音频或视频文件 URL。
  - movie：指定 Flash 播放器播放的 Flash 文件 URL，一般使用 src。
- controls||uiMode：针对不同播放器，不可同时使用。
  - controls：指定 RealPlayer 播放器用的按钮，默认 All，全部界面元素可用。
  - uiMode：指定 Media Player 播放器用的按钮，默认 Full，全部界面元素可用。
- loop：指定是否循环播放，false(默认)、true。
- autostart：指定是否自动播放，false(默认)、true。
- type：指定播放文件的 MIME 类型、参数取值及含义。
  - audio/x-wav   WAV 音频
  - audio/basic   AU 音频
  - audio/mpeg   MP3、RM 音频
  - audio/midi   MID 音频
  - audio/x-ms-wma   WMA 音频
  - audio/x-pn-realaudio-plugin   RealAudio
  - video/x-msvideo   AVI
  - video/x-ms-wmv   WMV
  - video/mpeg   MPEG 视频
  - video/quicktime   QuickTime
- wmode：指定播放模式，默认不透明，transparent 透明。

4.4.2　用<object>播放 Flash 文件

Flash 文件播放器的 classid 属性值为 D27CDB6E-AE6D-11cf-96B8-444553540000。

【例 4-12】播放 Flash 文件，第一幅不透明，第二幅采用透明，在背景图片上播放。可以去掉<embed>标记单独使用<object>标记，也可以单独使用<embed>标记查看结果。

页面代码如下(运行结果如图 4-15 所示):

```
<!DOCTYPE html PUBLIC "-//W3C//DTD XHTML 1.0 Transitional//EN"
  "http://www.w3.org/TR/xhtml1/DTD/xhtml1-transitional.dtd">
<html xmlns="http://www.w3.org/1999/xhtml">
<head>
<meta http-equiv="Content-Type" content="text/html; charset=gb2312" />
<title>播放 flash 文件</title> </head>
<body>
  <h3>正常播放不透明 flash 文件</h3>
  <object classid="clsid:D27CDB6E-AE6D-11cf-96B8-444553540000"
        width="770" height="150">
   <param name="src" value="img/logo.swf" />
   <embed src="img/logo.swf" width="770" height="150"></embed>
  </object>
  <h3>在背景图片上播放透明 flash 文件，产生动画效果</h3>
  <div style="background:url(img/logo.jpg) no-repeat;">
    <object classid="clsid:D27CDB6E-AE6D-11cf-96B8-444553540000"
        width="770" height="150">
     <param name="src" value="img/logo.swf" />
     <param name="wmode" value="transparent" />
     <embed src="img/logo.swf" width="770" height="150"
       wmode="transparent" >
     </embed>
    </object>
  </div>
</body></html>
```

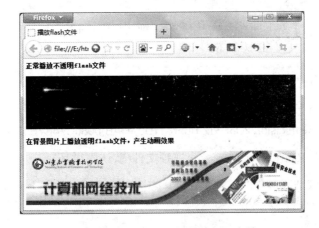

图 4-15　用<object>播放 Flash 文件

4.4.3 <object>使用 RealPlayer 播放器

RealPlayer 播放器 classid 的属性值是 22D6F312-B0F6-11D0-94AB-0080C74C7E95。
使用 RealPlayer 播放器时，编写如下代码：

```
<param name="src" value="文件 URL" />     指定播放文件的 URL
<param name="controls" value="All" />    指定播放器显示使用的按钮
```

【例 4-13】使用 RealPlayer 自动循环播放音频文件：

```
<!DOCTYPE html PUBLIC "-//W3C//DTD XHTML 1.0 Transitional//EN"
  "http://www.w3.org/TR/xhtml1/DTD/xhtml1-transitional.dtd">
<html xmlns="http://www.w3.org/1999/xhtml">
<head>
<meta http-equiv="Content-Type" content="text/html; charset=gb2312" />
<title>使用 RealPlayer 播放音频</title>
<body>
  <p>本页面使用 RealPlayer 媒体播放器，如果不能显示可能您还没有安装<br />
  <a href="http://realplayer.cn.real.com/">点击这里</a>可以免费下载。</p>
  <object classid="clsid:22D6F312-B0F6-11D0-94AB-0080C74C7E95"
    width="500" height="40">
    <param name="type" value="audio/mpeg" />
    <param name="src" value="img/2.rm" />
    <param name="loop" value="true" />
    <param name="autostart" value="true" />
    <embed type="audio/mpeg" src="img/2.rm"
      width="500" height="100" loop="true" autostart="true" />
  </object>
</body>
</html>
```

页面运行结果如图 4-16 所示(注意，不同浏览器下看到的播放器效果可能不同)。

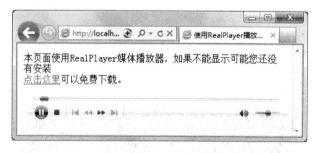

图 4-16　使用 clsid:22D6F312-B0F6-11D0-94AB-0080C74C7E95 播放音频

【例 4-14】使用 RealPlayer 播放一次视频文件(默认不循环)：

```
<!DOCTYPE html PUBLIC "-//W3C//DTD XHTML 1.0 Transitional//EN"
  "http://www.w3.org/TR/xhtml1/DTD/xhtml1-transitional.dtd">
<html>
  <head> <title>使用 RealPlayer 播放视频</title> </head>
  <body>
```

```
<h3>使用 RealPlayer 播放视频文件</h3>
<p> <object classid="clsid:22D6F312-B0F6-11D0-94AB-0080C74C7E95"
        width="500" height="350">
   <param name="type" value="video/x-ms-wmv" />
   <param name="src" value="img/搞笑.MPA" />'
   <param name="autostart" value="true" />
   <embed type="video/x-ms-wmv" src="img/搞笑.MPA"
     width="500" height="350" />
   </object>
</p>
</body>
</html>
```

4.4.4　<object>使用 Media Player 播放器

Media Player 播放器 classid 的属性值是 6BF52A52-394A-11d3-B153-00C04F79FAA6。
使用 Media Player 播放器时，编写如下代码：

```
<param name="url" value="文件 URL" />       指定播放文件的 URL
<param name="uiMode" value="full" />        指定播放器显示使用的按钮
```

【例 4-15】使用 Media Player 自动循环播放音频文件：

```
<!DOCTYPE html PUBLIC "-//W3C//DTD XHTML 1.0 Transitional//EN"
  "http://www.w3.org/TR/xhtml1/DTD/xhtml1-transitional.dtd">
<html>
  <head> <title>使用 Media Player 播放音频</title> </head>
  <body>
    <p>本页面使用 Media Player 媒体播放器，如果不能显示可能您还没有安装<br />
      <a href="http://www.microsoft.com/windows/windowsmedia/cn/">
        点击这里</a>可以免费下载。</p>
    <p> <object classid="clsid:6BF52A52-394A-11d3-B153-00C04F79FAA6"
            width="500" height="200">
       <param name="type" value="audio/mpeg" />
       <param name="url" value="img/宁夏.mp3" />
       <param name="loop" value="true" />
       <param name="autostart" value="true" />
       <embed type="audio/mpeg" src="img/宁夏.mp3"
         width="500" height="200"
         loop="true" autostart="true" />
       </object>
    </p>
  </body>
</html>
```

【例 4-16】使用 Media Player 播放一次视频文件(默认不循环)：

```
<!DOCTYPE html PUBLIC "-//W3C//DTD XHTML 1.0 Transitional//EN"
  "http://www.w3.org/TR/xhtml1/DTD/xhtml1-transitional.dtd">
<html>
```

```
<head> <title>使用 Media Player 播放视频</title> </head>
<body>
  <h3>使用 Media Player 播放视频文件</h3>
  <p> <object classid="clsid:6BF52A52-394A-11d3-B153-00C04F79FAA6"
     width="500" height="350">
    <param name="type" value="video/x-ms-wmv" />
    <param name="url" value="img/风扇.avi" />
    <param name="autoStart" value="true" />
    <embed type="video/x-ms-wmv" src="img/风扇.avi"
      width="500" height="350" autostart="true" > </embed>
  </object>
  </p>
</body>
</html>
```

4.4.5 用<object>自动嵌入合适的播放器

在现实中，不同用户会安装不同的播放器，一般情况下，大部分 Windows 用户都会安装 Windows Media Player，而其他操作系统则通常安装 QuickTime、RealPlayer 或两者兼有。

我们可以用 JavaScript 代码检测用户机器的浏览器版本，如果是 Windows IE 用户，则自动设置为 Windows Media Player 播放器，否则设置为 RealPlayer 播放器：

```
<script type="text/javascript">
   if (navigator.appVersion.indexOf("Win") != -1)
       //使用 Windows Media Player 播放器
   else  //使用 RealPlayer 播放器
</script>
```

【例 4-17】自动选择播放器：

```
<!DOCTYPE html PUBLIC "-//W3C//DTD XHTML 1.0 Transitional//EN"
  "http://www.w3.org/TR/xhtml1/DTD/xhtml1-transitional.dtd">
<html>
  <head> <title>自动选择播放器</title> </head>
  <body>
   <h3>自动选择播放器</h3>
   <p> <script type="text/javascript">
       if (navigator.appVersion.indexOf("Win") != -1)
        document.write(
         "<object classid='clsid:6BF52A52-394A-11d3-B153-00C04F79FAA6'
width='500' height='350'><param name='type' value='video/x-ms-wmv' /><param
name='url' value='img/风扇.avi' /><param name='uiMode' value='full' /><param
name='autoStart' value='true' /><embed width='500' height='350'
type='video/x-ms-wmv' src='img/风扇.avi' controls='All' autostart='true'
/></object>");
       else document.write(
         "<object classid='clsid:22D6F312-B0F6-11D0-94AB-0080C74C7E95'
width='500' height='350'><param name='type' value='video/x-ms-wmv' /><param
name='src' value='img/风扇.avi' /><param name='controls' value='All'
```

```
/><param name='autostart' value='true' /><param name='prefetch'
value='false' /><embed width='500' height='350' type='video/x-ms-wmv'
src='img/风扇.avi' controls='All' autostart='true' /></object>");
    </script> </p>
  </body>
</html>
```

4.5 习　　题

操作题

(1) 设置如下形式的滚动文字，保存为 exec4-1.html。

① 由左向右一圈一圈绕着走的滚动文字：看，我一圈一圈绕着走！

② 由右向左滑动一次的文字：呵呵，我只走一趟！

③ 由左向右来回滑动的文字：哎呀，我碰到墙壁就回头！

(2) 设置如图 4-17 所示的表单页面。

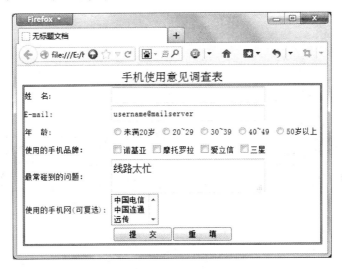

图 4-17　表单页面

第 5 章　盒子的定位

【学习目的与要求】

知识点

- 相对定位的样式定义及定位的原则。
- 绝对定位的样式定义及定位的原则。
- 元素定位的混合应用。
- 层叠的概念。

难点

- 相对定位的样式定义及定位的原则。
- 绝对定位的样式定义及定位的原则。
- 元素定位的混合应用。

5.1　布局定位属性 position

布局就是将元素放置在页面的指定位置，联合使用定位、浮动可创建按列布局、重叠、表格等多种布局效果。

CSS 有三种布局机制：普通文档流布局(默认)、定位布局与浮动布局。

普通文档流就是由浏览器自动定位，默认从上到下依次排列 HTML 文档中的元素，使用普通文档流无法随意改变元素在页面中的位置。

使用 CSS 中的定位布局可以对任何元素进行定位，可以按浏览器窗口或父元素的坐标定位，也可以相对自己原来的位置定位。定位样式属性见表 5-1。

表 5-1　定位样式属性

定位样式属性	取值和描述
position:定位方式; ——应配合 left、right、top、bottom 使用	static：自动定位(默认)、fixed：固定定位 relative：相对定位、absolute：绝对定位
left:　左侧偏移量; right:　右侧偏移量; top:　顶端偏移量; bottom:下端偏移量;	auto：自动(默认) 带不同单位的数值、百分比% 必须配合 position 使用，对不同定位方式偏移量的取值和含义有所不同
z-index:层空间层叠等级;	对于定位的层，设置其 z 轴方向的取值，从而设置多个层的层叠效果，值越大越靠前

5.1.1　自动定位 static

自动定位就是元素在页面普通文档流中由 HTML 自动定位,普通文档流中的元素也称为流动元素。自动定位(默认方式):

```
position:static;
```

自动定位时 top、bottom、left、right 样式设置无效。

5.1.2　相对定位 relative

1. 相对定位的样式应用及说明

相对定位:

```
position:relative;
```

设置相对定位时,需要使用 left|right、top|bottom 来设置盒子的某个顶点的坐标,若设置的是 left 和 top 两个值,则对应左上角顶点坐标;若设置的是 left 和 bottom 两个值,则对应左下角顶点坐标;若设置的是 right 和 top,则对应右上角顶点坐标;若设置的是 right 和 bottom,则对应右下角顶点坐标。取值可以使用带单位的数值或相对父元素大小的百分比%,若没有设置,默认 left 和 top 取值都为 0。

- left　　正值:左边向内——向右移动;负值:左边向外——向左移动。
- right　　正值:右边向内——向左移动;负值:右边向外——向右移动。
- top　　正值:上边向内——向下移动;负值:上边向外——向上移动。
- bottom　正值:下边向内——向上移动;负值:下边向外——向下移动。

例如,left:20px; 元素左边框右移 20 像素。left:-20px; 元素左边框左移 20 像素。

2. 相对定位的应用举例

【例 5-1】定义三个宽度都是 240px,高度都是 50px,填充 0,上下边距 5px,左右边距 0,边框都是 1px、黑色实线的盒子,设置三个盒子的背景色分别是红色#f00、绿色#0f0、蓝色#00f,在页面中按照顺序添加三个盒子。代码如下:

```
<!DOCTYPE html PUBLIC "-//W3C//DTD XHTML 1.0 Transitional//EN"
  "http://www.w3.org/TR/xhtml1/DTD/xhtml1-transitional.dtd">
<html xmlns="http://www.w3.org/1999/xhtml">
<head>
<meta http-equiv="Content-Type" content="text/html; charset=gb2312" />
<title>无标题文档</title>
<style type="text/css">
  .box{width:240px; height:50px; padding:0; margin:5px 0;}
  .box1{background:#f00; border:1px solid #000;}
  .box2{background:#0f0; border:1px solid #000;}
  .box3{background:#00f; border:1px solid #000;}
</style>
</head><body>
```

```
    <div class="box box1"></div>
    <div class="box box2"></div>
    <div class="box box3"></div>
</body></html>
```

运行效果如图 5-1 所示。修改 box2 的样式，增加相对定位的应用代码：

```
position:relative; left:20px; top:20px;
```

运行效果如图 5-2 所示(仔细观察 left 和 top 取值 20px 的移动效果，是从什么位置开始移动的？)。

图 5-1　普通流盒子的排列

图 5-2　相对定位盒子的效果

修改 box2 的样式，增加 z-index:-1;之后，运行效果如图 5-3 所示，应用 z-index:-1 将盒子 box2 置于普通页面元素的后方。

设置 left 和 top 取值都是 0 或者不设置 left 与 top 时的效果如图 5-4 所示。

图 5-3　设置 z-index:-1 之后的效果

图 5-4　设置 left 和 top 为 0 的效果

3. 相对定位的原则说明

相对定位就是让元素(可以是行内元素)相对于它在正常文档流中的原位置按 left、right、

top 和 bottom 的偏移量移动到新位置。

具体原则总结如下：

- 相对定位元素移动后仍保持原来的外观及大小。
- 移动定位后不占据新空间，而是与新位置原有的元素重叠，但该元素在文档流中原来的空间将被保留。就是说，相对定位元素仍占据原有空间，其他元素保留在自己原来的位置上。
- 相对定位用 left、right、top 和 bottom 指定相对自己原位置移动的偏移量，即相对定位时，系统将该元素定位之前所在位置的左上角顶点视为(0,0)坐标点。

例如：

```
position:relative; left:350px; bottom:150px;
```

则该元素相对原位置左边右移 350px、下边上移 150px，原空间被保留。

4. 相对定位元素的居中

相对定位的元素仍旧可以使用 margin:x auto;设置居中。

【例 5-2】设置相对定位的盒子 box2 的居中效果。

代码如下：

```
<!DOCTYPE html PUBLIC "-//W3C//DTD XHTML 1.0 Transitional//EN"
   "http://www.w3.org/TR/xhtml1/DTD/xhtml1-transitional.dtd">
<html xmlns="http://www.w3.org/1999/xhtml">
<head>
<meta http-equiv="Content-Type" content="text/html; charset=gb2312" />
<title>无标题文档</title>
<style type="text/css">
  .box{width:240px; height:50px; padding:0; margin:5px auto;}
  .box1{background:#f00; border:1px solid #000;}

  .box2{background:#0f0; border:1px solid #000;
    position:relative; left:30px; top:20px;}

  .box3{background:#00f; border:1px solid #000;}
</style>
</head>
<body>
  <div class="box box1"></div>
  <div class="box box2">这是相对定位并居中的盒子，left 为 30px，top 为 20px</div>
  <div class="box box3"></div>
</body>
</html>
```

运行效果如图 5-5 所示。

设置盒子相对定位并居中，实际上是先将盒子在指定空间内居中，然后再根据定位坐标将盒子进行偏移。

另外，设置了浮动的盒子也可以使用相对定位。

图 5-5　相对定位并居中的盒子

5.1.3　绝对定位 absolute

1. 绝对定位的样式应用及说明

绝对定位：

```
position:absolute;
```

设置绝对定位时，必须要使用 left|right、top|bottom 来设置盒子的某个顶点的坐标，同时，也可以使用 z-index 来设置定位的元素与其他页面元素的覆盖关系。

2. 绝对定位的应用举例

【例 5-3】在例 5-1 的基础上，修改 box2 的样式，将其上下边距设置为 0，使用绝对定位，left 和 top 都设置为 0，代码如下：

```
<!DOCTYPE html PUBLIC "-//W3C//DTD XHTML 1.0 Transitional//EN"
  "http://www.w3.org/TR/xhtml1/DTD/xhtml1-transitional.dtd">
<html xmlns="http://www.w3.org/1999/xhtml">
<head>
<meta http-equiv="Content-Type" content="text/html; charset=gb2312" />
<title>无标题文档</title>
<style type="text/css">
  .box{width:240px; height:50px; padding:0; margin:5px 0;}
  .box1{background:#f00; border:1px solid #000;}
  .box2{width:200px; height:40px; margin:0; background:#0f0;
    border:1px solid #000; position:absolute; left:0px; top:0px;}
  .box3{background:#00f; border:1px solid #000;}
</style>
</head>
<body>
  <div class="box box1"></div>
  <div class="box box2">这是绝对定位的盒子，left 和 top 都是 0</div>
  <div class="box box3"></div>
</body>
</html>
```

运行效果如图 5-6 所示。从图 5-6 中得到如下结论：

- box2 原来占用的空间已经被在 HTML 文档代码中位于其下方的元素 box3 所占用。
- box2 定位的坐标取用的是浏览器窗口的坐标。

【例 h5-3-1.html】将 box2 放在 box3 的内部，作为 box3 的子元素，页面主体部分代码修改如下：

```
<body>
  <div class="box box1"></div>
  <div class="box box3">这是 box3
    <div class="box box2">绝对定位的 box2，放在未定位的 box3 中</div>
  </div>
</body>
```

运行效果如图 5-7 所示。

图 5-6 浏览器中绝对定位的盒子   图 5-7 绝对定位的 box2 放在未定位的 box3 中

【例 h5-3-2.html】重新定义 box2 的样式，将 left 改为 0，top 改为 20px；重新定义 box3 的高度是 80px，上下边距为 0，绝对定位，left 为 20px，top 为 30px，仍旧将 box2 作为 box3 的子元素，代码如下：

```
<!DOCTYPE html PUBLIC "-//W3C//DTD XHTML 1.0 Transitional//EN"
  "http://www.w3.org/TR/xhtml1/DTD/xhtml1-transitional.dtd">
<html xmlns="http://www.w3.org/1999/xhtml">
<head>
<meta http-equiv="Content-Type" content="text/html; charset=gb2312" />
<title>无标题文档</title>
<style type="text/css">
  *{font-size:10pt;}
  .box1{width:240px; height:50px; padding:0; margin:5px 0;background:#f00;
    border:1px solid #000;}
  .box2{width:200px; height:40px; padding:0; margin:0; background:#0f0;
    border:1px solid #000; position:absolute; left:0px; top:20px;}
  .box3{width:240px; height:80px; padding:0; margin:0; background:#00f;
    border:1px solid #000; position:absolute; left:20px; top:30px;}
</style>
</head><body>
```

```
<div class="box1"></div>
<div class="box3">这是 box3, 采用绝对定位
   <div class="box2">这是 box3 的子元素 box2, 绝对定位坐标是(0,20)</div>
</div>
</body></html>
```

运行效果如图 5-8 所示。从图 5-8 中得到结论:

● 将绝对定位的 box2 放在没有定位的 box3 中,实际效果是, box2 仍旧直接在浏览器窗口中进行定位。

● 将绝对定位的 box2 放在绝对定位的 box3 中, box2 的定位坐标是参照 box3 的左上角顶点来确定的。

【例 h5-3-3.html】在例 h5-3-2.html 的基础上,将 box3 改为相对定位,则运行效果如图 5-9 所示。

图 5-8　绝对定位的 box2 放在绝对定位的 box3 中　　图 5-9　绝对定位的 box2 放在相对定位的 box3 中

从图 5-9 中得到的结论:将绝对定位的 box2 放在相对定位的 box3 中, box2 的定位坐标是参照 box3 的左上角顶点来确定的。

3. 绝对定位的原则说明

绝对定位是将元素依据最近的已经定位(绝对、固定或相对定位)的父元素进行定位,若所有父元素都没有定位,则依据 body 根元素(浏览器窗口)进行定位,计算绝对定位元素的偏移量时,有以下三种情况:

● 当绝对定位元素没有父元素时,参照物是浏览器窗口。

● 当绝对定位元素包含在普通流的父容器内部时,参照物是浏览器窗口。

● 当绝对定位元素包含在绝对定位或相对定位的父容器内部时,参照物是父容器。

绝对定位的元素不论本身是什么类型,定位后都将成为一个新的块级盒框,如果未设置大小,默认自适应所包含内容的区域。

绝对定位的元素不占据页面空间,原空间被后继元素使用。就是说,定位后将重叠覆盖新位置的原有元素,它原来在正常文档流中所占的空间同时被关闭,就像该元素不存在一样。

绝对定位的位置可使用 left、right、top、bottom 属性之一指定元素相应外边距到已定位父元素(或浏览器)对应边框内侧的距离,如图 5-10 所示。

例如，在浏览器 4 个角各放置一个 width:40px; height:40px;的矩形盒框：

```
position:absolute; top:50px; left:50px;        左上角定位
position:absolute; top:50px; right:50px;       右上角定位
position:absolute; bottom:50px; right:50px;     右下角定位
position:absolute; bottom:50px; left:50px;      左下角定位
```

绝对定位元素定位之后，相对于父元素的位置不再发生变化，页面滚动时将随父元素一起滚动。

> **注意：** 若直接父元素不定位时，子元素将依据上级已定位的某个父元素(或浏览器)绝对定位，页面调整时，定位子元素相对于直接父元素的位置将会发生变化。因此，如果直接父元素不需要定位，而子元素必须根据直接父元素绝对定位时，可将父元素设置为相对定位，但不设偏移量(不失去空间也不影响位置)，即可保证子元素依据直接父元素准确定位。

4. 绝对定位元素的居中

在浏览器窗口中，绝对定位的元素除了能够设置在水平方向的居中，还能够设置其在垂直方向的居中效果，如图 5-11 所示。

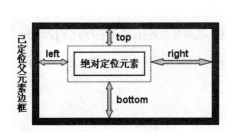

图 5-10　绝对定位的偏移量属性

图 5-11　绝对定位元素的居中

具体的方案说明如下：

● 使用绝对定位 left:50%与 margin-left 取宽度值的一半的负数形式设置水平居中。
● 使用绝对定位 top:50%与 margin-top 取高度值的一半的负数形式设置垂直居中。

【例 5-4】代码如下：

```
<!DOCTYPE html PUBLIC "-//W3C//DTD XHTML 1.0 Transitional//EN"
  "http://www.w3.org/TR/xhtml1/DTD/xhtml1-transitional.dtd">
<html xmlns="http://www.w3.org/1999/xhtml">
<head>
<meta http-equiv="Content-Type" content="text/html; charset=gb2312" />
<title>绝对定位元素的居中</title>
<style type="text/css">
  .box{width:200px; height:100px; padding:0; margin:0; background:#aaf;
```

```
position:absolute; left:50%; top:50%; margin-left:-100px;
margin-top:-50px;}
</style>
</head><body>
  <div class="box"></div>
</body></html>
```

5.1.4　固定定位 fixed

固定定位：

```
position:fixed;
```

固定定位与父元素无关(无论父元素是否定位)，直接根据浏览器窗口定位，且不随滚动条拖动页面而滚动。其余特点与绝对定位相同：行内元素固定定位后，将生成为新块级盒框、覆盖新位置原有的元素、在正常文档流中所占的原空间关闭，可被后继元素使用。

固定定位可用 left、right、top、bottom 指定浏览器对应边向中心的偏移量作为定位元素对应外边距的位置。

例如，在浏览器窗口 4 个角各放置一个 width:40px; height:40px;的矩形盒框：

```
position:fixed; top:50px; left:50px;           左上角定位
position:fixed; top:50px; right:50px;          右上角定位
position:fixed; bottom:50px; right:50px;        右下角定位
position:fixed; bottom:50px; left:50px;         左下角定位
```

注意：IE6 及以下版本不支持 position:fixed 固定定位。

【例 5-5】元素绝对与固定定位，注意拖动页面观察元素随页面的移动效果：

```
<!DOCTYPE html PUBLIC "-//W3C//DTD XHTML 1.0 Transitional//EN"
  "http://www.w3.org/TR/xhtml1/DTD/xhtml1-transitional.dtd">
<html xmlns="http://www.w3.org/1999/xhtml">
<head>
<meta http-equiv="Content-Type" content="text/html; charset=gb2312" />
    <title>元素的绝对、固定定位</title>
    <style type=text/css>
    h2 { font-family:黑体; text-align:center; }
    .box2 { width:40px; height:40px; border: 2px solid blue;
      background-color:cyan; position:fixed; }
    .d1{ top:30px; left:30px; }
    .d2{ top:30px; right:30px; }
    .d3{ bottom:30px; left:30px; }
    .d4{ bottom:30px; right:30px; }
    p {  border: 2px solid red;}
    .p1{ position:absolute;bottom:10%; right:10%; }
    </style>
</head>
<body>
    <h2>设置元素的绝对、固定定位</h2>
```

```
<div class="box2 d1"></div>
<div class="box2 d2"></div>
<div class="box2 d3"></div>
<div class="box2 d4"></div>
<p>  绝对定位是按父元素框或body页面的偏移量进行定位，固定定位是在浏
览器窗口中定位。本元素绝对定位但没有设置偏移量。<br />
         绝对定位或固定定位后都将生成新块级框、覆盖定位位置的元素，在文档流
中原来的空间被关闭，就像元素不存在，若不设置偏移量无效。</p>
<br /><br /><br /><br /><br /><br /><br /><br /><br />
<br /><br /><br /><br />
<br /><br /><br /><br /><br /><br /><br /><br />
<br /><br /><br /><br />
<p class="p1">绝对定位元素：bottom:10%; right:10%。 </p>
</body>
</html>
```

页面初始运行效果如图 5-12 所示(读者可自行将窗口调整小一些，观察效果)，拖动滚动条之后，看到的效果如图 5-13 所示。

图 5-12　h5-5.html 的初始运行效果

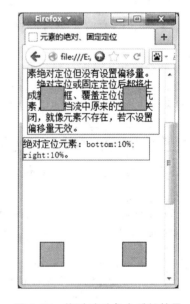

图 5-13　拖动滚动条之后的效果

5.2　盒子的浮动、相对定位和绝对定位的综合应用

访问很多网站的页面时，都会发现这样的应用：当用户将光标放置在某个热点上时，会在紧贴着该热点的左方、下方或者右方(当然也可以是上方)弹出一个菜单或者一个内容层，用户可以接着将光标移至该菜单或者内容层上对其进行相关操作，也可以将光标离开热点，隐藏菜单或者内容层，这是典型的弹出式二级导航方式的应用，当前在很多页面设计中，都可以应用这种技术，而不只是用在弹出式二级导航的设计中。例如某购物网站中，新品牌开售预告模块在页面刚刚加载时的运行效果如图 5-14 所示。

图 5-14　新品牌开售预告的初始效果

当用户将光标移至某个品牌上时，将会在该品牌图标的左侧弹出该品牌的简单信息，同时在品牌图标周边出现 4 个角的边框效果，如图 5-15 所示。

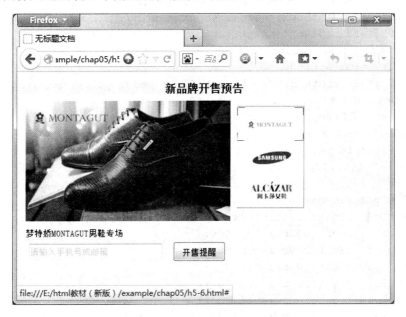

图 5-15　弹出产品信息的页面效果

实现上述功能时，通常都需要结合相对定位和绝对定位技术的综合应用，必要时，还需增加浮动的应用，此外，要按照要求显示或隐藏指定的层，还必须使用 js 脚本。

5.2.1　案例分析及方案说明

根据运行效果能够确定的因素：在移动鼠标时弹出的品牌信息必须使用绝对定位的盒子来设计，这是因为只有绝对定位的元素才能够脱离文档流，不占据页面空间而随意浮在其他元素的上方。

根据绝对定位元素的定位原则，要在绝对定位的盒子与其对应的热点元素之间永远保持着固定的位置关系，这种关系不因为窗口大小的变化而变化，需要将这两者都放在一个相对定位的盒子内部，由此确定的页面布局方案如下：定义一个相对定位的盒子，在其内部以浮动方式排列 9 个热点图片元素，设置图片元素的 id 为 img1~img9，存放图片元素的 div 的 id 为 divsmall1~divsmall9，以绝对定位的方式生成 9 个产品相关信息层，存放产品信息的 div 的 id 定义为 divbig1~divbig9，具体的定位坐标则根据页面需求来设定。

说明：这里所给定的方案并不是唯一的，读者可以自行采用其他方案来设计。

5.2.2 样式代码及说明

1. 创建样式文件

创建 c5-6.css 文件，代码如下：

```
1:  body{background:#eee;}
2:  h3{font-size:12pt; text-align:center;}
3:  .divw{width:300px; height:150px; padding:0; margin:0 auto;
     background:#fbfbfb; border:2px groove #fbfbfb; position:relative;}
4:  .divsmall{width:98px; height:48px; padding:1px; margin:0;float:left;}
5:  .divbig{width:310px; height:auto; padding:10px; margin:0;
     background:#fbfbfb; position:absolute;display:none;}
6:  .divbig p{margin:10px 0 0; font-size:10pt;}
7:  .divbig div{width:300px; height:30px; padding:5px; margin:0;
     background:#eee;}
8:  .txt{width:200px; height:22px; padding:0; margin:0; font-size:10pt;
     color:#ccc; vertical-align:middle; }
9:  .btn{width:80px; height:30px; padding:0; margin:0; font-size:10pt;
     line-height:30px; text-align:center; vertical-align:middle;}
10: #divbig1{ right:300px; top:-20px;}
11: #divbig2{ right:200px; top:-20px;}
12: #divbig3{ right:100px; top:-20px;}
13: #divbig4{ right:300px; top:0px;}
14: #divbig5{ right:200px; top:0px;}
15: #divbig6{ right:100px; top:0px;}
16: #divbig7{ right:300px; top:20px;}
17: #divbig8{ right:200px; top:20px;}
18: #divbig9{ right:100px; top:20px;}
```

2. 样式代码解释

第 3 行，盒子 divw 存放所有元素，设置为相对定位并水平居中，若是放在包含其他内容的页面中，则可以去掉水平居中，而将其设置为浮动，但是必须保留相对定位应用，宽度 300px，高度 150px，是根据内部横向并列排放的三个小图片的大小确定的，每个热点图片大小都是 98×48，都放在宽度是 98 像素、高度是 48 像素、4 个方向填充都是 1 像素的 div 内部，即每个 div 占据 100×50 大小的空间。

第 4 行，盒子 divsmall 用于存放一幅宽 98 像素高 48 像素的小图片，为其设置 4 个方向的填充都是 1 像素，是为了凸显其 4 个角的线框背景做准备的(如图 5-15 中梦特娇小图标 4 个角的小线框)。

第 5 行，盒子.divbig，用于存放品牌名称和一个文本框及"开售提醒"按钮，该盒子不占用页面空间，且要浮在其他元素的上方，所以需要定义为绝对定位，并且初始状态为隐藏。

第 6 行，定义在盒子 divbig 内部显示品牌名称的文字所在段落的相关样式。

第 7 行，定义在盒子 divbig 内部底端显示文本框和按钮的盒子的相关样式。

第 8 行和第 9 行，分别定义盒子 divbig 中的文本框和按钮的样式，两者都要使用 vertical-align:center;，这样才能保证将两个元素互设为垂直方向居中对齐的效果。

第 10 行到第 18 行，设置 9 个绝对定位盒子的坐标值，第一行三个盒子纵坐标都是 -20px，横坐标中 right 分别是 300px、200px 和 100px，这样能够保证这几个盒子紧贴在第一行中三个热点图片的左侧；第二行三个盒子纵坐标都是 0px，横坐标中 right 分别是 300px、200px 和 100px；第二行三个盒子的纵坐标都是 20px，横坐标中 right 分别是 300px、200px 和 100px。

5.2.3 页面代码

创建页面文件 h5-6.html，代码如下：

```
<!DOCTYPE html PUBLIC "-//W3C//DTD XHTML 1.0 Transitional//EN"
  "http://www.w3.org/TR/xhtml1/DTD/xhtml1-transitional.dtd">
<html xmlns="http://www.w3.org/1999/xhtml">
<head>
<meta http-equiv="Content-Type" content="text/html; charset=gb2312" />
<title>无标题文档</title>
<link type="text/css" rel="stylesheet" href="c5-6.css" />
<script type="text/javascript" src="j5-6.js"></script>
</head><body>
  <h3>新品牌开售预告</h3>
  <div class="divw">
    <div class="divsmall" id="divsmall1">
      <a href="#"><img src="images/small_1.jpg" width="98" height="48"
        id="img1" /></a>
    </div>
    <div class="divbig" id="divbig1">
      <img src="images/big_1.jpg" width="310" height="180" />
      <p>Crespignano 配件专场</p>
      <div>
        <input type="text" class="txt" value="请输入手机号或邮箱" /> 
        <input type="button" class="btn" value="开售提醒" />
      </div>
    </div>
    <div class="divsmall" id="divsmall2">
      <a href="#"><img src="images/small_2.jpg" width="98"
        height="48" id="img2" /></a>
    </div>
    <div class="divbig" id="divbig2">
      <img src="images/big_2.jpg" width="310" height="180" />
```

```
   <p>茜茜公主 SISI 女包专场</p>
   <div>
     <input type="text" class="txt" value="请输入手机号或邮箱" /> 
     <input type="button" class="btn" value="开售提醒" />
   </div>
</div>
<div class="divsmall" id="divsmall3">
   <a href="#"><img src="images/small_3.jpg" width="98"
     height="48" id="img3" /></a>
</div>
<div class="divbig" id="divbig3">
   <img src="images/big_3.jpg" width="310" height="180" />
   <p>梦特娇 MONTAGUT 男鞋专场</p>
   <div>
     <input type="text" class="txt" value="请输入手机号或邮箱" /> 
     <input type="button" class="btn" value="开售提醒" />
   </div>
</div>
<div class="divsmall" id="divsmall4">
   <a href="#"><img src="images/small_4.jpg" width="98"
     height="48" id="img4" /></a>
</div>
<div class="divbig" id="divbig4">
   <img src="images/big_4.jpg" width="310" height="180" />
   <p>先锋 Singfun 电暖专场</p>
   <div>
     <input type="text" class="txt" value="请输入手机号或邮箱" /> 
     <input type="button" class="btn" value="开售提醒" />
   </div>
</div>
<div class="divsmall" id="divsmall5">
   <a href="#"><img src="images/small_5.jpg" width="98"
     height="48" id="img5" /></a>
</div>
<div class="divbig" id="divbig5">
   <img src="images/big_5.jpg" width="310" height="180" />
   <p>德意志山峰 GERTOP 男鞋专场</p>
   <div>
     <input type="text" class="txt" value="请输入手机号或邮箱" /> 
     <input type="button" class="btn" value="开售提醒" />
   </div>
</div>
<div class="divsmall" id="divsmall6">
   <a href="#"><img src="images/small_6.jpg" width="98"
     height="48" id="img6" /></a>
</div>
<div class="divbig" id="divbig6">
   <img src="images/big_6.jpg" width="310" height="180" />
   <p>三星 SAMSUNG 净化器专场</p>
```

```
   <div>
      <input type="text" class="txt" value="请输入手机号或邮箱" /> 
      <input type="button" class="btn" value="开售提醒" />
   </div>
</div>
<div class="divsmall" id="divsmall7">
   <a href="#"><img src="images/small_7.jpg" width="98" height="48"
      id="img7" /></a>
</div>
<div class="divbig" id="divbig7">
   <img src="images/big_7.jpg" width="310" height="180" />
   <p>莎莎 sasa 旗下化妆品专场</p>
   <div>
      <input type="text" class="txt" value="请输入手机号或邮箱" /> 
      <input type="button" class="btn" value="开售提醒" />
   </div>
</div>
<div class="divsmall" id="divsmall8">
   <a href="#"><img src="images/small_8.jpg" width="98"
      height="48" id="img8" /></a>
</div>
<div class="divbig" id="divbig8">
   <img src="images/big_8.jpg" width="310" height="180" />
   <p>兰蔻 Lancome 化妆品专场</p>
   <div>
      <input type="text" class="txt" value="请输入手机号或邮箱" /> 
      <input type="button" class="btn" value="开售提醒" />
   </div>
</div>
<div class="divsmall" id="divsmall9">
   <a href="#"><img src="images/small_9.jpg" width="98"
      height="48" id="img9" /></a>
</div>
<div class="divbig" id="divbig9">
   <img src="images/big_9.jpg" width="310" height="180" />
   <p>阿卡莎 Alcazar 女鞋专场</p>
   <div>
      <input type="text" class="txt" value="请输入手机号或邮箱" /> 
      <input type="button" class="btn" value="开售提醒" />
   </div>
</div>
</div>
</body></html>
```

5.2.4　脚本代码

绝对定位的盒子 bigsmall1~bigsmall9 初始状态都是隐藏的，当用户将光标移动到某个热点图片上时，必须能够显示其对应的信息层，同时能够在热点图片周边显示背景效果；

将光标移走时，又必须能够再将该层隐藏，同时去掉背景效果。

创建 j5-6.js 文件，代码如下：

```
onunload=function() {};
onload=function(){
    this.onmouseover=showOrHideDiv;  //鼠标移入的对象
}

function showOrHideDiv(evt){
    var e=evt || window.event; //获取事件操作的图片对象
    var divId=e.target.id || e.srcElement.id;  //获取图片对象的id
    var num=divId.charAt(3);  //获取图片id取值中第二个字符的数字序号

    //获取指定序号的大盒子
    var divbig=document.getElementById('divbig'+num);
    //获取指定序号的小盒子
    var divsmall=document.getElementById('divsmall'+num);
    divsmall.style.backgroundImage='url(images/bg.png)';//设置小盒子的背景
    divbig.style.display='block';  //设置大盒子显示
    divbig.onmouseover=function(){  //设置鼠标进入大盒子时的操作
        this.style.display='block';  //设置大盒子显示
        //设置小盒子背景
        divsmall.style.backgroundImage='url(images/bg.png)';
    }
    divbig.onmouseout=function(){ //设置鼠标离开大盒子时的操作
        this.style.display='none'; //设置大盒子隐藏
        divsmall.style.backgroundImage=''; //设置小盒子的背景为空
    }
    this.onmouseout=function(){ //设置鼠标离开小盒子时的操作
        divbig.style.display='none'; //设置大盒子隐藏
        divsmall.style.backgroundImage=''; //设置小盒子背景为空
    }
}
```

5.3 元素的层叠等级

元素定位或浮动后，会造成与其他元素的重叠，多个元素的重叠就有了层的概念，最初<div>就称为层标记，实际上任意元素在定位、浮动后与其他元素重叠时包括被覆盖的元素都会成为层元素。

元素重叠时默认按 HTML 文档顺序依次向上堆放，代码在前则为底层，后面元素覆盖在先前元素的上方。使用 z-index 属性可设置元素重叠时的层叠顺序。

```
z-index:层叠等级;
```

该属性值可以是任意正负整数，不需要从 0 开始也不需要连续，数值大的元素叠放在数值小的元素之上，默认值 auto 采用父元素设置，父元素未设置则按 HTML 文档顺序层叠。

例如，设置层空间及文字的阴影效果：

```
<!DOCTYPE html PUBLIC "-//W3C//DTD XHTML 1.0 Transitional//EN"
  "http://www.w3.org/TR/xhtml1/DTD/xhtml1-transitional.dtd">
<html xmlns="http://www.w3.org/1999/xhtml">
<head>
<meta http-equiv="Content-Type" content="text/html; charset=gb2312" />
<title>无标题文档</title>
<style type=text/css>
  .text { font-family:黑体; font-size:35px;
   position:absolute; }  /* 绝对定位 */
  .d1 { color:black; top:22px; left:34px; z-index:1; }
  .d2 { color:red;  top:20px; left:31px; z-index:2; }
  .div { width:300px; height:100px; position:relative; }   /* 相对定位 */
  .first  { background:#C90; top:60px; left:60px; z-index:1; }
  .second { background:#09C; top:20px; left:10px; z-index:2; }
</style>
</head><body>
  <div class="text d1">使用层的阴影效果！</div>
  <div class="text d2">使用层的阴影效果！</div>
  <div class="div first">第一个元素</div>
  <div class="div second">第二个元素</div>
</body></html>
```

本例设置层叠顺序与 HTML 文档默认顺序一致，层叠属性可以省略，运行结果如图 5-16 所示。如果将层 first 的 z-index 值 1 改为 5，则运行结果如图 5-17 所示。

图 5-16　文档默认层叠顺序

图 5-17　更改层叠值后的层叠顺序

5.4 习　　题

操作题

使用 DIV+CSS 制作出一个如图 5-18 所示的水平、垂直都居中的红色十字架，其中水平条宽度为 880 像素，高度为 40 像素，垂直条宽度为 80 像素，高度为 460 像素。具体要求如下。

(1) 使用 2 个 div 完成。

(2) 使用 5 个 div 完成。

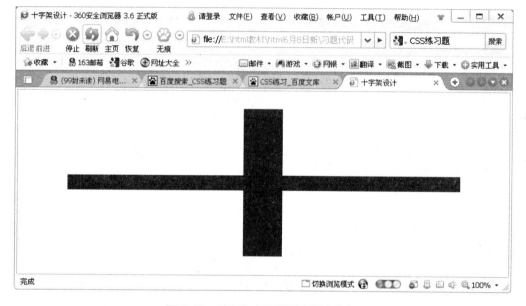

图 5-18　垂直和水平都居中的十字架

第 6 章　JavaScript 基础

【学习目的与要求】

知识点

- 脚本中常量、变量、表达式、运算符和数组的应用。
- 脚本中的语法与流程控制语句。
- 脚本中自定义函数及事件处理的应用。
- 页面错误提示的常用做法。

难点

- 脚本中的函数定义。
- 脚本中的事件处理应用。

6.1　JavaScript 语言概述

JavaScript 最早由 Netscape 公司开发，从 1996 年开始，已经被所有 Netscape 和 Microsoft 的浏览器支持。

JavaScript 的真实名称应该是"ECMAScript"，ECMA-262 是正式的 JavaScript 标准，1998 年成为国际 ISO 标准。

在概念和设计方面，Java 和 JavaScript 是两种完全不同的语言，Java 是面向对象的程序设计语言，用于开发企业应用程序，而 JavaScript 是在浏览器中执行、只有简单语法的 HTML 脚本描述语言，用于开发客户端浏览器的应用程序，实现用户与浏览器的动态交互，将动态效果嵌入页面中。

JavaScript 代码可直接嵌入 HTML 文件，也可以单独创建.js 外部文件供 HTML 文档引用，后者易于维护、可移植、可通用。

> **注意：** JavaScript 代码中有语法错误时，浏览器会拒绝执行，一般仅在状态栏显示"页面上有错误"，但不会给出任何关于错误信息的提示。

6.1.1　JavaScript 语言的特点

1. 基于对象

JavaScript 是一种基于对象、解释执行的脚本语言，可直接使用浏览器提供的内置对象，也可创建和使用自己的对象。

2．简单性

JavaScript 是一种弱类型语言，没有 Java 语言固定的强数据类型，无需事先声明即可直接使用变量，而且同一变量在不同时刻可以储存任意不同类型的数据。

3．动态性

JavaScript 是一种以事件驱动方式运行的语言，可直接响应客户对页面的操作，而无需提交服务器端进行处理。

4．与平台无关性

JavaScript 代码随同 HTML 文件一同发送下载到客户机器上，它的运行只依赖浏览器本身，与客户机器的操作系统、安装环境无关。

5．JavaScript 的功能

JavaScript 的功能可以总结如下：
- 可以检测客户机器的浏览器版本，并能根据不同的浏览器装载不同的页面内容。
- 可以读取、改变并创建页面的 HTML 元素，动态改变页面的内容。
- 可以对客户的操作事件做出响应，仅当事件发生时才执行事件函数的代码。
- 可以在提交给服务器之前对数据进行语法检查，避免向服务器提交无效数据。
- 可以创建标识客户的 cookies。

6.1.2　JavaScript 的使用

1．在 HTML 页面中嵌入 JavaScript 代码

在 HTML 页面中必须使用<script>标记嵌入 JavaScript 代码：

```
<script type="text/javascript">
 ... JavaScript 代码
</script>
```

<script>标记可以放在<head>中，也可以放在<body>页面中的任意位置，在<head>中的JavaScript 代码会在页面内容载入显示之前执行，一般用于书写函数代码。在<body>中的JavaScript 代码在页面内容载入显示到对应位置时方被执行，一般用于生成页面内容。

> **注意：**用<script>标记嵌入 HTML 文档中的 JavaScript 代码只适用于当前页面，不能实现代码重用和移植，也不便于维护。

2．在 HTML 页面中引用 JavaScript 外部文件

JavaScript 脚本代码可以单独保存为外部文件，文件后缀必须是.js，文件中直接书写代码，不能包含<script>标记。

外部 JavaScript 脚本文件可以被多个 HTML 文档引用，可实现代码重用、移植，便于

维护。

　　HTML 文档可在<head>内单独用<script>标记的 src 属性引用外部 JavaScript 文件：

```
<script type="text/javascript" src="相对路径/JavaScript 外部文件.js" >
</script>
```

　　【例 6-1】JavaScript 的简单应用。加载页面时，用 alert()函数创建并弹出对话框，单击按钮也会弹出相应的对话框。

(1)　单独创建 JavaScript 外部文件 j6-1.js：

```
alert("欢迎使用 Javascript 外部文件 j6-1.js");
function fun1()        //按钮 1 单击事件函数
{ alert("您单击了按钮 1\n— JavaScript 可以帮助你实现指定的功能"); }
function fun2()        //按钮 2 单击事件函数
{ alert("您单击了按钮 2"); }
```

(2)　在同一目录下创建页面文档 h6-1.html：

```
<!DOCTYPE html PUBLIC "-//W3C//DTD XHTML 1.0 Transitional//EN"
  "http://www.w3.org/TR/xhtml1/DTD/xhtml1-transitional.dtd">
<html xmlns="http://www.w3.org/1999/xhtml">
<head>
<meta http-equiv="Content-Type" content="text/html; charset=gb2312" />
<title>第一个 JavaScript 页面</title>
<script type="text/javascript" src="j6-1.js" > </script>
<script type="text/javascript">
  alert("欢迎你进入第一个 JavaScript 页面！\n 这是页面装载前的提示框");
</script>
<head><body>
  <h3>第一个 JavaScript 程序</h3>
  <script type="text/javascript">
    document.write("这是 JavaScript 写入页面的内容。<hr />");
    alert("这是在 body 中页面装载过程中的提示框");
  </script>
  <p>
    <input type="button" value="按钮 1" onclick="fun1()">
    <input type="button" value="按钮 2" onclick="fun2()">
  </p>
</body></html>
```

页面的运行效果如图 6-1 ~ 6-4 所示。

> **注意**：document.write()函数将字符串内容写入到 HTML 文档中，再由浏览器执行，而不是写入浏览器页面直接显示。例如，document.write("<div>网页编程</div>");是向 HTML 文档中写入 HTML 代码 "<div>网页编程</div>"，再由浏览器解析执行<div>标记。本书中，使用 document.write 只是为了方便输出，当今页面设计中基本不再使用该方法。

图 6-1 外部文件产生的提示框

图 6-2 <head>中 JavaScript 产生的提示框

图 6-3 <body>中 JavaScript 产生的提示框

图 6-4 单击按钮 1 产生的提示框

6.2 JavaScript 常量与变量

6.2.1 数据类型与常量

JavaScript 中可以使用数值型、字符型、布尔型、null、undefined 等数据类型。

1. 数值型

JavaScript 的数值型数据不再严格区分整型、实型，任意的整数、小数统称为数值型。整数常量可以使用十进制、八进制或十六进制：

● 默认为十进制，开头不能有多余无效的数字 0，如 123、256。

● 0 开头的八进制，必须是 0~7 的数字，如 0123、0256。

● 0x 开头的十六进制，必须是 0~9 数字或 a~f 字符，如 0x123、0xfff。

实型常量可以使用小数格式的定点数，如 12.34、.89，也可使用指数格式的浮点数，如 1.234E4、2.5E-5。

2. 字符型

JavaScript 不再严格区分字符型和字符串类型，所谓字符型数据，实际上是用单引号或双引号括起来的一个或多个任意字符的 String 字符串对象，关于 JavaScript 字符串对象的常用方法，我们将在第 8 章详细介绍。

JavaScript 也支持转义字符，即反斜杠引导的字符，用于表示某个特殊字符或功能：

| \' 单引号 | \" 双引号 | \\ 反斜杠 | \& 和号 |
| \n 换行符 | \r 回车符 | \t 制表符 | \b 退格符 | \f 换页符 |

> 注意：转义字符不适用于 HTML 页面文档，仅在 JavaScript 代码中有效。

3. 布尔型

布尔型数据可用于条件判断，表示条件成立或不成立，布尔常量值是 true 或 false。

4. 空值常量 null

空值 null 表示没有或不存在，而不是 0 或""，若使用未定义的变量，则返回一个空值。

5. 不确定值常量 undefined

如果使用已定义但未赋值的变量，则返回一个不确定值 undefined。

6. 类型转换

我们在使用数据时，会遇到需要将数字字符串转换为数值或将数值转换为字符串使用的情况，例如，在文本框中输入的即使是数字，但浏览器都作为字符串对待。进行计算时，若要完成加法运算，则浏览器会将数字作为字符串，将加号作为字符串的连接运算符，其他运算则可以自动转换数据类型，因此进行加法运算之前，需要将数字串转为为数值，转换时，可以使用字符串对象的专用方法，也可以采用以下简单的方法。

将数字字符串转换为数值时，用数字字符串乘 1 即可得到数值："数字字符串"*1。

将数值转换为字符串时，用空字符串与数值连接，即可得到字符串：""+123.45。

> 注意：文本框、文本区元素不输入数据，其内容为""，表示空字符串而不是 null，""与数值
> 比较时作为数值 0 处理。

6.2.2 变量

JavaScript 使用 var 语句可同时声明多个变量并初始化，多个变量之间必须用逗号隔开。

说明：

- JavaScript 变量名区分大小写，例如 sun 与 Sun 是两个完全不同的变量。
- 变量名由字母、数字和下划线组成，开头不能是数字，不能包含空格，不能使用关键字。
- 变量没有固定的类型，根据赋值类型自动识别，还可以再次赋值为其他类型，未赋值变量默认值为 undefined。例如：

```
var x=100;          //定义 x 为数值型变量
x="李四";            //x 成为字符串对象
```

- 变量可以不声明，通过赋值自动声明变量，但不能直接使用不存在的变量。例如：

```
age=22;                // 直接赋值自动声明变量——不推荐该方式
```

- 已有变量可以重新定义，重新定义时如果不赋新值，仍保留原值。例如：

```
var x=100, y=300;
var x, y="王五";        // x 保持原值 100，y 值为"王五"，原值冲掉
```

在函数外声明的变量都是全局变量，生命周期从声明开始直到页面关闭，作用域为从声明位置开始至整个 HTML 文档结束，所有函数都可以使用，重复定义仍为同一变量。对需要在多个函数中使用的变量，可定义为全局变量。

在函数内声明的变量都是局部(本地)变量，生命周期为函数的调用过程，即调用函数时创建、函数结束自动清除，其作用域为该函数内，不同函数的局部变量可以同名，在函数内局部变量屏蔽同名的全局变量。对只在一个函数内使用的变量，一般定义为局部变量。

6.3　JavaScript 运算符与表达式

JavaScript 具有与 C/C++、Java 语言类似的运算符及优先级，如果不能确定其优先顺序时，可以使用圆括号()提高优先级。

JavaScript 的运算符及优先级见表 6-1。

表 6-1　JavaScript 的运算符及优先级

优 先 级	运算符及描述
1	() 表达式分组与函数调用、[]数组下标、.对象成员
2	++自加、--自减、-取负、~按位取反、!逻辑非、new 创建对象、delete 删除对象或数组元素、typeof 获取数据类型、void 不返回值
3	*乘法、/除法、%取模求余
4	+加法或字符串连接、-减法
5	<<左移位、>>算数右移(左面空位扩展)、>>>逻辑右移(左面空位补零)
6	<小于、<=小于等于、>大于、>=大于等于、instanceof 对象所属类型
7	==等于、!=不等于、===严格等于、!==严格不等于
8	&　　按位与
9	^　　按位异或
10		按位或
11	&& 逻辑与
12	|| 逻辑或
13	?: 条件运算符
14	=赋值、+=、-=、*=、/=、%=、&=、^=、|=、<<=、>>=、>>>=
15	,　　多重求值或参数分隔

6.3.1　算术运算符与表达式

算术运算符:

++(自加 1)、--(自减 1)、-(取负值),自加自减运算符分为前缀或后缀运算
+(加号:包括正号、字符串连接符)、-(减号)、*(乘号)、/(除号)、%(取模求余数)

由算术运算符构成的表达式称为算术表达式,运算符两边可以是任意合法的常量、变量或算术表达式,常量直接参加运算,变量使用其存储的变量值参加运算,表达式取其计算结果参加运算。例如:

```
var a=100, b=5, c=3;
a++;   //a 变量的值自加 1 后变为 101
var x=a*b/(b+c)%c;
```

先计算 b+c 的值为 8,再计算 a*b 的值为 505,再计算 505/8 的值为 63.125,最后计算 63.125%3 即 63.125 除 3 的余数,为 0.125,并保存在变量 x 中。

其中"+"也是字符串连接运算符,数值与字符串连接的结果为字符串。例如:

```
"abc"+"xyz"   //结果为"abcxyz"
10+10+"abc"   //结果为"20abc"
"abc"+10+10   //结果为"abc1010"
"abc"+(10+10) //结果为"abc20"
```

自动类型转换:"10"+10 结果为字符串"1010",而"10"*10 结果为数值 100。

6.3.2　赋值运算符与表达式

赋值运算符:

=赋值、+=、-=、*=、/=、%=、&=、^=、|=、<<=、>>=、>>>=

由赋值运算符构成的表达式称为赋值表达式,赋值表达式赋值号左边必须是变量,右边可以是任意合法的表达式:

变量=表达式;

例如:

```
var x=a*b/(b+c)%c;
```

又如,运算赋值表达式 a*=x+y;等价于 a=a*(x+y);。

6.3.3　比较、逻辑运算符与表达式

1. 比较运算符与条件表达式

比较运算符:

<(小于)、<=(小于等于)、>(大于)、>=(大于等于)
==(等于)、!=(不等于)、===(严格等于)(全等于)、!==(严格不等于)

由比较运算符构成的表达式称为条件表达式，比较运算符两边可以是任意合法的表达式。语法格式如下：

`<算数或字符串表达式> 比较运算符 <算数或字符串表达式>`

条件表达式的比较结果为布尔值，若条件成立，则值为 true，不成立则值为 false。

例如，(3+5)>=1 的结果为 true，而"abc">"x"的结果为 false。

JavaScript 对字符串进行比较时，将从左至右逐一按字符 Unicode 码的大小进行比较，所有中文字符都会比英文字符大。也可以将所比较的字符串都用下面的方法转换为统一的编码方式再进行比较：

`"字符串".charCodeAt()`

用标准的==或!=进行比较时，如果两个操作数的类型不一致，则会试图将操作数统一转换为字符串、数字或布尔值再进行比较。而严格的===或!==不会进行类型转换。

例如，null 与 undefined 用==比较相等，结果为 true，而用===比较则不相等，结果为 false。

例如：

```
var strA = "i love you!";              //string 类型
var strB = new String("i love you!");  //object 类型
```

使用 strA==strB 比较相等，结果为 true，而用 strA===strB 比较则不相等，结果为 false。

2. 逻辑运算符与逻辑表达式

逻辑运算符：

!(逻辑非)、&&(逻辑与)、||(逻辑或)

由逻辑运算符构成的表达式称为逻辑表达式，参加逻辑运算的必须是结果为布尔值的合法条件或逻辑表达式：

```
!<条件或逻辑表达式>
<条件或逻辑表达式>&&或||<条件或逻辑表达式>
```

逻辑表达式的运算结果仍然是布尔值 true 或 false。例如：

```
!true 结果为 false, !false 结果为 true
3>1 && 2<5  结果为 true,  3>1 || 2<5  结果为 true
3>5 && 2<5  结果为 false, 3>5 || 2<5  结果为 true
```

> **注意：** 逻辑与、逻辑或也可使用 &、| 强制计算所有表达式，而 &&、|| 为短路与、短路或，其中的各个表达式不一定都被执行计算，一旦有结果便不再计算。
>
> 短路与：任何值与 0 相与，结果为 0; 多个&&从左至右遇到 0，全式为假，不再运算。
>
> 短路或：任何值与 1 相或，结果为 1; 多个 || 从左至右遇到 1，全式为真，不再运算。
>
> 使用 &、| 或 &&、|| 逻辑表达式的结果相同，但如果表达式中包含对变量的赋值或自增、自减，则计算与不计算对变量值的结果是不同的。

6.3.4　条件运算符与表达式

条件运算符：

? : 条件运算符

条件表达式：

(<条件或逻辑表达式>)？ <任意表达式 1> ： <任意表达式 2>

当条件或逻辑表达式的值为 true 时，整个条件表达式的值为表达式 1 的值；否则，整个条件表达式的值为表达式 2 的值。

例如，取 a、b 中的最大值：

```
var x=(a>b)?a:b;
```

又如，取 a 的绝对值：

```
var x=(a>=0)?a:-a;
```

6.4　JavaScript 的语法与流程控制语句

JavaScript 程序中的语句是发给浏览器的命令，浏览器按照编写顺序依次执行每条语句，为顺序结构。但也可以是选择(分支)结构或循环结构。

6.4.1　JavaScript 的语法

JavaScript 的语法与 C/C++、Java 语言的语法类似，必须遵守以下规则：
- 对大小写字母敏感——严格区分大小写，包括关键字、变量名、函数名。
- 命令关键字与关键字、变量名或函数名之间必须用空格隔开。
- 分号是多个语句的分隔符，如果一行书写多个语句，必须用分号隔开，但每行最后的语句后可以省略分号。
- 语句中允许使用空格的地方可以添加任意多个空格、任意打回车添加多个空行。
- 可以使用{}在函数或条件语句中把若干语句组合为代码块，也可以将任意多个语句用{}组合为代码块，代码块内定义的变量为局部变量，只在该代码块内有效。
- 可使用多行注释：/*注释内容*/。也可使用单行注释：//注释内容。

6.4.2　条件语句 if-else

(1) 格式一：

```
if (条件) { 语句块 1 }
```

语句块 1 只有一条语句时，花括号{}可以省略。

(2) 格式二：

```
if (条件)
```

```
{ 语句块 1 }
else
{ 语句块 2 }
```

语句块 1、语句块 2 只有一条语句时，{}可以省略。

说明：

- if 语句中的条件必须是布尔型常量、变量或结果为逻辑值的条件或逻辑表达式，而且必须在圆括号()内。
- 执行 if 语句时，先计算并判断条件是否成立，如果条件成立，则执行语句块 1，然后结束；否则执行语句块 2，然后结束。
- 在 if 或 else 中还可以包含 if 语句，构成 if 语句的嵌套。例如：

```
if () {  if () 语句 1; else 语句 2; }
else {  if () 语句 3; else 语句 4; }
```

则 else 总是与前面最近的没有与 else 配对的 if 配对，如果 if 与 else 的数目不相等，内嵌 if 最好用花括号括起来，否则容易造成逻辑错误。

(3) 格式三：

```
if (条件 1) { 语句块 1 }
else if (条件 2) { 语句块 2 }
[ else if (条件 3) { 语句块 3 }
 ...
else { 语句块 } ]
```

该语句的执行流程如图 6-5 所示。

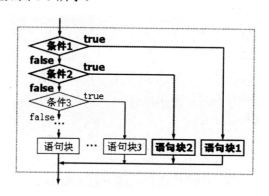

图 6-5　格式 3 中 if 语句的执行流程

该语句实际是一条嵌套的多分支 if 语句，执行时，按顺序先判断条件 1，如果条件 1 成立，则执行语句块 1，之后的所有语句都相当于不存在，执行完毕语句块 1 则直接结束该语句，只有条件 1 不成立时才会跳过语句块 1 再判断条件 2，依次类推……。如果所有条件都不成立，才会执行最后 else 中的语句块。

6.4.3　多选择开关语句 switch

多选择开关语句 switch 的语法格式如下：

```
switch(表达式)
{
   case 常量 1：[语句块 1；[break;]]
   case 常量 2：[语句块 2；[break;]]
   ...
   [default: 语句块；[break;]]
}
```

switch 语句的执行流程如图 6-6 所示。

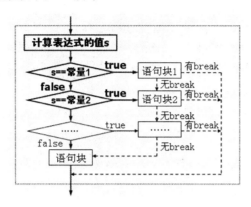

图 6-6　switch 语句的执行流程

说明：

● switch 语句中的表达式可以是任何数值型或字符型表达式，case 是入口标号，每个 case 中可以是数值或字符型常量，或者结果是常量的表达式，但其值必须互不相同，而且 case 与常量之间必须用空格隔开。

● 执行 switch 语句时，先计算表达式的值，并用该值依次与 case 后的常量相比较，如果等于某个常量值，则执行该常量之后的语句块，遇到中断语句 break 则立即跳出整个 switch 语句，若没有 break 语句，则会继续顺序执行下面其他 case、包括 default 语句块，而不再比较其常量值，直到遇到 break 或执行完所有语句则结束 switch 语句。

● 带 break 的 case 或 default 子句的顺序任意，最后一个子句可省略 break，若表达式与所有常量值都不相等，不论 default 在什么位置，都会执行 default 语句块，若没有 default，则直接跳出 switch。

● case 可以没有语句，但常量和冒号不能省略，会与下面的 case 共用一组语句，而且 case 中即使有多个语句，也不需要使用花括号。

【例 6-2】计算运费问题：从某个网上超市购买粮油类货物，若购买金额在 50 元及以下，商品重量在 5kg 及以下，需要运费 20 元；若购买金额在 50 元以上，99 元及以下，商品重量在 5kg 及以下，需要运费 7 元；若购买金额超过 99 元且商品重量在 5kg 及以下，则免运费，否则每超出 1kg，收取运费 3 元。

编写代码，在用户输入金额和商品重量之后，单击"计算运费"按钮，计算出需要的运费，并将其显示在相应的文本框中。

创建页面文件 h6-2.html，代码如下：

```
<!DOCTYPE html PUBLIC "-//W3C//DTD XHTML 1.0 Transitional//EN"
  "http://www.w3.org/TR/xhtml1/DTD/xhtml1-transitional.dtd">
<html xmlns="http://www.w3.org/1999/xhtml">
<head>
<meta http-equiv="Content-Type" content="text/html; charset=gb2312" />
<title>无标题文档</title>
<script type="text/javascript" src="j6-2.js"></script>
</head><body>
  <h2>计算运费问题</h2>
  <p>请输入金额: <input type="text" name="amount" id="amount" /></p>
  <p>请输入重量: <input type="text" name="weight" id="weight" /></p>
  <p><input type="button" value=" 计算运费 " onclick="cnt()" /></p>
  <p>需要的运费: <input type="text" name="freight" id="freight" /></p>
</body></html>
```

创建脚本文件 j6-2.js，代码如下：

```
function cnt(){
    var amount=document.getElementById('amount').value;
    var weight=document.getElementById('weight').value;
    if(weight<=5){
      if(amount<=50){ freight=20;}
      else if(amount<=99){freight=7;}
      else{freight=0;}
    }
    else{
        var weight1=weight-5;
        if(amount<=50){ freight=20+weight1*3;}
        else if(amount<=99){freight=7+weight1*3;}
        else{freight=+weight1*3;}
    }
    document.getElementById('freight').value=freight+"元";
}
```

运行效果如图 6-7 所示。输入了金额 78 和重量 6 之后的结果如图 6-8 所示。

图 6-7　计算运费问题初始效果

图 6-8　输入金额和重量后的效果

【例 6-3】从网页中查询某年某月的天数问题，平年 2 月 28 天，闰年 2 月 29 天，判断闰年的条件为每 4 年闰一次，到 100 年会多一天，不能闰年(能被 4 整除但不能被 100 整除)，到 400 年又会少一天，必须闰年(能被 400 整除)。

创建页面文档 h6-3.html，代码如下：

```
<!DOCTYPE html PUBLIC "-//W3C//DTD XHTML 1.0 Transitional//EN"
  "http://www.w3.org/TR/xhtml1/DTD/xhtml1-transitional.dtd">
<html xmlns="http://www.w3.org/1999/xhtml">
<head>
<meta http-equiv="Content-Type" content="text/html; charset=gb2312" />
<title>无标题文档</title>
<script type="text/javascript" src="j6-3.js"></script>
</head><body>
  <h3>查询某年某月天数</h3>
    <p>输入年份：<input type="text" name="y" id="y" /></p>
    <p>输入月份：<input type="text" name="m" id="m" /></p>
    <p>当月天数：<input type="text" name="d" id="d" /></p>
    <input type="button" value="查询天数" onclick="rec()" />
</body></html>
```

创建脚本文件 j6-3.js，代码如下：

```
function rec(){
    var y=document.getElementById('y').value;
    var m=document.getElementById('m').value;
    if (y=="" || isNaN(y)) {d="输入年份错误";}  //isNaN(y)判断 y 是非数字字符
    else switch(m){
      case '1': case '3': case '5': case '7':
      case '8': case '10': case '12': d=31; break;
      case '4': case '6': case '9': case '11': d=30; break;
      case '2': d=28+( (y%4==0 && y%100 || y%400==0) ? 1:0 ); break;
      default: d="月份输入错误";
    }
    document.getElementById('d').value=d;
}
```

运行效果如图 6-9 所示。在页面中输入 2014 年 2 月之后的效果如图 6-10 所示。

图 6-9　h6-3.html 的运行效果

图 6-10　输入年月之后的效果

6.4.4 循环语句 while、do-while、for

对有规律重复进行的操作或计算，可以采用循环结构的程序流程，循环结构一般由 4 部分组成：

- 循环变量初始化：为循环设置一个控制循环的变量并在循环之前给定一个初值。
- 循环控制条件：一般根据循环变量的值作为是否循环的条件，条件成立则重复执行循环操作，条件不成立则结束循环。
- 循环体语句：就是需要重复执行的操作。
- 循环变量增值：在每次循环中改变循环变量的值，使循环能朝着结束的方向发展。

JavaScript 提供的循环类型有 while、do-while、for。

1．while 当型循环

while 当型循环的语法格式如下：

```
while (条件)
{ 循环体语句块； }
```

while 语句的执行流程如图 6-11 所示。

说明：

- while 语句中的条件必须是布尔型常量、变量，或结果为逻辑值的条件，或逻辑表达式，而且必须在圆括号()内。
- 执行 while 语句时，先计算判断条件是否成立，如果条件不成立，则立即结束 while 语句；如果条件成立，则执行循环体语句块，执行完毕后无条件转回 while 再判断条件是否成立，如此循环反复，直到条件不成立时跳出 while，结束循环。
- 循环操作的循环体语句块有多个语句时，必须用{}括起来，否则只执行完第一个语句就会无条件转回 while，虽然没有语法错误，但会发生逻辑错误，甚至造成死循环，while()后如果有分号，则不会执行循环体，一般也会造成死循环。

2．do-while 直到型循环

do-while 直到型循环的语法格式如下：

```
do
{ 循环体语句块； }
while (条件)；
```

do-while 语句的执行流程如图 6-12 所示。

do-while 语句与 while 语句功能相似，不同的是 do-while 语句首先会无条件地执行一次循环体语句块，执行到 while 时判断条件是否成立，如果条件不成立，则直接结束 do-while 语句；如果条件成立，则返回到 do 继续执行循环体语句块，执行到 while 时再判断条件。

3．for 循环

for 循环的语法格式如下：

```
for  (表达式 1；表达式 2 条件；表达式 3)
{  循环体语句块；}
```

for 循环语句的执行流程如图 6-13 所示。

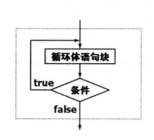
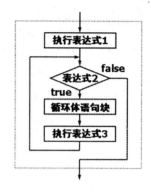

图 6-11　while 语句的执行流程　　图 6-12　do-while 语句的执行流程　　图 6-13　for 语句的执行流程

第一步，执行表达式 1。

第二步，执行表达式 2，根据表达式 2 的结果确定下一步要完成的任务：若成立，则执行循环体，然后执行表达式 3，回到第二步循环；若是不成立，则退出循环。

说明：

- for 语句中的 3 个表达式必须在()内，且必须用分号隔开，表达式 1 和表达式 3 可以是任何类型的表达式，也可以是用逗号隔开的多个表达式，在表达式 1 中可以临时定义变量，表达式 2 是循环条件，必须是布尔型常量、变量，或结果为逻辑值的条件或逻辑表达式。
- for 语句可以没有循环体语句块，但必须有一个分号，否则会把后面的其他语句当作循环体语句，如果有循环体，则 for 之后不能有分号，否则不会执行循环体。
- for 语句中的 3 个表达式都可以省略，但两个分号都不能省略。省略表达式 1 则第一次就直接判断表达式 2。省略表达式 2 则为无条件循环，相当于条件恒为 true，若循环体内没有其他出口，会成为死循环。省略表达式 3，则执行完循环体语句块直接转去表达式 2。

4．break 语句

break 语句的语法格式如下：

```
break;
```

break 语句可强行跳出本层循环或 switch 语句。如果在循环体语句中遇到 break 语句，不论循环体语句是否执行完毕，也不论循环条件是否成立，都会立即强制结束并跳出循环。

对于多层循环，每层循环内的 break 语句只能跳出自己所在的本层循环，而不能从内层循环直接跳出外循环。

5．continue 语句

continue 语句的语法格式如下：

```
continue;
```

continue 语句可以结束本层循环的当前一轮循环。如果在循环体语句中遇到 continue 语句，不论循环体语句是否执行完毕，都必须立即强制结束本轮循环，转到循环条件去判断是否进行下轮循环。

对于多层循环，每层循环内的 continue 语句只能结束自己所在层的本轮循环，转到自己所在层的循环条件去判断是否进行下轮循环，而不能从内层循环直接结束外层循环的本轮循环，也不能直接转到外层循环的条件去判断是否进行下轮外层循环。

【例 6-4】使用 for 语句。

存在某成绩录入系统，由教师录入每个学生的平时成绩、期中成绩和期末成绩，点击"保存成绩"按钮之后，计算并显示每个学生的总评成绩。

创建 h6-4.html 代码如下：

```
<!DOCTYPE html PUBLIC "-//W3C//DTD XHTML 1.0 Transitional//EN"
  "http://www.w3.org/TR/xhtml1/DTD/xhtml1-transitional.dtd">
<html xmlns="http://www.w3.org/1999/xhtml">
<head>
<meta http-equiv="Content-Type" content="text/html; charset=gb2312" />
<title>无标题文档</title>
<style type="text/css">
  h3{font-size:12pt; text-align:center;}
  td{ width:100px; height:30px; font-size:10pt; text-align:left;
    vertical-align:top;}
  .td1{width:60px!important;}
  .td2{ text-align:center!important;}
  .txt{width:90px; height:20px;}
</style>
<script type="text/javascript" src="j6-4.js"></script>
</head><body>
<h3>某成绩录入系统</h3>
<table width="460" align="center" cellpadding="0" cellspacing="0">
  <tr>
    <td class="td1">姓名</td><td>平时成绩(20%)</td>
        <td>期中成绩(20%)</td>
        <td>期末成绩(60%)</td><td>总评成绩</td>
  </tr>
  <tr>
    <td>张三</td>
    <td><input class="txt" name="t11" id="t11" /></td>
        <td><input class="txt" name="t12" id="t12" /></td>
        <td><input class="txt" name="t13" id="t13" /></td>
        <td><input class="txt" name="res1" id="res1" /></td>
  </tr>
  <tr>
    <td>李四</td>
    <td><input class="txt" name="t21" id="t21" /></td>
        <td><input class="txt" name="t22" id="t22" /></td>
```

```
        <td><input class="txt" name="t23" id="t23" /></td>
        <td><input class="txt" name="res2" id="res2" /></td>
  </tr>
  <tr>
    <td>王五</td>
    <td><input class="txt" name="t31" id="t31" /></td>
        <td><input class="txt" name="t32" id="t32" /></td>
        <td><input class="txt" name="t33" id="t33" /></td>
        <td><input class="txt" name="res3" id="res3" /></td>
  </tr>
  <tr><td colspan="5" class="td2"><input type="button"
    value=" 保 存 成 绩 " onclick="storeScore();" /></td></tr>
</table></body></html>
```

说明：

第一个学生的平时成绩使用 name 和 id 都是 t11 的文本框录入，期中成绩使用 t12 录入，期末成绩使用 t13 录入。

第二个学生的平时成绩使用 name 和 id 都是 t21 的文本框录入，期中成绩使用 t22 录入，期末成绩使用 t23 录入。

第三个学生的平时成绩使用 name 和 id 都是 t31 的文本框录入，期中成绩使用 t32 录入，期末成绩使用 t33 录入。

实际网站中的这些文本框元素并不是使用静态页面一个个生成的，而是从服务器端直接输出，产生表格的一个个行的内容，本书中不做介绍。

创建 j6-4.js，代码如下：

```
 1: function storeScore(){
 2:  var n=3; //n 表示需要录入成绩的学生人数
 3:  for(i=1;i<=n;i++){
 4:       var s1=document.getElementById('t'+i+1).value;
 5:       var s2=document.getElementById('t'+i+2).value;
 6:       var s3=document.getElementById('t'+i+3).value;
 7:       var res=s1*0.2+s2*0.2+s3*0.6;
 8:       res=res.toFixed(1);
 9:       document.getElementById('res'+i).value=res;
10:       if(res<60){
11:            document.getElementById('res'+i).style.color='#f00';
12:       }
13:  }
14: }
```

第 2 行代码中定义的变量 n 表示需要录入成绩的学生人数。

从第 3 行到第 13 行代码，使用 for 循环逐个获取每个学生的平时成绩、期中成绩和期末成绩，计算每个学生的总评成绩，并输出到相应的文本框中。

第 8 行，使用 toFixed()函数将总评成绩四舍五入保留一位小数。

第 10 行到第 12 行代码，判断总评成绩，若不及格，则将其对应文本框中的分数设置为红色显示的文本。

当用户单击"保存成绩"按钮时调用该函数。

页面初始运行的效果如图 6-14 所示。输入分数并保存成绩之后的结果如图 6-15 所示。

图 6-14　成绩录入系统的初始运行效果

图 6-15　录入成绩并保存之后的运行效果

6.5　JavaScript 自定义函数

函数就是完成某个功能的程序代码块，或者是需要重复执行的代码块，函数代码只在被调用时才会执行，将 JavaScript 代码定义为函数还可避免在页面载入时就被自动执行。

JavaScript 以事件驱动方式响应用户的操作，当用户对页面操作时，则会引发相应的事件，通过引发的事件，调用函数对用户做出响应，实现用户与浏览器的动态交互。

JavaScript 函数分为独立函数、内嵌函数与匿名函数。

6.5.1　独立函数

1. 函数的定义

函数定义的语法格式如下：

```
function 函数名([参数变量 1，参数变量 2，...])
{
    脚本代码语句块；
    [return [返回值表达式]；]
}
```

独立函数一般在 HTML 文档的<head>部分定义，但最好的方式是在.js 外部文件中单独定义，实现行为与页面内容的分离。

函数定义必须使用 function 关键字，函数名必须符合标识符的构成规则，其中的参数变量也称为形式参数，是属于该函数的局部变量，其用途就是负责接收调用函数时传递过来的数据。从另一个角度来讲，参数变量也规定了调用函数时所必须提供的数据，就是说，调用函数时，必须按函数定义时规定的参数个数来传递数据。

2．函数的返回值

带表达式的 return 语句可以将表达式的值作为函数的结果返回给调用者，省略表达式的 return 语句仅表示立即停止代码的执行，结束函数调用。

3．函数的调用

独立函数可以被其他函数任意调用，也可以被页面中任何元素任何事件任意多次地调用，调用时，只需使用函数名并按定义的参数个数传递数据即可。

在 JavaScript 代码中调用函数的格式如下：

函数名([表达式 1，表达式 2，...])；

在页面中通过某个标记的事件属性调用函数的格式如下：

<标记名 事件属性名称="函数名([表达式 1，表达式 2，...])" >

如果被调函数有返回值，则可以将函数调用看作是一个数据，既可用变量保存，也可在表达式中直接使用。例如：

var 变量=函数名([表达式 1，表达式 2，...])；
var 变量=a+b*函数名([表达式 1，表达式 2，...])；

如果事件函数的返回值为 false，将终止该标记元素的默认操作。

4．函数的内置 arguments 数组

JavaScript 的函数在每次被调用时，都会自动生成一个名字为 arguments 的局部数组，以接收调用者传递过来的所有数据，因此定义函数时，即使不指定参数变量，调用时也可以传递任意多个数据，通过 arguments 数组元素即可逐一获取和使用这些数据。例如：

```
function test()
{ var i;
  for(i=0; i<arguments.length; i++) document.write(arguments[i]+"<br />");
  //或：for (i in arguments) document.write(arguments[i]+"<br />");
  ...
}
```

6.5.2　内嵌函数与匿名函数

1．内嵌函数

JavaScript 的函数可以嵌套定义，即在一个函数内部还可以定义独立的内嵌函数(内部函数)，但内嵌函数只能在包含它的独立函数内部调用。

内嵌函数可以直接使用其外部函数的所有变量，而不需要作为参数传递，因此函数内需要多次重复使用的代码块尤其适合定义为内嵌函数，需要时，可以在函数内的任意位置任意多次地调用，而不必传递参数。

2．匿名函数

JavaScript 允许在需要调用函数的位置直接定义并调用匿名函数，一般仅适用于为屏蔽全局变量、在页面加载时需要记忆的事件函数。

匿名函数的定义及调用格式如下：

```
事件属性名称=function([参数]) { 脚本代码语句块; }
```

【例 6-5】用传统事件驱动调用函数的方式模拟计算器。

本例题为 +、-、×、÷ 4 个按钮设置了单击事件，而且调用同一个 bfun()函数，为了保证单击不同按钮进行不同的运算，并让<span>标记显示该运算符，必须在调用函数时根据单击的按钮确定传递的运算符。

(1)　创建页面文档 h6-5.html：

```
<!DOCTYPE html PUBLIC "-//W3C//DTD XHTML 1.0 Transitional//EN"
  "http://www.w3.org/TR/xhtml1/DTD/xhtml1-transitional.dtd">
<html xmlns="http://www.w3.org/1999/xhtml">
<head>
<meta http-equiv="Content-Type" content="text/html; charset=gb2312" />
<title>模拟计算器</title>
<style type="text/css">
  #x,#y{width:50px;}
</style>
<script src="j6-5.js" type="text/javascript"> </script>
<head>
<body>
    <h2>模拟计算器</h2>
    请在两个文本框输入数值，单击按钮获取结果<br />
    <p> <input id="x" name="x" /> <span id="o"> + </span>
      <input id="y" /> = <input id="z" /> </p>
    <p> <input id="add" type="button" value="  +  " onclick="bfun('+')" />
        <input id="sub" type="button" value="  -  " onclick="bfun('-')" />
        <input id="mul" type="button" value="  ×  " onclick="bfun('×')" />
        <input id="div" type="button" value="  ÷  " onclick="bfun('÷')" /></p>
</body>
</html>
```

(2)　在同一目录中创建外部脚本文件 j6-5.js：

```
function bfun(op){
  var num1, num2, result;
  num1=document.getElementById('x').value;
  num2=document.getElementById('y').value;
  document.getElementById("o").innerHTML=op;   //为<span>标记设置新运算符
  switch(op){
    case '+' : result=num1*1+num2*1; break;
    case '-' : result=num1-num2; break;
    case '×' : result=num1*num2; break;
    case '÷' : result=num1/num2; break;
  }
  document.getElementById('z').value=result;
}
```

> **注意：** 非空双标记中的文本内容可通过 innerHTML 属性获取或写入页面，目前已不赞成使用，而应该使用 W3C 标准的 firstChild.nodeValue 属性。

运行结果如图 6-16 所示。

图 6-16　输入数据并单击乘法按钮后的结果

6.6　JavaScript 事件处理

页面中的每个标记元素都可以引发某些事件，XHTML 或 HTML 4.0 都可以将事件对象作为标记的属性，并与 JavaScript 函数配合使用，事件发生时，自动调用函数或执行 JavaScript 代码，实现对页面的操作。

标记元素响应事件的传统写法如下：

`<标记名 事件属性名称="函数名([参数1，参数2，...])或 JavaScript 代码">`

如果执行的代码较少，可以直接在事件属性中书写事件代码，但不推荐这种方式，而且目前流行的网页制作技术中，即使调用事件函数，也不在标记中使用事件属性，只为标记设置 id 属性，所要响应的各种事件名称及调用的事件函数全部在 JavaScript 文件中设置。

> **注意:** 事件发生时,JavaScript 会自动创建一个 event 事件对象,可作为参数传递,也可在事件函数中直接获取,event 事件对象中封装了引发事件的所有状态与参数,通过 event 对象可以获取引发事件的事件源对象、鼠标左键或右键及点击次数,以及鼠标按下点的坐标、按下了键盘的哪个按键,详见第 8 章的 event 事件对象。

6.6.1 JavaScript 常用事件

1．页面相关的事件

页面相关的事件一般由 window 浏览器对象或 body 对象响应。

- onload:页面内容加载完成,包括外部文件引入完成。
- onunload:用户改变页面,卸载当前页面前或关闭浏览器后。
- onbeforeunload:当前页面内容被改变之前(关闭浏览器之前)。
- onmove:移动浏览器窗口(onmovestart、onmoveend)。
- onresize:调整浏览器窗口或框架尺寸大小(onresizestart、onresizeend)。
- onerror:加载页面或图像出现错误,如脚本错误与外部数据引用的错误。
- onabort:加载图像被用户中断或取消。
- onstop:按下浏览器停止按钮或者正下载的文件被中断。
- onscroll:浏览器滚动条位置发生变化。

2．鼠标相关的一般事件

鼠标相关事件可以由页面中的任意标记对象响应。

- onclick:鼠标单击(在某个标记对象控制的范围内)。
- ondblclick:鼠标双击。
- onmousedown:鼠标按下(一般用于按钮或超链接对象)。
- onmouseup:鼠标松开(一般用于按钮或超链接对象)。
- onmouseover:鼠标移到元素上(进入某个标记对象控制的范围内)。
- onmouseout:鼠标从元素移开(脱离某个标记对象的控制范围)。
- onmousemove:鼠标在元素控制范围内移动。

> **注意:** 鼠标单击将同时分解为鼠标按下、鼠标释放,响应顺序为按下、释放、单击。

3．键盘相关的事件

键盘相关事件可以由页面中的任意标记对象响应,但必须获得焦点才能响应键盘事件。

- onkeydown:某个键被按下时。
- onkeyup:某个键松开释放时。
- onkeypress:键盘上的某个键被敲击(按下并释放)。

> **注意:** 按键事件将同时分解为键按下、键释放,响应顺序为按下、敲击、释放。

4．表单相关的事件

表单相关事件一般由表单元素响应，可配合表单元素对表单数据进行验证。

- onfocus：元素获得焦点(也可用于其他标记，鼠标与键盘操作均可触发)。
- onblur：元素失去焦点(也可用于其他标记，鼠标与键盘操作均可触发)。
- onchange：文本内容被改变——在失去焦点时触发。
- onsubmit：单击提交按钮提交表单时触发(必须由 form 标记响应)。
- onreset：单击重置按钮时触发(必须由 form 标记响应)。

5．页面编辑事件

页面编辑事件一般由 window 浏览器对象、body 对象或表单元素响应。

- onselect：文本内容被选中后。
- onselectstart：文本内容被选择开始时触发。
- oncopy：页面选择内容被复制后在源对象触发。
- onbeforecopy：页面选择内容将要复制到用户系统的剪贴板前触发。
- oncut：页面选择内容被剪切时在源对象触发。
- onbeforecut：页面选择内容将要被移离当前页面并移到用户系统的剪贴板前触发。
- onpaste：内容被粘贴到页面时在目标对象触发。
- onbeforepaste：内容将要从用户系统剪贴板粘贴到页面中时触发。
- onbeforeeditfocus：当前元素将要进入编辑状态前触发。
- onbeforeupdate：当用户粘贴系统剪贴板中的内容时通知目标对象。
- oncontextmenu：按下鼠标右键或通过按键弹出页面菜单时触发(可禁止鼠标右键)。
- ondrag：当某个对象被拖动时在源对象上持续触发。
- ondragdrop：外部对象被鼠标拖进并停放在当前窗口。
- ondragend：鼠标拖动结束后释放鼠标时在源对象上触发。
- ondragstart：当某对象将被拖动时在源对象上触发。
- ondragenter：对象被鼠标拖动进入某个容器范围内时在目标容器上触发。
- ondragover：被拖动对象在其容器范围内拖动时持续在目标容器上触发。
- ondragleave：对象被鼠标拖动离开其容器范围时在目标容器上触发。
- ondrop：在一个拖动过程中，释放鼠标键时在目标对象上触发。
- onlosecapture：当元素失去鼠标移动所形成的焦点时触发。

6．滚动字幕事件

滚动字幕事件一般由<marquee>标记响应。

- onbounce：marquee 对象 behavior 属性为 alternate 且字幕内容到达窗口一边时触发。
- onstart：marquee 元素开始显示内容时触发。
- onfinish：marquee 元素完成需要显示的内容后触发。

7．数据绑定事件

数据绑定事件一般由 window 浏览器对象或 body 对象响应。

- onafterupdate：当数据完成由数据源到对象的传送时触发。
- oncellchange：当数据来源发生变化时触发。
- ondataavailable：当数据接收完成时触发。
- ondatasetchanged：数据在数据源发生变化时触发。
- ondatasetcomplete：当来自数据源的全部有效数据读取完毕时触发。
- onerrorupdate：当使用 onBeforeUpdate 事件取消了数据传送时触发。
- onrowenter：当前数据源的数据发生变化并且有新的有效数据时触发。
- onrowexit：当前数据源的数据将要发生变化时触发。
- onrowsdelete：当前数据记录将被删除时触发。
- onrowsinserted：当前数据源将要插入新数据记录时触发。

8. 外部事件

外部事件一般由 window 浏览器对象响应。

- onafterprint：对象所关联的文档打印或打印预览后在对象上触发。
- onbeforeprint：文档即将打印前触发。
- onfilterchange：当某个对象的滤镜效果发生变化时触发。
- onhelp：当用户按下 F1 键或单击浏览器的帮助按钮时触发。
- onpropertychange：当对象属性之一发生变化时触发。
- onreadystatechange：当对象的初始化属性值发生变化时触发。
- onactivate：当对象设置为活动元素时触发。
- oncontrolselect：当用户将要对该对象制作一个控件选中区时触发。
- ontimeerror：当特定时间错误发生时触发，通常因将属性设置为无效值导致。

6.6.2 页面相关事件与函数的记忆调用

页面相关事件一般由 window 浏览器对象或 body 对象响应，常用事件有 onload-页面加载完成、onunload-改变或卸载页面、onmove-移动浏览器窗口、onresize-调整浏览器窗口或框架大小、onerror-加载页面错误、onabort-加载图像中断或取消、onstop-按下浏览器停止按钮、onscroll-浏览器滚动条变化。

1. onload 事件与函数的记忆调用

onload 是浏览器装载打开页面完毕(包括引入外部文件完毕)后触发的事件，可以在 onload 事件调用的函数中创建用户 cookies 对象、为页面标记元素指定响应的事件函数，或者检测用户的浏览器类型以确定显示不同的页面内容。

假设为 onload 事件定义一个 initDocument 函数：

```
function initDocument()
{
  //页面装载完毕后执行的代码;
}
```

传统设计方法一般让<body>标记响应 onload 事件：

```
<body onload="initDocument()">
```

现在流行的设计方法一般不再使用 HTML 标记的事件属性，而全部由 JavaScript 代码完成，并通过 window 浏览器对象响应 onload 及其他页面事件，对应的 JavaScript 代码为：

```
window.onload=initDocument;    //只有函数名，没有()括号
```

浏览器装载页面时 JavaScript 代码同时被装载执行，执行这条语句只是将函数名交给 window 对象的 onload 事件，是让 window 对象记住 onload 事件发生时所要调用的函数名，而不是立即调用函数，其含义就是"当浏览器窗口发生 onload 事件时再调用 initDocument() 函数"或"记住 onload 事件发生时调用的函数是 initDocument()"。

而如果写成 window.onload=initDocument(); 则装载执行这条语句时，就会立即调用 initDocument()函数，但此时全部页面内容都还没有装载，浏览器尚不知道页面中有哪些标记，如果在 initDocument()函数中操作页面元素，则会出错。

在 JavaScript 中，window 是浏览器最顶层的全局对象，对象名 window 可以省略，而且该对象在打开浏览器时就已经存在，让 window 对象响应 onload 事件的代码可以简写为：

```
onload=initDocument;
```

2．onunload 事件与匿名函数的记忆调用

某些浏览器会缓存页面内容，当用"后退"按钮返回已装载过的页面时，只显示缓存的内容，而不再触发 onload 事件，如果是在 onload 事件函数中设置标记的事件操作，则这些操作用"后退"按钮返回后也会失效。

当浏览器窗口转换显示新页面，或关闭浏览器卸载退出当前页面时，会触发 onunload 事件，通过 onunload 事件函数可以避免页面缓存，还可以清理资源、显示退出提示信息。

我们可以编写卸载页面事件函数 exitDocument()，使用 window.onunload=exitDocument; 记住函数名，在事件发生时调用函数。如果不需要清理资源、显示退出提示信息，也可以仅调用匿名空函数避免页面缓存，以便再次返回时能自动触发 onload 事件：

```
window.onunload=function() {}
```

使用匿名函数同样具有函数的记忆调用功能，即执行该语句时，不会立即调用函数，而是让事件记住该函数，当事件发生时再执行函数代码。

现在流行的设计方法在 HTML 页面中不再出现哪个标记响应哪个事件调用哪个函数的代码，使用标记对象也无须传递参数，全部由 window 对象的 onload 与 onunload 事件完成。

【例 6-6】设计代码，当用户打开网页时弹出消息框，显示欢迎信息。

(1) 方案一：创建脚本函数，当页面加载完成时调用该函数。

创建 h6-6-1.html 文件，代码如下：

```
<!DOCTYPE html PUBLIC "-//W3C//DTD XHTML 1.0 Transitional//EN"
  "http://www.w3.org/TR/xhtml1/DTD/xhtml1-transitional.dtd">
<html xmlns="http://www.w3.org/1999/xhtml">
<head>
<meta http-equiv="Content-Type" content="text/html; charset=gb2312" />
<title>无标题文档</title>
```

```
<script type="text/javascript">
window.onunload=function() { }    //记忆卸载页面事件匿名函数，避免页面缓存
window.onload=welcome
function welcome(){
    alert("欢迎光临本网站，请您多提宝贵意见");
}
</script>
</head><body>
  <h2>这是页面中的内容</h2>
</body></html>
```

(2) 方案二：直接定义匿名脚本函数，完成页面加载时，弹出消息框。

创建 h6-6-2.html 文件，代码如下：

```
<!DOCTYPE html PUBLIC "-//W3C//DTD XHTML 1.0 Transitional//EN"
  "http://www.w3.org/TR/xhtml1/DTD/xhtml1-transitional.dtd">
<html xmlns="http://www.w3.org/1999/xhtml">
<head>
<meta http-equiv="Content-Type" content="text/html; charset=gb2312" />
<title>无标题文档</title>
<script type="text/javascript">
window.onunload=function() { }    //记忆卸载页面事件匿名函数，避免页面缓存
window.onload=function(){
    alert("欢迎光临本网站，请您多提宝贵意见");
}
</script>
</head><body>
  <h2>这是页面中的内容</h2>
</body></html>
```

6.6.3　鼠标相关事件

常用的鼠标事件有 onclick-鼠标单击、ondblclick-鼠标双击、onmousedown-鼠标按下、onmouseup-鼠标松开、onmouseover-鼠标进入、onmouseout-鼠标移开、onmousemove-鼠标移动等，其中鼠标单击包括了鼠标按下与释放事件，响应顺序为按下、释放、单击。

鼠标事件是使用最多的事件，所以也称为一般事件，鼠标相关事件可以由页面的任何标记响应。

【例 6-7】用鼠标设置页面背景：页面初始默认背景为白色，在页面中任意位置(包括任意标记)按下鼠标，则背景变为蓝色；抬起鼠标变为红色；双击鼠标恢复原来白色。

代码如下：

```
<!DOCTYPE html PUBLIC "-//W3C//DTD XHTML 1.0 Transitional//EN"
  "http://www.w3.org/TR/xhtml1/DTD/xhtml1-transitional.dtd">
<html xmlns="http://www.w3.org/1999/xhtml">
<head>
<meta http-equiv="Content-Type" content="text/html; charset=gb2312" />
<title>使用 body 设置页面背景</title>
```

```
<script type="text/javascript">
  function red(){
    document.body.style.backgroundColor='#f00';
  }
  function blue(){
    document.body.style.backgroundColor='#00f';
  }
  function white(){
    document.body.style.backgroundColor='#fff';
  }
  window.onmousedown=blue;
  window.onmouseup=red;
  window.ondblclick=white;
</script>
</head><body>
    <h2>在页面任意位置按下鼠标背景呈蓝色，抬起鼠标为红色、双击鼠标则恢复白色</h2>
</body></html>
```

在上面调用函数的代码中，因为没有设置当页面加载完成之后进行函数的调用，所以只能使用顶级对象 window，而不可换成 document.body。

对于上面所定义的函数，还可以使用如下两种方式完成调用：

(1) 第一种方法：在 body 标记中使用 onmousedown="blue()"、onmouseup="red()"、ondblclick="white()"完成三个函数的调用，以这种方式调用时，该页面在 IE 中必须操作页面的实际内容区域才有效，而火狐在浏览器范围内都有效。

(2) 第二种方法：在页面加载完成之后，通过操作 body 区域，实现函数的调用。

【例 6-8】在页面加载完成之后，通过操作 body 区域，实现函数的调用：

```
<!DOCTYPE html PUBLIC "-//W3C//DTD XHTML 1.0 Transitional//EN"
  "http://www.w3.org/TR/xhtml1/DTD/xhtml1-transitional.dtd">
<html xmlns="http://www.w3.org/1999/xhtml">
<head>
<meta http-equiv="Content-Type" content="text/html; charset=gb2312" />
<title>使用 body 设置页面背景</title>
<script type="text/javascript">
  window.onunload=function(){} //记忆卸载页面事件匿名函数，避免页面缓存
  window.onload=initBody; //记忆加载页面时调用的函数
  function initBody(){
    document.body.onmousedown=blue;
    document.body.onmouseup=red;
    document.body.ondblclick=white;
  }
  function red(){//纯 JavaScript 设置的调用函数内可直接使用 this 表示当前调用的对象
        document.body.style.backgroundColor='#f00'; }
  function blue(){document.body.style.backgroundColor='#00f';}
  function white(){document.body.style.backgroundColor='#fff';}
</script>
</head><body>
    <h2>在页面任意位置按下鼠标，背景为蓝色，抬起鼠标为红色、双击鼠标则恢复白色</h2>
```

```
</body></html>
```

该页面对 IE 或火狐浏览器相同，都必须操作页面实际内容区域才有效。

上面的代码中，可以将如下两行代码：

```
window.onload=initBody;
function initBody()
```

直接换成匿名函数的方式 window.onload=function()。

另外，还可以将函数 red()、blue() 和 white() 内部的 document.body 直接更换为 this。

> **注意：** CSS 背景样式属性为 background-color，在 JavaScript 中，style 作为样式对象，其背景颜色属性为 backgroundColor，关于 JavaScript 中 style 对象对应的 CSS 属性，详见第 8 章介绍的 JavaScript 的 style 对象。
>
> IE 浏览器 body 的有效范围仅与页面类型有关，在 XHTML 页面中，body 的有效范围仅仅是页面的实际内容区域，而在传统 HTML 页面中，body 的范围是浏览器中的全部可见区域。
>
> 对火狐浏览器，body 的有效范围与文档类型无关，但使用纯 JavaScript 代码设置标记调用函数时，body 的有效范围仅仅是页面的实际内容区域，而在标记内书写代码或调用函数时 body 的范围是浏览器中的全部可见区域。
>
> this 关键字表示当前标记对象自己，在标记内直接书写代码时可省略 this。对 IE 浏览器，this 可表示包括 body 在内的所有标记对象，而火狐浏览器在 HTML 页面中 this 只能表示 body 除外的其他标记对象，在纯 JavaScript 代码中则可表示包括 body 在内的所有标记对象。

　　【例 6-9】 设置 div 响应各种鼠标事件，包括鼠标移入、离开、按下、弹起等。①当鼠标移入 div 区域时，设置其内部文本为红色的"鼠标进来了,文字颜色变为红色！"；②当鼠标离开 div 区域时，设置文本为黑色的"鼠标离开了，文字变为黑色！"；③当用户在 div 内部按下鼠标时，设置文本为加粗的"哎呀，你按住我了,文字加粗"；④当用户释放鼠标时，设置文本为"哇塞，你终于松开了"。

　　<div>、<p>、<span> 等标记中的文本内容是该标记对象中的 firstChild 子对象，老方式使用标记的 innerHTML 属性获取或写入文本内容，而新标准则使用 firstChild 子对象的 nodeValue 属性获取或写入文本内容。

　　使用 firstChild.nodeValue 属性时，必须保证标记的初始状态不能没有内容，如果该标记中没有初始内容，则应保留一个空格，否则会产生 firstChild 对象不存在错误。

　　页面代码如下：

```
<!DOCTYPE html PUBLIC "-//W3C//DTD XHTML 1.0 Transitional//EN"
  "http://www.w3.org/TR/xhtml1/DTD/xhtml1-transitional.dtd">
<html xmlns="http://www.w3.org/1999/xhtml">
<head>
<meta http-equiv="Content-Type" content="text/html; charset=gb2312" />
<title>无标题文档</title>
<style type="text/css">
```

```
  #div1{width:230px; height:20px; padding:10px; margin:0;
    border:1px solid #00f; font-size:10pt; font-weight:}
</style>
<script type="text/javascript">
  function divOver(){
    this.firstChild.nodeValue="鼠标进来了,文字颜色变为红色! ";
        this.style.color='#f00';
  }
  function divOut(){
    this.firstChild.nodeValue="鼠标离开了,文字变为黑色! ";
        this.style.color='#000';
  }
  function divDown(){
    this.firstChild.nodeValue="哎呀,你按住我了,文字加粗";
        this.style.fontWeight='bold';
  }
  function divUp(){
    this.firstChild.nodeValue="哇塞,你终于松开了";
        this.style.fontWeight='normal';
  }
  window.onunload=function(){}
  window.onload=function(){
    var div1=document.getElementById('div1');
    div1.onmouseover=divOver;
     div1.onmouseout=divOut;
     div1.onmousedown=divDown;
     div1.onmouseup=divUp;
  }
</script>
</head><body>
 <div id="div1">我是一个盒子，可以响应各种鼠标事件</div>
</body></html>
```

运行效果如图 6-17 和 6-18 所示。

图 6-17　h6-9.html 页面的初始状态　　　图 6-18　鼠标移入 div 内部的效果

【例 6-10】用鼠标事件实现图片翻转、链接指定页面。

鼠标进入第一张图片翻转为另一幅图片并同时改变文本，离开后恢复原样。鼠标进入第二张图片后添加蓝色边框，离开后恢复原样。

对应 CSS 边框样式 border-color 属性的 style 对象属性为 borderColor。

(1) 创建 h6-10.html 页面文档：

```
<!DOCTYPE html PUBLIC "-//W3C//DTD XHTML 1.0 Transitional//EN"
  "http://www.w3.org/TR/xhtml1/DTD/xhtml1-transitional.dtd">
<html xmlns="http://www.w3.org/1999/xhtml">
<head>
<meta http-equiv="Content-Type" content="text/html; charset=gb2312" />
<title>图片链接翻转</title>
<script src="j6-10.js" type="text/javascript"> </script>
<style type="text/css" >
  *{font-size:10pt;}
  #pic2 { border-style:solid; border-width:5px; border-color:white; }
</style>
</head>
<body>
  <h3>鼠标事件实现图片链接翻转</h3>
  <img id="pic1" src="img/p6-1.jpg" height="150" />
   <img id="pic2" src="img/p6-3.jpg" height="150" />
  <h3 id="t">知道我在想什么吗？</h3>
  <p>鼠标移过来看看吧……
</body>
</html>
```

(2) 在同一目录下创建 js 外部文件 j6-10.js：

```
onunload=function() {}
onload=initImg;
function initImg()                      //初始化图片
{
  var pic1=document.getElementById("pic1");   //局部图片元素对象
  var pic2=document.getElementById("pic2");
  pic1.onmouseover=p1over;
  pic1.onmouseout=p1out;
  pic2.onmouseover= p2over;
  pic2.onmouseout= p2out;
}
function p1over()
{
  this.src="img/p6-2.jpg";
  document.getElementById("t").firstChild.nodeValue="我想和它结婚～～～";
}
function p1out()
{
  this.src="img/p6-1.jpg";
  document.getElementById("t").firstChild.nodeValue="知道我在想什么吗？";
}
function p2over()
{ this.style.borderColor="blue" }
function p2out()
{ this.style.borderColor="white" }
```

运行效果如图 6-19～6-21 所示。

图 6-19　h6-10.html 页面的初始效果　　　　图 6-20　鼠标进入第一幅图的效果

图 6-21　鼠标进入第二幅图的效果

6.6.4　焦点、按键及表单相关事件

鼠标点击某个元素时，该元素即获得焦点，当其他元素获得焦点时，该元素随即失去焦点，获得焦点的元素还可以响应按键事件。常用的焦点、按键及表单事件有 onfocus-获得焦点、onblur-失去焦点、onchange-内容被改变(失去焦点时触发)、onsubmit-提交表单、onreset-重置表单、onkeydown-键按下、onkeyup-键释放、onkeypress-敲击按键(包括键按下、键释放，响应顺序为按下、敲击、释放)。表单元素还可响应 onselect-选中文本、oncopy-复制、oncut-剪切、onpaste-粘贴等页面编辑事件。

注意：onsubmit-提交表单、onreset-重置表单事件必须由<form>标记响应，返回 false 可终止提交或重置表单，而 submit-提交按钮、reset-重置按钮只能响应单击事件 onclick，返回 false 同样可终止提交或重置表单。

应用技巧：

如果某个表单元素的内容不允许修改，则可应用其只读属性，但只读属性并不是所有浏览器都支持，可以对只读元素附加 onfocus-获得焦点事件，强迫用户离开该元素。

利用 onblur-失去焦点事件，可在用户离开时对数据进行验证，如果不符合要求，可显示错误提示信息，并自动重新获得焦点(注意不要有两个以上元素同时设置失去焦点验证并自动获得焦点，以免造成相互获得焦点的死循环)。

window 浏览器窗口对象响应 onfocus 事件，可以迫使一个窗口总在其他窗口背后，必须等其他窗口都最小化或关闭后该窗口才可以浏览。例如，某些页面会悄悄打开一些广告窗口，当你关闭所有窗口时，才发现背后有一堆广告。实现方法是只需加入以下 JavaScript 代码即可(火狐浏览器不支持)：

```
window.onfocus=moveBack;          //window 响应事件无需在函数中，window 可省略
function moveBack() { self.blur(); }  //window 获得焦点函数，让自己自动重新失去焦点
```

window 对象响应 onblur-失去焦点事件可以使一个窗口总在其他窗口前面，实现方法是只需加入以下代码即可(火狐浏览器不支持)：

```
window.onblur=moveUp;             //window 响应事件无需在函数中，window 可省略
function moveUp() { self.focus(); }  //window 失去焦点函数，让自己自动重新获得焦点
```

IE 浏览器实际运行时，如果打开的其他窗口在前面，只不过是该窗口在屏幕状态栏中的图标先闪动，然后显示为突出颜色，以提醒用户。

【例 6-11】模拟用户注册页面响应焦点、按键及表单相关事件。

"输入名称"文本框响应 onblur-失去焦点事件，验证数据，内容为空时设置错误标志并重新获得焦点(也可弹出对话框)。电子邮箱设为只读元素，在响应 onfocus 事件时，强迫其失去焦点，达到鼠标点不进去的效果。

表单标记响应提交、重置事件，单击 submit 按钮时，显示确认对话框，如果选择"确定"，则模拟提交数据连接到 h6-10.html 页面、选择"取消"则不提交数据，保持原页面，单击 reset 按钮时显示确认对话框，确认是否重置清除输入的内容。

注意： 本例题设置窗口总在背后，必须最小化或关闭其他窗口或文档才可浏览运行。

(1) 创建 h6-11.html 页面文档：

```
<!DOCTYPE html PUBLIC "-//W3C//DTD XHTML 1.0 Transitional//EN"
  "http://www.w3.org/TR/xhtml1/DTD/xhtml1-transitional.dtd">
<html xmlns="http://www.w3.org/1999/xhtml">
<head>
<meta http-equiv="Content-Type" content="text/html; charset=gb2312" />
<title>焦点、按键及表单事件</title>
<style type="text/css">
  *{font-size:10pt;}
  #userName,#pass,#email {width:150px;}
</style>
<script type="text/javascript" src="j6-11.js"></script>
```

```html
</head>
<body>
  <h3>用户注册页面</h3>
  <form id="form" action="h6-10.html" method="post" >
    输入名称：<input id="userName" /> <br />
    输入密码：<input type="password" name="pass" id="pass" /> <br />
    电子邮箱：<input value="lfshun@163.com" readonly="readonly" id="email" /> <br />
    选择性别：<input type="radio" value="0" checked="checked" />男
                <input type="radio" value="1"/>女<br />
    选择运动：<input type="checkbox" value="爬山" checked="checked" />爬山
             
            <input type="checkbox" value="游泳" checked="checked" />游泳<br />
    <input type="submit" value="提交" />
    <input type="reset" />
  </form>
</body>
</html>
```

(2)　在同一目录下创建 js 外部文件 j6-11.js：

```javascript
//窗口总在背后，必须最小化或关闭其他窗口才可浏览
onfocus=moveBack;
//window 获得焦点函数，让自己自动重新失去焦点
function moveBack() { self.blur(); }
onunload=function() {}
onload=initForm;
function initForm()
{ document.getElementById("userName").onblur=fieldCheck;   //用户名失去焦点
  var allTags=document.getElementsByTagName("*");   //获取所有标记对象数组
  for (var i=0; i<allTags.length; i++)
    { if ( allTags[i].readOnly )          //对只读标记获得焦点事件记忆匿名函数
      { allTags[i].onfocus=function() { this.blur(); alert("邮箱不可编辑"); }
    } }                      //用标记内置函数 blur() 强制失去焦点
  document.getElementById("form").onsubmit=formSubmit;   //提交表单
  document.getElementById("form").onreset=formReset;     //重置事件
}
function fieldCheck()              //用户名失去焦点验证数据
{
  if (this.value=="")
  {
    //改变背景、自动获得焦点
    this.style.backgroundColor="#FFFF99"; this.focus();
  }
  else { this.style.backgroundColor="#FFFFFF"; }      //恢复原背景
}
function formSubmit()
{ var x=confirm("您确认要提交表单吗?");   //创建确认对话框，返回用户选择
  if (!x) return false;          //用户选择"取消"则取消提交表单
}
function formReset()
```

```
{
    var x=confirm("重置后所有信息将被删除\n 您确认要重置表单吗?");
    if (!x) return false;
}
```

注意：火狐浏览器不支持标记内置函数 focus()；无法保持文本框自动重新获得焦点。

运行效果如图 6-22～6-25 所示。

图 6-22　h6-11.html 初始运行效果

图 6-23　未输入名称而离开名称框

图 6-24　试图编辑电子邮箱时出现的对话框

图 6-25　单击提交按钮出现的对话框

6.7　onerror 事件与页面错误提示

浏览器不会执行有错误的脚本代码，也不显示错误信息，只在状态栏显示"页面上有错误"，这给脚本编辑带来很大困难，利用 onerror 事件或 try...catch/throw 捕获错误模块可以提供错误信息，就像上网常看到的 runtime 错误警告框"是否进行 debug？"。

6.7.1　用 onerror 事件捕获错误

用 onerror 事件捕获错误是捕获错误的传统方法，当页面文档或图像加载过程中出现错误时，会触发 onerror 事件，可定义一个专门捕获错误的函数，也称为 onerror 事件处理器：

```
onerror=函数名;       //指定错误处理器，由 window 对象记忆，而不是立即调用
function 函数名(msg, url, line)
{
  //错误处理代码
  return true||false;
}
```

事件处理器函数必须有 3 个参数：msg-错误消息、url-错误页面、line-发生错误的代码行，当页面出现错误时，window.document 文档对象自动传递参数调用函数。

函数返回值可以确定错误消息是否显示在控制台，返回 false 则显示在控制台，返回 true 则不显示。

【例 6-12】捕获错误信息的页面。

(1)　创建 h6-12.html 文档：

```
<!DOCTYPE html PUBLIC "-//W3C//DTD XHTML 1.0 Transitional//EN"
  "http://www.w3.org/TR/xhtml1/DTD/xhtml1-transitional.dtd">
<html>
<head><title>错误处理页面</title>
<script type="text/javascript" src="j6-12.js"></script>
</head> <body>
 <h3>捕获错误信息页面</h3>
 <script type="text/javascript">
   document.write("35/2="+35/2+"<br />")
 </script>
 <input type="button" id="mess" value="引发错误" />
</body>
</html>
```

(2)　在同一目录下创建 js 外部文件 j6-12.js：

```
onerror=handleErr;          //记忆错误处理函数但不调用，可作为错误处理通用代码
function handleErr(msg, url, line)  //错误处理通用函数
{ var txt="页面出现错误:\n\n"
  txt+="错误页面 URL: " + url + "\n" + line + "行发生错误: " + msg + "\n\n"
  txt+="单击确定继续…\n"
  alert(txt);
}
onunload=function() {}
onload=initButton;
function initButton()
{ document.getElementById("mess").onclick=mess; }    //按钮单击事件
function mess()                  //按钮单击事件调用函数发生错误
{ adddlert("欢迎光临本网站!"); }  //模拟错误，正确为 alert
```

当单击"引发错误"按钮时，弹出的对话框如图6-26所示。

图6-26　单击"引发错误"按钮时弹出对话框

如果将页面中的document.write代码去掉te，改为document.wri，刷新装载页面，则弹出如图6-27所示的对话框。

图6-27　将页面document.write代码去掉te弹出的对话框

如果将页面中的document.write("35/2="+35/2+"<br />")代码去掉最后的"）"，刷新装载页面，弹出的对话框如图6-28所示，此时火狐浏览器弹出的对话框如图6-29所示。如果将("35/2="+35/2+"<br />")代码中的双引号去掉，也会弹出对话框。

图6-28　将页面document.write("35/2="+35/2+"<br />")代码去掉最后的"）"

图6-29　去掉最后的"）"时火狐浏览器弹出的对话框

6.7.2　用 try...catch 捕获错误

用 try...catch 捕获错误的语法格式如下：

```
try { //可能出现错误的 JavaScript 代码； }
catch(err) { //处理错误的代码； }
```

将可能发生错误的代码放在 try 中，如果没有错误，等于 catch 不存在；一旦发生错误，则会自动传递 err 错误对象并执行 catch 中的代码。

【例 6-13】发生错误时显示确认对话框，单击确定按钮继续浏览网页，单击取消按钮则转到指定的页面。

(1)　创建 h6-13.html 文档：

```
<!DOCTYPE html PUBLIC "-//W3C//DTD XHTML 1.0 Transitional//EN"
   "http://www.w3.org/TR/xhtml1/DTD/xhtml1-transitional.dtd">
<html>
<head><title>try...catch 错误处理页面</title>
<script type="text/javascript" src="j6-13.js"></script>
</head><body>
  <h3>try...catch 捕获错误信息页面</h3>
  <input type="button" id="mess" value="引发错误" />
</body></html>
```

(2)　在同一目录下创建 js 外部文件 j6-13.js：

```
onunload=function() {}
onload=initButton;
function initButton()
{ document.getElementById("mess").onclick=mess; }    //按钮单击事件
function mess()
{ try{ adddlert("欢迎光临本网站"); }    //可能出现错误的代码，模拟错误
  catch(err)
    { var txt="页面出现错误: "+ err +"\n\n 单击确定继续浏览\n 单击取消返回首页\n"
      if (!confirm(txt)) { document.location.href="h6-12.html" }
}}
```

【例 6-14】用 try...catch 改写 h6-13.html。

(1)　创建 h6-14.html 文档：

```
<!DOCTYPE html PUBLIC "-//W3C//DTD XHTML 1.0 Transitional//EN"
   "http://www.w3.org/TR/xhtml1/DTD/xhtml1-transitional.dtd">
<html>
<head><title>错误处理页面</title>
<script type="text/javascript" src="j6-14.js"></script>
</head><body>
  <h3>捕获错误信息页面</h3>
  <script type="text/javascript">
    try{ document.write("35/2="+35/2+"<br />") }    //可能出现错误的代码
    catch(err) { viewErr(err); }                     //调用错误处理函数
```

```
</script>
  <input type="button" id="mess" value="引发错误" />
</body></html>
```

(2) 在同一目录下创建 js 外部文件 j6-14.js:

```
onunload=function() {}
onload=initButton;
function initButton()
{ document.getElementById("mess").onclick=mess; }    //按钮单击事件
function mess()                          //按钮单击事件调用函数发生错误
{ try{ adddlert("欢迎光临本网站!"); }      //可能出现错误的代码，模拟错误
  catch(err) { viewErr(err); }           //调用错误处理函数
}
function viewErr(err)                     //错误处理函数
{ var txt="页面出现错误:" + err + "\n\n 单击确定按钮继续...\n "
  alert(txt);
}
```

该方式单击"引发错误"按钮或将页面中的 document.write 代码去掉 te 改为 document.wri 后，刷新或装载页面时都可弹出错误提示对话框，但如果去掉")"或双引号，则不执行代码，也不会弹出对话框。

6.7.3 用 throw 抛出错误对象

用 throw 抛出错误对象的语法格式如下:

```
throw 错误对象;
```

throw 语句用于抛出能被 try...catch 捕获并处理的错误对象，配合 try...catch 可处理一些能预见到的错误，以实现控制程序或提示精确的错误信息。其中错误对象可以是字符串、整数、逻辑值，或者其他对象。

【例 6-15】提交表单时检查学生成绩，如果用户输入的学生成绩大于 100、小于 0 或等于 0，则弹出错误信息提示对话框。

(1) 创建 h6-15.html 页面文档:

```
<!DOCTYPE html PUBLIC "-//W3C//DTD XHTML 1.0 Transitional//EN"
   "http://www.w3.org/TR/xhtml1/DTD/xhtml1-transitional.dtd">
<html>
  <head><title>用 throw 抛出错误对象</title>
      <script type="text/javascript" src="j6-15.js"></script>
  </head>  <body>
    <h3>提交学生成绩页面</h3>
    <form method="post" >
      学生成绩: <input id="score" /> <br />
      <input type="submit" id="form" value="提交成绩" />
      <input type="reset" />
    </form>
</body></html>
```

(2) 在同一目录下创建 js 外部文件 j6-15.js，注意 onsubmit 事件必须由<form>表单标记响应，submit 按钮可响应单击事件，返回 false 也可终止 form 提交表单：

```
onunload=function() {}
onload=initButton;
function initButton()
{ document.getElementById("form").onclick=checkScore; }  //提交表单
function checkScore()
{ var x= document.getElementById("score").value;
  try{ if ( x=="" || isNaN(x) ) throw "Err1";      //抛出错误1
    else if (x>100) throw "Err2";              //抛出错误2
    else if (x<0) throw "Err3";                //抛出错误3
    else if (x==0)
      { var txt="学生成绩为 0 分\n\n 单击确定提交成绩\n 单击取消返回修改\n";
        if ( !confirm(txt) ) throw "Err4";   //抛出错误4
    } }
  catch(err)
    { if (err=="Err1") alert("请输入数字字符");
      else if (err=="Err2") alert("学生成绩超过了 100，请重新输入");
      else if (err == "Err3") alert("必须输入 0~100 分的正数成绩");
      return false;                          //取消提交表单
    }
}
```

6.8 习   题

1. 选择题

(1) 以下描述中，哪些是 JavaScript 的功能？(   )

　　A. 检测客户机器的浏览器版本，并能根据不同的浏览器装载不同的页面内容

　　B. 读取、改变并创建页面的 HTML 元素，动态改变页面内容

　　C. 对客户的操作事件做出响应，仅当事件发生时才执行某些代码

　　D. 在提交到服务器之前，对数据进行语法检查，避免向服务器提交无效数据

(2) 对 JavaScript 语言特点的描述中，正确的有(   )。

　　A. 是一种基于对象、解释执行的脚本语言

　　B. 是一种基于对象、编译后执行的脚本语言

　　C. 是一种以事件驱动方式运行的语言

　　D. 它的运行环境只与客户端的浏览器版本有关，与服务器及客户端的操作系统无关

(3) 我们可以在下列哪个 HTML 元素中放置 JavaScript 代码？(   )

　　A. <script>　　　　B. <javascript>　　　　C. <js>　　　　D. <scripting>

(4) 引用名为"xxx.js"的外部脚本的正确语法是(   )。

　　A. <script src="xxx.js">

　　B. <script href="xxx.js">

C. <script name="xxx.js">

(5) 在脚本编程中，如果使用已定义但是没有赋值的变量，则系统会返回(　　)。

A. 空值 null　　　　　　　　　　　　　B. 不确定值 undefined

C. 布尔值 false　　　　　　　　　　　　D. 0 值

(6) 下列说法中，正确的是(　　)。

A. JavaScript 中所有变量都必须使用 var 定义

B. 使用 var 定义变量时，一次只能定义一个

C. JavaScript 中变量 num 和 Num 是一样的

D. JavaScript 中变量没有固定的类型

(7) JavaScript 中可以通过下面哪种形式的代码获取数组的长度？(　　)

A. count(数组名)　　　　　　　　　　　B. 数组名.len

C. len(数组名)　　　　　　　　　　　　D. 数组名.length

(8) 设存在函数 calculate()，要求点击某按钮时调用该函数，则相应的代码是(　　)。

A. onclick= "calculate()"　　　　　　　B. onclick= "calculate"

C. onmousedown="calculate()"　　　　　D. onmousedown="calculate"

(9) 若存在代码<form onsubmit= "return validate();">，则下列说法中正确的是(　　)。

A. 在某种条件下函数 validate()必须能够返回值 false

B. 当函数返回 false 值时，该函数将停止执行，并阻止表单向服务器提交数据

C. 函数 validate()的调用必须是在点击 submit 类型按钮时

D. 函数 validate()返回任意值都能够阻止表单向服务器提交数据

(10) 若存在变量 a=5,b=6，则下面表达式中能使变量 a 的值变为 4 的有(　　)。

A. b>=6 || a--　　　B. b>6 && a--　　　C. b>6 || a--　　　D. b>=6 && a--

(11) "允许定义函数时不指定形参，而调用函数时指定实参"的说法是否正确？(　　)

A. 是　　　　　　B. 否

(12) 在页面加载时立即执行的事件函数一般定义为(　　)。

A. 独立函数　　　　B. 内嵌函数　　　　C. 匿名函数

(13) 假设已经定义了独立的函数 valicate()，要求在页面加载时调用该函数，正确的做法是(　　)。

A. window.onload=valicate();　　　　　B. window.onload=valicate;

C. Window.onload=valicate;　　　　　　D. onload=valicate;

(14) 关于 body 的有效范围，以下说法中正确的是(　　)。

A. IE 浏览器对 XHTML 页面，body 的有效范围是页面实际内容区域

B. IE 浏览器对 HTML 页面，body 的有效范围是页面实际内容区域

C. 火狐浏览器中使用纯脚本调用函数时，body 的有效范围是页面实际内容区域

D. 火狐浏览器使用事件属性调用函数时，body 的有效范围是页面实际内容区域

(15) 脚本中鼠标离开事件是(　　)。

A. onMouseDown　　B. onMouseOut　　　C. onMouseOver　　D. onMouseUp

2. 操作题

设计如图 6-30 所示的页面效果，要求如下：在前两个文本框中输入任意数字值，单击相应的运算符按钮后，完成需要的运算。

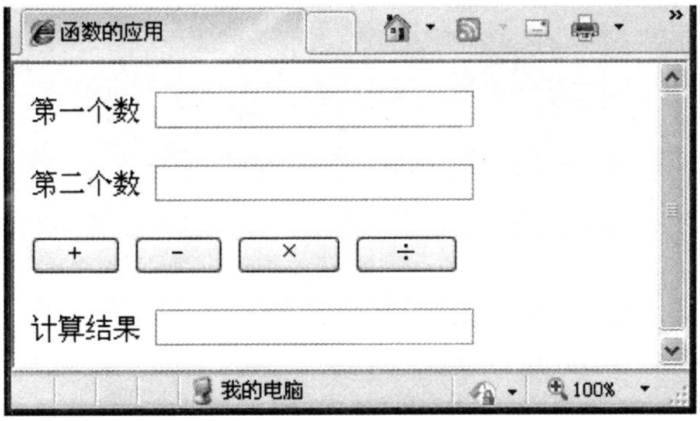

图 6-30 运行效果

第 7 章　JavaScript 对象与系统对象

【学习目的与要求】

知识点

- 脚本中全局对象的应用。
- window 对象的属性及方法。
- 浏览器信息对象 navigator 的属性和方法。
- location 对象和 history 对象的作用。

难点

window 对象中各种方法的应用。

7.1　面向对象概述

对象就是指现实世界中的某个具体事物或者一个独立的实体，如一名学生、一台发动机、一辆汽车、一场演出、一个 HTML 文档、页面中的一幅<img>图像、一个<div>标记、一个<a>标记都是一个对象。

面向对象就是把现实中的对象抽象为一组数据和若干操作方法(函数)，也可以把对象想象成一种新型变量：这种变量既能保存它自身具有的若干数据(对象的特征或属性，也称为对象的数据成员)，又包含对它自身数据进行处理的方法(函数或对象的行为，也称为对象的成员方法或函数)。

学生对象的属性如：学号、姓名、性别、年龄、身高、体重、语文成绩、数学成绩。

学生对象的方法如：计算总分、计算平均分、打印输出个人简介及自身的各项数据。

一个<a>标记对象的属性如：id 值、class 样式类名、href 超链接页面。

一个<a>标记对象的方法如：鼠标进入、鼠标离开、鼠标单击时的事件处理函数。

一个对象的属性成员也可以是其他对象，例如汽车对象包含发动机对象，而 HTML 文档对象包含的属性为页面中的所有标记对象、每个标记对象还包含自己的属性对象。也就是说，页面中的每个标记对象都还是文档对象的一个属性成员。

面向对象的程序设计就是用程序语言把对象的属性成员、操作方法抽象封装成一个类，用这个类作为通用的类型模板，再去创建具体的对象(变量)。

面向对象必须具有的三大特征就是对象或类的封装(抽象)、类的继承与方法的多态，虽然 JavaScript 完全支持类与对象，但它只具有对象或类的封装特性而没有继承和多态，因此 JavaScript 只是一种"基于对象"的脚本语言。

JavaScript 提供了大量内置的系统类与对象，如浏览器对象、HTML 文档对象、各种标记对象，用户可以直接使用系统的内置对象，也可以自定义类并创建自己的对象。

在页面中使用脚本时，多是使用系统的各种内置对象，因此本书中只讲解系统的内置对象，关于自定义类及对象，有兴趣的读者可参阅其他相关的书目。

7.2 JavaScript 全局对象

JavaScript 提供了 window、screen、history、location、navigator、Array、String、RegExp、Data、Math、Boolean、Number 等内置的系统类与对象，还提供了页面文档对象 document 以及各种 DOM 标记节点对象，用户可直接使用这些系统类和对象。

JavaScript 还提供了一个内置的系统全局对象，该对象没有名称，其属性、函数可直接使用而不需要对象名前缀，因此全局对象的属性可理解为 JavaScript 的内置全局变量，全局对象的函数可理解为 JavaScript 的内置全局通用函数。

7.2.1 全局对象的属性：全局变量

全局对象的属性即全局变量，有以下几种。

(1) infinity：用于存放表示无穷大的数值。

当使用大于 1.7976931348623157E+308 的数值或者 0 作除数时，返回正无穷值 infinity，当使用小于−1.7976931348623157E+308 的数值时则返回负无穷值−infinity。

任何数据都不允许与 infinity 进行比较，否则会出现语法错误，如果需要判断数据是否为正常数值(非无穷大或可转换为数值的数据)，可以使用全局函数 isFinite()。

(2) NaN：表示非数字值，即不能转换为数值的数据。

NaN 可以看作是一类数据或一个不确定的值，NaN 与任何数据包括它自身比较都不会相等，如果需要判断某个数据是否是非数字值，可以使用 isNaN()全局函数。

(3) undefined：表示未定义的值。

undefined 与 null 不同，null 是一个常量，用于表示没有值或空值，而 undefined 表示一个不存在的值，比如使用不存在的对象或变量，或已声明未赋值的变量，都会返回 undefined。

如果需要判断一个数据是否为 undefined-不存在，必须用全等于===或!==，如果使用==或!=比较，则 undefined 与 null 等价。

7.2.2 全局对象的方法：全局函数

1. 字符串转换为整数值 parseInt(string[, radix])

parseInt(string[, radix])将字符串按指定的 radix 进制计算并返回十进制整数。允许字符串开头的+、−号及两端的空格转换到第一个非数字字符，若第一个字符不能转换，则返回 NaN。进制数 radix 取值 2~36 之间，超出范围返回 NaN。省略 radix 或取值为 0 则根据 string 的值自动判断基数：0x 或 0X 开头认为是 16 进制数，0 开头则认为是 8 进制数，1~9 开头认为是 10 进制数。

2. 字符串转换为实数值 parseFloat(string)

parseFloat(string)将字符串转换为实型数。允许字符串开头的+、−号及两端的空格转换到第一个非数字字符，若第一个字符不能转换，则返回 NaN。

3．判断正常数值 isFinite(number)

isFinite(number)用于判断数值表达式或纯数字字符串 number 是否为正常数值(非无穷大)，如果是正常数值就返回 true，如果是非数字值 NaN 或无穷大，则返回 false。

4．判断非数字值 isNaN(x)

isNaN(x)用于判断 x 是否为非数字值或非纯数字字符串，如果是非数字值或非纯数字字符串，返回 true，若是数值或纯数字字符串，则返回 false。

5．执行表达式 eval(string 常量或常量表达式)

eval(string 常量或常量表达式)的参数必须是字符串常量或常量表达式，而不允许是变量，如果是可计算的算术表达式，则进行计算并返回结果，如果是 JavaScript 命令代码，则执行这些代码。

6．字符串编码 encodeURL(string)

encodeURL(string)用于代替 escape()函数对字符串进行编码，并返回编码后的副本。

在使用 url 进行参数传递时，经常会传递一些中文参数或 URL 地址，如果传送数据页面采用 GB2312，而接收数据页面或程序使用 UTF-8，则处理收到的参数时就会发生错误。

如果接收数据的程序采用 UTF-8 方式，而当前页面采用其他方式，传递数据时则可使用 encodeURL()方法把 URL 文本字符串用 UTF-8 编码格式转化成 escape 格式的统一资源标识符(URL)字符串。

> 注意：该方法对 ! @ # $ & * ( ) = : / ; ? + ' 等字符不能进行编码，如果字符串中包含这些字符但不是 url 中的特殊字符，则可使用 encodeURLComponent()函数(不能编码 ! * ( )等字符)进行编码。

7．字符串解码 decodeURL(string)

decodeURL(string)用于代替 unescape()函数对字符串进行解码，并返回解码后的副本。

【例 7-1】在页面中创建两个文本框 t1、t2 和一个计算按钮 bt1，要求的功能如下。

在文本框 t1 中输入一个数，该文本框失去焦点时判断输入的是否为一个数，若不是，则弹出消息框给出提示信息。在文本框 t2 中输入一个数值表达式，单击 bt1 按钮时，计算表达式的结果，并弹出消息对话框显示结果。

创建 h7-1.html，代码如下：

```
<!DOCTYPE html PUBLIC "-//W3C//DTD XHTML 1.0 Transitional//EN"
  "http://www.w3.org/TR/xhtml1/DTD/xhtml1-transitional.dtd">
<html xmlns="http://www.w3.org/1999/xhtml">
<head>
<meta http-equiv="Content-Type" content="text/html; charset=gb2312" />
<title>全局函数的应用</title>
<style type="text/css">
 *{font-size:10pt;}
 #t1,#t2{width:100px;}
```

```
</style>
<script type="text/javascript" src="j7-1.js"></script>
</head><body>
  <p>请输入一个数：<input type="text" id="t1" /></p>
  <p>请输入表达式：<input type="text" id="t2" /> <br />
    <input type="button" id="bt1" value="计算" /></p>
</body></html>
```

创建 j7-1.js，代码如下：

```
window.onunload=function(){}
window.onload=function(){
    document.getElementById('t1').onblur=t1Check;
    document.getElementById('bt1').onclick=t2Cal;
}
function t1Check(){
    var data=document.getElementById('t1').value;
    if(isNaN(data)){
        alert('要求在文本框中输入一个数字');return false; }
}
function t2Cal(){
    var data=document.getElementById('t2').value;
    var result=eval(data);
    alert('表达式'+data+'的计算结果是'+result);
}
```

运行结果如图 7-1～7-3 所示。

图 7-1　h7-1.html 页面的初始效果

图 7-2　在 t1 中输入非数字值的效果　　　　图 7-3　在 t2 中输入一个数值表达式的效果

7.3　浏览器窗口对象 window

window 是 JavaScript 的最顶层对象，代表了客户端的一个浏览器窗口或一个框架，一个独立的浏览器窗口或一个框架就是一个 window 对象。浏览器打开一个页面窗口或创建一个框架时，会自动创建相应的 window 对象。

在客户端 JavaScript 中，window 也是全局对象，代表了当前浏览器窗口，引用当前窗口不需要特殊的语法，对象名 window 可以省略。

例如，window.onload 可简写为 onload，创建消息框 window.alert()可简写为 alert()。

我们经常使用的 DOM 文档对象 document、客户端的浏览器信息对象 navigator、屏幕对象 screen、浏览器 URL 历史对象 history、打开页面文档的 URL 对象 location 等特殊对象都是 window 对象中所包含的属性成员子对象，都可以直接使用。

7.3.1　window 对象的属性

当需要明确引用当前窗口时，可使用 self 或 window 这两个属性之一。例如当试图将某个页面强制装载到当前框架窗口的顶层窗口中打开时，可使用以下代码：

```
if (window.top!=window.self)            //如果顶层窗口不是当前窗口自己
{ window.top.location="test.html" }     //则在顶层窗口中打开
```

window 对象中所包含的属性成员如下。

- navigator：当前窗口所在的浏览器信息对象。
- screen：当前窗口所在的屏幕对象。
- history：当前窗口所在浏览器访问页面的 URL 历史对象。
- location：当前窗口所打开页面文档的 URL 对象。
- document：当前窗口中打开的页面文档对象。
- name：当前窗口的名称。当前窗口名称一般是用 open()创建窗口时或创建<iframe>框架时指定的 name 或 id 属性，可作为<a>标记的 target 属性值以指定打开超链接页面的目标窗口。
- closed：判断当前窗口是否已关闭，若已关闭，其值为 true，否则为 false。窗口关闭后，相应的 window 对象并不消失，但其属性不允许再使用，否则会引发错误。
- frames[]：父框架(集)窗口中所包含的全部子框架集合，是一个 window 对象数组。
- length：所包含的 window 子框架窗口对象的数量。
- opener：创建当前窗口的 window 窗口对象。
- parent：框架的 window 父窗口对象。
- top：框架的最顶层 window 父窗口对象。

7.3.2　window 对象的对话框

window 提供了消息、确认、输入对话框和弹出式信息窗口的创建方法，可直接使用。

1．提示信息对话框 alert("文本")

alert("文本")创建带指定文本信息和一个确认按钮的有模式消息对话框，对话框创建后必须立即响应，即单击按钮使对话框消失后，才可以操作其他内容。

消息对话框中显示的内容是 JavaScript 的纯文本字符串，对 IE 浏览器省略文本为无提示信息的对话框，而火狐浏览器省略文本则语法错误，不执行。

消息对话框无返回值。

2．确认对话框 confirm("文本")

confirm("文本")创建带指定文本信息和确认、取消两个按钮的确认对话框。

单击确认按钮返回 true，单击取消按钮返回 false，仅 IE 浏览器可以省略文本。

7.3.3　window 对象的方法

window 对象提供了许多方法，可直接作为全局函数使用。

1．创建新浏览器窗口 open([URL[, name[, features[, replace]]]])

open()方法先按指定名称 name 查找已有窗口，如果没有同名窗口或同名窗口已经关闭，则会创建并立即打开一个新浏览器窗口，并返回新创建窗口 window 对象的引用。

(1) URL：该参数指定在窗口中加载的页面文档，省略或取值为""则打开一个空窗口。

(2) name：该参数指定窗口的名称，可作为<a>标记的 target 属性值以指定打开超链接页面的目标窗口，省略 name 为无名窗口。如果已存在打开的 name 同名窗口，则不创建新窗口，而直接使用原有窗口并忽略 features 参数的设置。

(3) features：该参数是用逗号分隔的界面参数列表字符串，指定新窗口的界面元素。

其中：height=窗口文档区高度(像素)，width=窗口宽度。

left=窗口距屏幕左侧的 x 坐标，top=窗口距屏幕上方的 y 坐标。

以下特征取值均为 yes||no||1||0，用于指定浏览器某些外观界面元素是否显示。

titlebar=标题栏，location=地址栏，menubar=菜单栏。

toolbar=工具栏，scrollbars=滚动条，status=状态栏。

resizable=窗口调节，directories=目录按钮。

channelmode=使用剧院模式，fullscreen=全屏模式(必须与剧院模式同步)。

注意：省略 features 参数或使用""则采用浏览器的默认设置，即使用全部界面元素。

一旦设置了某一个界面元素(包括 height、width)则其余未设置的界面元素全部默认为 no||0 不显示。

指定多个界面元素可使用简化方式，如"toolbar,scrollbars=yes"或"toolbar,scrollbars"，但逗号前后不能有空格。

features 参数在很多浏览器中都不能实现指定的功能。

【例 7-2】使用 window.open 方法。

在页面中创建三个普通按钮，id 分别是 btn1、btn2 和 btn3，点击三个按钮时，分别在新窗口中打开 163 邮箱登录页面、山东商职学院网站首页和百度主页。打开百度主页时，要求指定在一个宽 600 像素、高 150 像素、没有工具栏/滚动条/地址栏/状态栏等其他全部信息的窗口中。

创建 h7-2.html 文件，代码如下：

```
<!DOCTYPE html PUBLIC "-//W3C//DTD XHTML 1.0 Transitional//EN"
  "http://www.w3.org/TR/xhtml1/DTD/xhtml1-transitional.dtd">
<html xmlns="http://www.w3.org/1999/xhtml">
<head>
<meta http-equiv="Content-Type" content="text/html; charset=gb2312" />
<title>无标题文档</title>
<script type="text/javascript" src="j7-2.js"></script>
</head><body>
  <input type="button" id="btn1" value=" 进入邮箱登录界面 " />
  <input type="button" id="btn2" value=" 进入我的学校首页 "/>
  <input type="button" id="btn3" value=" 进入百度首页 "
</body></html>
```

创建 j7-2.js 文件，代码如下：

```
window.onunload=function(){}
window.onload=function(){
    document.getElementById('btn1').onclick=emailOpen;
    document.getElementById('btn2').onclick=sictOpen;
    document.getElementById('btn3').onclick=baiduOpen;
}
function emailOpen(){window.open('http://mail.163.com');}
function sictOpen(){window.open('http://www.sict.edu.cn');}
function baiduOpen(){
    window.open('http://www.baidu.com',"",
      "toolbars=0,scrollbars=0,location=0,statusbars=0,menubars=0,
      resizable=no,width=600,height=200");
}
```

页面运行效果如图 7-4 所示。

图 7-4　h7-2.html 的运行效果

在火狐浏览器中，打开的百度首页基本按照要求实现了(见图 7-5)，但是调整窗口大小功能并没有被禁止；在 IE 浏览器下，所有要求都能实现；而在其他各种浏览器中，则很难满足程序中的要求。

2. 创建弹出式窗口 createPopup()

弹出式 pop-up 窗口也是一个 window 对象，通过 window 对象的 document 子对象及其 body 对象，可设置窗口中显示的内容，但弹出式窗口仅是一个没有边框及任何界面元素不可移动的空白区域，鼠标单击 pop-up 窗口外的任意位置即可关闭该窗口。

图 7-5　火狐浏览器下单击"进入百度首页"按钮后的效果

弹出式窗口的使用步骤如下。

(1) 使用 createPopup()方法创建窗口对象。

(2) 获取窗口中的子对象 document.body。

(3) 必要时，使用子对象的 style 属性中的各种样式设置属性设置弹出窗口的外观。

(4) 使用子对象的 innerHTML 属性设置弹出窗口中要显示的文本信息。

(5) 使用窗口对象的 show()方法设置窗口的显示位置和大小，show()方法的参数有 5 个，分别是 x 坐标、y 坐标、宽度、高度、窗口位置所参照的页面中对象。

【例 7-3】创建一个 pop-up 弹出式窗口，要求在所点击文本的正下方显示该窗口：

```
<!DOCTYPE html PUBLIC "-//W3C//DTD XHTML 1.0 Transitional//EN"
  "http://www.w3.org/TR/xhtml1/DTD/xhtml1-transitional.dtd">
<html xmlns="http://www.w3.org/1999/xhtml">
<head>
<meta http-equiv="Content-Type" content="text/html; charset=gb2312" />
<title>创建 pop-up 弹出式窗口</title>
<style type="text/css">
 *{font-size:10pt;}
 p span{color:#00f; cursor:pointer;}
</style>
<script type="text/javascript">
function show_popup()  //按钮事件函数
{ var p=createPopup();                      //创建弹出式 pop-up 窗口
 var pbody=p.document.body;                //获取弹出式窗口的 body 对象
 var sp=document.getElementById('sp1');  //获取参照元素
 pbody.style.backgroundColor="red";      //设置背景
 pbody.style.border="solid black 1px";    //设置边框
 pbody.innerHTML="用户点击某个概念时弹出来，在 pop-up 外面点击任意位置即可关闭！"
 p.show(0, 15, 200, 50, sp); //显示弹出窗口，位置大小及内容
```

```
    }
    </script>
    </head>
    <body>
       <h3>创建 pop-up 弹出式窗口--帮助文档式的应用</h3>
       <p>在页面中经常需要使用弹出式窗口来解释说明某个概念，例如点击<span id="sp1"
         onclick="show_popup()">弹出式窗口</span>可看到对弹出式窗口的说明</p>
    </body>
    </html>
```

运行效果如图 7-6 所示。

图 7-6　使用 pop-up 弹出式窗口

注意：弹出式窗口只能在 IE 浏览器中起作用。

3．循环定时器 setInterval(code, millisec[,"lang"]) / clearInterval(id)

setInterval()方法用于创建一个循环定时器，并按参数 millisec 指定的毫秒数为周期，循环调用执行 code 指定的代码或函数，直到浏览器关闭或调用 clearInterval()方法结束。

setInterval()方法返回所创建定时器的 ID 值，并作为 clearInterval(id)方法的参数。

code 为循环定时调用执行的代码字符串、函数名或匿名函数，如果调用带参数的函数且参数为变量时，必须组合成字符串。例如 var x=3; 若指定循环调用函数 fun(x)时，必须写为：

```
setInterval("fun(" + x + ")", 1000);
```

clearInterval(id)方法用于结束指定 ID 的循环定时器，其中 id 参数必须是由 setInterval()创建循环定时器时返回的 ID 值。

4．延时定时器 setTimeout(code, millisec) / clearTimeout(id)

setTimeout()方法用于创建一个延时定时器，仅在参数 millisec 指定的毫秒数之后调用一次 code 指定的代码，并返回所创建定时器的 ID 值，作为取消延时定时方法的参数。

code 为延时定时调用执行的代码字符串、函数名或匿名函数，如果调用带参数的函数且参数为变量，必须组合成字符串。

虽然 setTimeout()方法只调用执行一次 code 代码，但如果在执行的 code 代码中再通过

setTimeout()方法继续延时调用 code 代码,即可实现递归循环调用的效果。

clearTimeout(id)用于取消指定 ID 循环定时器的延时调用,id 参数必须是由 setTimeout()创建延时定时器时返回的 ID 值。

【例 7-4】创建 5 个不同的计时器。

页面计时:页面加载后用<span>每 500 毫秒显示一次机器时间"时:分:秒",直到页面关闭。

计时器 1:页面加载后用文本框每 100 毫秒显示一次机器格式时间,可通过按钮停止。

计时器 2:按钮启动延时 5 秒后弹出对话框,同时开始每 1000 毫秒显示一次机器格式的日期时间,可通过按钮停止。

循环计数器 1~100:按钮启动后每 200 毫秒加 1,从 1~100 循环计数,直到页面关闭。

简单计数器 2,4,6,8:按钮启动后从 0 开始每 2 秒加 2 直到 8 自动结束。

(1) 创建 h7-4.html 页面文档:

```
<!DOCTYPE html PUBLIC "-//W3C//DTD XHTML 1.0 Transitional//EN"
  "http://www.w3.org/TR/xhtml1/DTD/xhtml1-transitional.dtd">
<html xmlns="http://www.w3.org/1999/xhtml">
<head>
<meta http-equiv="Content-Type" content="text/html; charset=gb2312" />
<title>循环、延时调用计时器</title>
<script src="j7-4.js" type="text/javascript"> </script>
</head>
<body>
  <h3>循环、延时调用计时器</h3>
  页面计时: <span id="text"> </span><br />
  计时器 1: <input type="text" id="clock1" size="25" />
        <button id="stop1">停止计时</button><br />
  计时器 2: <input type="text" id="clock2" size="25" />
        <button id="start2">延时计时</button>
        <button id="stop2">停止计时</button><br />
  循环计数器 1~100: <input type="text" id="count1" size="14" />
        <button id="start3">计数开始</button><br />
  简单计数器 2,4,6,8: <input type="text" id="count2" size="14" />
        <button id="start4">计数开始</button> <br />
</body>
</html>
```

(2) 在同一目录下创建 js 外部脚本文件 j7-4.js:

```
var n=0, id1=0, id2=0;                    //页面全局变量
onunload=function() {};
onload=initBody;
function initBody()
{ document.getElementById("stop1").onclick=stop1;
  document.getElementById("start2").onclick=start2;
  document.getElementById("stop2").onclick=stop2;
  document.getElementById("start3").onclick=start3;
  document.getElementById("start4").onclick=start4;
```

```
    startTime();                        //启动页面计时—采用延时定时递归循环
    id1=setInterval("clock1()", 1000);  //计时1循环定时1秒调用clock1()返回ID
}
function startTime()                    //页面计时
{ var today=new Date();
  var h=today.getHours();
  var m=today.getMinutes();  if (m<10) { m="0"+m; }  //两位分钟数
  var s=today.getSeconds();  if (s<10) { s="0"+ s; }  //两位秒数
  document.getElementById('text').firstChild.nodeValue=h+":"+m+":"+s;
  setTimeout('startTim..()', 500);   //延时递归调用，无限循环不停止，不需要返回id
}
function clock1()                       //计时1
{ var t=new Date().toLocaleTimeString();  //获取机器格式的时间
  document.getElementById("clock1").value=t;
}
function stop1() { clearInterval(id1); } //计时1停止计时
function start2()                       //启动计时2
{ setTimeout("alert('延时5秒计时现在开始!')", 5000);  //延时5秒弹出对话框
  setTimeout("clock2()", 5000);        //延时5秒启动计时2
}
function clock2()                       //计时2
{ var t=new Date().toLocaleString()    //获取机器格式的日期时间
  document.getElementById("clock2").value=t;
  id2=setTimeout("clock2()", 1000);    //延时1秒递归调用返回ID
}
//防止计时器不存在时用户误操作
function stop2() { if ( id2!=0 ) clearInterval(id2); }
function start3()                       //循环计数器
{ setInterval("setCount1()", 200) }    //循环调用setCount1()
function setCount1()                    //循环计数器
{ n+=1; if (n>100) n=1;
  document.getElementById("count1").value=n;
}
function start4()
{ setCount2(0);
  setTimeout("setCount2(2)", 2000)
  setTimeout("setCount2(4)", 4000)
  setTimeout("setCount2(6)", 6000)
  setTimeout("setCount2(8)", 8000);
}
function setCount2(x)                   //简单计数器
{ document.getElementById("count2").value=x; }
```

运行效果如图 7-7 所示。

window 对象的其他方法，如浏览器窗口获得焦点 focus()、浏览器窗口失去焦点 blur()、设置窗口位置 moveTo(x,y)、移动窗口位置 moveBy()、设置窗口尺寸 resizeTo()、调整窗口尺寸 resizeBy()、设置页面内容位置 scrollTo()、移动页面内容位置 scrollBy()、打印窗口内容 print()、关闭浏览器窗口 close()等，在本书中不做介绍，读者可自行阅读其他相关书籍。

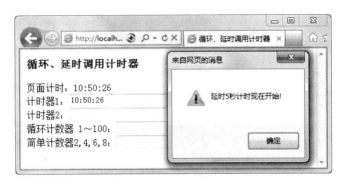

图 7-7　使用定时器

7.3.4　定时器应用小案例：图片轮换与漂浮广告

1. 图片轮换

【例 7-5】使用定时器实现图片轮换效果。

(1)　页面中需要设计的元素

①　在页面中设置一个盒子 divimg，盒子居中，宽度和高度根据要显示的图片确定。

②　在盒子 divimg 中设置一个图片元素，设置 name 和 id 为 img1，当前显示的图片是参与轮换的第一幅图。

(2)　脚本代码

定义全局变量 index，并设置初值为第一幅图的序号值 1。

函数 imgswitch() 的定义思路是：

全局变量 index 增值
判断 index 的值是否超过最后一幅图的序号值，若超过则将 index 值变换为 1
设置序号为 index 的图片作为图片区域中的内容
在函数外面使用循环定时器设置每间隔 1 秒钟调用一次函数

代码如下：

```
<!DOCTYPE html PUBLIC "-//W3C//DTD XHTML 1.0 Transitional//EN"
  "http://www.w3.org/TR/xhtml1/DTD/xhtml1-transitional.dtd">
<html xmlns="http://www.w3.org/1999/xhtml">
<head>
<meta http-equiv="Content-Type" content="text/html; charset=gb2312" />
<title>图片轮换</title>
<style type="text/css">
  #divimg{width:360px; height:190px; padding:0; margin:0;}
</style>
<script type="text/javascript">
 index=1; //全局变量 index 设置第一幅图的序号
 function imageswitch(){
   index++;
   if(index>4){ index=1;} //4 是图片的最大序号，若是超出最大序号则返回序号 1
   document.getElementById('img1').src="img/img"+index+".jpg";
```

```
}
window.setInterval("imageswitch()",1000);//使用循环定时器每间隔1秒钟调用函数一次
</script>
</head><body>
 <div id="divimg"><img src="img/img1.jpg" width="360" height="190" id="img1" /></div>
</body></html>
```

在图片轮换中，还可以设置每幅图切换进来时采用的滤镜效果，如矩形从大到小，矩形从小到大，圆形大小等，应用的滤镜是 filter:revealTrans，需要使用两个参数。

- duration：设置效果的持续时间(秒)。
- transition：设置效果样式，取值范围 0~23。

在图片区域中设置该滤镜样式。

在轮换函数中应用滤镜(使用 apply()方法)和播放滤镜(使用 play()方法)。

该滤镜主要支持有 IE 内核的浏览器，所以应用和播放之前，先使用 if(document.all)条件判断浏览器是否是 IE 内核的。

【例 7-6】在 h7-5.html 页面中增加由大到小的圆形切换效果，代码如下：

```
<!DOCTYPE html PUBLIC "-//W3C//DTD XHTML 1.0 Transitional//EN"
  "http://www.w3.org/TR/xhtml1/DTD/xhtml1-transitional.dtd">
<html xmlns="http://www.w3.org/1999/xhtml">
<head>
<meta http-equiv="Content-Type" content="text/html; charset=gb2312" />
<title>图片轮换</title>
<style type="text/css">
  //应用圆形由大到小的变化效果，持续时间是1秒钟
  #img1{filter:revealTrans(duration=1,transition=2); }
  #divimg{width:360px; height:190px; padding:0; margin:0;}
</style>
<script type="text/javascript">
 index=1;
 function imageswitch(){
   index++;
   if(index>4){ index=1;}
   document.getElementById('img1').src="img/img"+index+".jpg";
   if(document.all){ //判断是否是IE浏览器
     document.getElementById('img1').filters.revealTrans.apply();//应用滤镜
     document.getElementById('img1').filters.revealTrans.play();//播放滤镜
   }
 }
 window.setInterval("imageswitch()",2000); //设置每间隔2秒钟换一幅图
</script>
</head><body>
 <div id="divimg">
   <img src="img/img1.jpg" width="360" height="190" id="img1" />
 </div>
</body></html>
```

运行效果如图 7-8 所示。

图 7-8　IE 浏览器中运行的滤镜效果

2. 漂浮广告

制作漂浮广告的几个要点如下：

- 漂浮广告总是使用绝对定位的盒子设置的，盒子的初始位置及高度和宽度根据页面具体要求设置，漂浮是指盒子在页面中的移动。
- 盒子的移动是通过改变其左上角顶点坐标值进行的，横坐标和纵坐标都可以改变。
- 盒子的移动方向可通过两个方向变量控制，两个变量分别控制水平和垂直方向的移动。如果向右或向下移动，则相应的横坐标和纵坐标值增大，设置两个变量为+1；向左或向上移动，设置两个变量为-1。
- 两个方向变量值的更改是当层的边框移动到窗口可见范围之外时。
- 程序开始运行时，必须获取当前窗口的宽度和高度。
- 当页面打开时广告就出现——即函数是在页面的 onload 事件发生时执行的。

【例 7-7】制作页面中的漂浮广告。

创建 h7-7.html，代码如下：

```
<!DOCTYPE html PUBLIC "-//W3C//DTD XHTML 1.0 Transitional//EN"
  "http://www.w3.org/TR/xhtml1/DTD/xhtml1-transitional.dtd">
<html xmlns="http://www.w3.org/1999/xhtml">
<head>
<meta http-equiv="Content-Type" content="text/html; charset=gb2312" />
<title>制作漂浮广告</title>
<style type="text/css">
  #piaofu{width:100px; height:50px; padding:10px; margin:0;
    border:1px solid #00f; background:#eee; position:absolute; left:0; top:0;
    font-size:10pt; color:#f00;}
</style>
<script type="text/javascript" src="j7-7.js"></script>
</head><body>
  <div id="piaofu">这是漂浮的广告</div>
</body></html>
```

创建 j7-7.js，代码如下：

```
gox=1;goy=1;
```

```
function move(){
  var w=document.documentElement.clientWidth; //获取窗口的宽度
  var h=document.documentElement.clientHeight; //获取窗口的高度
  var x=document.getElementById('piaofu').offsetLeft; //获取盒子的横坐标
  var y=document.getElementById('piaofu').offsetTop; //获取盒子的纵坐标
  if(x<0){gox=1;} //若横坐标小于 0，设置方向向右
  else if(x+100>w){gox=-1;} //若横坐标+盒子宽度 100 超出窗口宽度，设置方向向左
  if(y<0){goy=1;} //若纵坐标小于 0，设置方向向下
  else if(y+50>h){goy=-1;} //若纵坐标+盒子高度 50 超出窗口高度，设置方向向上
  var step=20; //设置每次移动的像素数
  x=x+step*gox; //计算新的横坐标
  y=y+step*goy; //计算新的纵坐标
  document.getElementById('piaofu').style.left=x+'px';//重新设置盒子的横坐标
  document.getElementById('piaofu').style.top=y+'px';//重新设置盒子的纵坐标
}
setInterval('move()',200); //设置每间隔 200 毫秒移动一次
```

使用例 7-7 设计的漂浮广告是在整个窗口范围内漂浮的，读者可根据该效果自行修改为在某个宽度范围内上下漂浮或者相对固定在窗口的左侧垂直方向正中间或其他位置。

7.4　浏览器信息对象 navigator

navigator 对象是浏览器窗口 window 对象的子对象属性，可直接使用。

navigator 对象包含了客户端浏览器的类型、版本等信息，通过 navigator 对象，可对浏览器进行检测，以针对不同浏览器提供不同的页面，避免个别 JavaScript 代码在某些浏览器中无法运行。本书中只讲解该对象的几个常用属性。

(1) appName：浏览器名称。

例如 IE 浏览器名称为 Microsoft Internet Explorer，Netscape 浏览器名称为 Netscape。

(2) appCodeName：浏览器代码名。一般都是 Mozilla。

(3) appVersion：浏览器版本信息。

不同浏览器的信息格式有所不同，一般开头是版本号数字，之后是版本的细节，包括操作系统等。例如 IE 浏览器的版本信息(IE 5.0 以后的版本号仍保持为 4.0)为：

```
4.0 (compatible; MSIE 6.0; Windows NT 5.2; SV1; .NET CLR 1.1.4322)
```

可用 parseFloat()获取版本号完整数字，用 parseInt()获取主版本号。

(4) userAgent：发送给服务器 HTTP 请求的用户代理头 user-agent。

userAgent 属性值一般由浏览器代码名 appCodeName 和版本信息 appVersion 属性值构成。如 IE 浏览器发送给服务器 HTTP 请求的用户代理头 user-agent 的 userAgent 属性值为：

```
Mozilla/4.0 (compatible; MSIE 6.0; Windows NT 5.2; SV1; .NET CLR 1.1.4322)
```

(5) cookieEnabled：浏览器是否启用 cookie，启用为 true，禁用为 false。

【例 7-8】获取浏览器信息：

```
<!DOCTYPE html PUBLIC "-//W3C//DTD XHTML 1.0 Transitional//EN"
```

```
    "http://www.w3.org/TR/xhtml1/DTD/xhtml1-transitional.dtd">
<html xmlns="http://www.w3.org/1999/xhtml">
<head>
<meta http-equiv="Content-Type" content="text/html; charset=gb2312" />
<title>获取浏览器信息</title> </head>
<body style="font-size:10pt;">
<h3>获取浏览器信息</h3>
<script type="text/javascript">
  var x= window.navigator, version=navigator.appVersion;  //版本信息
  document.write("浏览器名称: "+x.appName+"<br />")
  document.write("浏览器版本: "+version+"<br />")
  document.write("浏览版本号: "+parseFloat(version)+"<br />")
  document.write("浏览器代码: "+x.appCodeName+"<br />")
  document.write("浏览器平台: "+x.platform+"<br />")
  document.write("浏览器插件: "+x.plugins+"<br />")
  document.write("用户代理头: "+x.userAgent+"<br />")
  document.write("是否启用Cookies: "+x.cookieEnabled+"<br />")
</script>
</body></html>
```

运行结果如图 7-9、7-10 所示。

图 7-9　火狐 5.0 浏览器信息

图 7-10　IE9 浏览器信息

7.5　当前页面 URL 对象 location

location 对象是浏览器窗口对象 window 的子对象属性，可直接使用。

location 对象包含了当前所显示页面的 URL 信息，即当前页面的 Web 地址。

7.5.1　location 对象的属性

(1)　href：当前页面完整的 URL。

href 是 location 对象的默认属性，只使用 location 对象名，即表示使用 location.href 属性，如果为 href 属性设置新的 URL，则浏览器会立即装载显示 URL 指定的新页面。

(2) pathname：页面 URL 中的路径。

(3) hostname：页面所在服务器的主机名。

(4) host：页面所在服务器的主机名和端口号。

(5) port：页面所在服务器的端口号。

(6) protocol：服务器发送页面使用的协议。

> **注意：** 通过为 location 对象属性赋值，即可控制浏览器显示的页面，例如把新的 URL 赋予 location 或 href 属性，浏览器会装载显示新页面，如果给其他属性赋值，浏览器会重新组合并装载显示组合后的新 URL 页面。

【例 7-9】获取页面 URL 信息：

```
<!DOCTYPE html PUBLIC "-//W3C//DTD XHTML 1.0 Transitional//EN"
  "http://www.w3.org/TR/xhtml1/DTD/xhtml1-transitional.dtd">
<html xmlns="http://www.w3.org/1999/xhtml">
<head> <title>获取页面 URL 信息</title> </head>
<body>
  <h3> <a id="a"> </a>获取页面 URL 信息</h3>
  <script type="text/javascript">
    document.write("当前页面完整 URL: "+location+ "<br />")
    document.write("当前页面完整 URL: "+location.href +"<br />")
    document.write("当前 URL 的路径: "+location.pathname+"<br />")
    document.write("主机名 URL 端口: "+location.host+"<br />")
    document.write("当前 URL 主机名: "+location.hostname+"<br />")
    document.write("当前 URL 端口号: "+location.port+"<br />")
    document.write("当前 URL 的协议: "+location.protocol+"<br />")
    document.write("?之后 URL 查询: "+location.search+"<br />")
    document.write("#开始的 URL 锚: "+location.hash+"<br />")
  </script>
</body></html>
```

该页面运行时，需要设置虚拟站点以获取页面 URL 中的服务器信息。

设置了虚拟 Web 服务器之后，运行该页面文件的效果如图 7-11 所示。

图 7-11　页面的 URL 信息

7.5.2　location 对象的方法

1．重新加载当前文档 reload([force])

reload()方法可重新加载当前文档，相当于刷新页面，参数 force 指定是否必须下载：若 force 取值 false 或省略，则通过 HTTP 头 If-Modified-Since 检测服务器文档是否改变，如果已经改变，会下载新的，如果未改变，则从缓存中装载，相当于单击浏览器刷新按钮。若 force 取值 true，则无论文档是否修改，都会强制从服务器重新下载，相当于按住 Shift 键再单击浏览器刷新按钮。

2．加载新文档 assign(URL)

assign()方法用于加载新的文档，相当于超链接，该方法加载页面后将在 history 对象中产生新的历史记录，可以通过后退按钮返回原页面。

3．加载新文档替换当前文档 replace(newURL)

replace()方法与 assign()相同，也是用于加载新的文档，但 replace()方法不在 history 对象中产生新的历史纪录，而是用新页面的 URL 覆盖替换 history 对象中原页面的纪录，因此使用 replace()方法后不能用"后退"按钮返回到原页面。

【例 7-10】用 location 对象加载新页面：

```
<!DOCTYPE html PUBLIC "-//W3C//DTD XHTML 1.0 Transitional//EN"
  "http://www.w3.org/TR/xhtml1/DTD/xhtml1-transitional.dtd">
<html xmlns="http://www.w3.org/1999/xhtml">
<head>
<title>用 location 对象加载页面</title>
<script type="text/javascript">
    function reloadDoc(force) { location.reload(force); }
    function assignDoc() { location.assign("h7-9.html") }
    function replaceDoc() { location.replace("h7-8.html") }
</script>
</head>
<body>
  <h3>用 location 刷新加载替换页面</h3>
  <button onclick="reloadDoc(false)">刷新当前页面</button> <br />
  <button onclick="reloadDoc(true)">下载当前页面</button> <br />
  <button onclick="assignDoc()">用 assign()加载一个新文档</button> <br />
  <button onclick="replaceDoc()">用 replace() 替换当前文档</button> <br />
</body>
</html>
```

页面的运行效果如图 7-12 所示。

直接双击文件运行时，replace()方法加载新页面后"后退"按钮不可用，因此无法返回前页面，如果使用虚拟网站运行，虽然可以"后退"，但后退返回的不是被它替换的页面，而是之前的页面。

图 7-12　用 location 对象加载页面

注意事项：

如果为卸载页面事件编写代码：

```
onunload=function() { location.replace("h7-6.html"); }
```

则无论超链接到哪个页面，或者在事件方法中用 assign()、replace()加载哪个指定页面，当卸载当前页面准备加载指定页面时就会执行 onunload 事件函数，结果都将被替换加载到 h7-6.html 页面，而且无法"后退"到原页面，当然这不是我们所希望的。

但也有些网站，当你把它作为友好网站超链接到它的页面后，就再也不能返回到你的页面，采用的方法是在网站首页文档中写一行 JavaScript 代码：

```
<script type="text/javascript"
  language=javascript>location.href="/new/"</script>
```

而他们网站首页的实际内容文档 index.html 却放在网站根目录中的 new 目录中，超链接到他们网站的首页后，再被 location.href 转到实际页面，当你后退时，实际上又后退到他的首页文档，自然又被 location.href 转到了实际页面。希望读者不要使用这类不道德的代码。

7.6　浏览页面历史对象 history

history 对象是浏览器窗口对象 window 的子对象属性，可直接使用。

history 对象可用于访问本次打开浏览器访问过的历史 URL 页面，该对象拥有 length 属性以及 back()、forward()和 go()三个方法。

1. length 属性

该属性为本次打开浏览器已访问过的历史 URL 页面数量。

2. 加载前一个历史 URL 页面 back()

back()方法加载返回到本次打开浏览器 history 列表中的上一个 URL(如果存在)，等价于点击"后退"按钮或使用 history.go(-1)方法。

3. 加载下一个历史 URL 页面 forward()

forward()方法加载前进到本次打开浏览器 history 列表中的下一个 URL(如果存在)，等价于点击"前进"按钮或使用 history.go(1)方法。

4．加载指定历史 URL 页面 go(number|URL)

go()方法加载本次打开浏览器 history 列表中的某个指定页面，参数可以使用数字值，表示要访问的 URL 在 history 列表中的相对位置，正值前进负值后退，也可以直接指定要访问的 URL 字符串。

> **注意：** 参数 URL 字符串必须是本次打开浏览器 history 列表中已经存在的页面，否则不执行 go()方法，但如果内容为空(如读取文本框的内容为空)则重新加载当前页面自己。

【例 7-11】使用 history 对象：

```
<!DOCTYPE html PUBLIC "-//W3C//DTD XHTML 1.0 Transitional//EN"
  "http://www.w3.org/TR/xhtml1/DTD/xhtml1-transitional.dtd">
<html xmlns="http://www.w3.org/1999/xhtml">
<head>
<title>使用 history 对象</title>
<script type="text/javascript">
  alert("当前浏览器已访问的历史页面数="+history.length);
  function goForward() { history.forward(); } //或 go(1)
  function goBack() { history.go(-1); }        //或 back()
  function goTo()
  {
    var url=document.getElementById("url").value;
    if (url!="") history.go(url);
  }
</script>
</head><body>
  <h3>history 对象的使用</h3>
  <button onclick="goForward()" >前进到下一个历史 RUL 页面</button>
  <button onclick="goBack()" >后退到前一个历史 RUL 页面</button> <br />
  输入已访问过页面的 URL: <input id="url" size="23" />
  <button onclick="goTo()">提交</button> <br />
</body></html>
```

浏览器刚刚打开时，history.length 为 0，为观察效果，必须装载访问几个页面后再加载运行本程序，并且刚装载本页面时没有向前的下一个页面，还应该再装载其他页面，然后后退到本页面，才可以观察到使用"前进到下一个历史 RUL 页面"的效果。

7.7 习　题

选择题

(1) 下面的代码不正确的是(　　)。

    A．input.type=text;

B.　input.setAttribute("type", "text");

  C.　input.type="text";

(2)　对于新添加的对象属性，下列说法中正确的是(　　)。

  A.　IE 中只能使用 getAttribute()获取

  B.　火狐中只能使用 getAttribute()获取

  C.　IE 中可以使用"对象名.属性名"获取

  D.　火狐中可以使用"对象名.属性名"获取

(3)　表达式 parseInt("11", 2)的结果是(　　)。

  A. 11   B. 2   C. 3   D. 9

(4)　JavaScript 中的顶级对象是(　　)。

  A. window B. location C. document D. history

(5)　使用 open 方法创建新浏览器窗口时，下面哪种说法是错误的?(　　)

  A.　参数 URL 不能省略，必须指定新窗口中的页面文档

  B.　参数 URL 可以省略，此时新窗口中的页面文档为空

  C.　参数 name 不能省略，必须指定要打开的窗口名称

  D.　参数 name 的取值可以是已经存在的窗口名称

(6)　关于定时器，下面的说法正确的是(　　)。

  A.　setInterval()不能实现自身的循环定时

  B.　setTimeout()能实现自身的循环定时

  C.　在函数体内部使用 setTimeout()能够实现函数自身的递归循环调用

  D.　只有 setInterval()在使用时能够返回 ID，并可通过该 ID 设置定时结束

(7)　使用 location 对象的什么属性能够装载新的页面文件?(　　)

  A. src   B. url   C. href

(8)　下面的各种说法中，正确的是(　　)。

  A.　任何浏览器中，window 对象都不能获取或者失去焦点

  B.　可以通过 location 对象重新加载一个新的页面文档并指定锚点位置

  C.　history、location 都是 window 窗口的子对象

  D.　location 对象的 href 属性和 assign()方法使用后效果是相同的

第 8 章　JavaScript 内置对象与 DOM 对象

【学习目的与要求】

知识点

- 数组对象、字符串对象和正则表达式对象的应用。
- Math 对象的应用。
- 日期时间对象的应用。
- document 对象的应用。
- DOM 节点对象的应用。
- event 事件对象和 style 样式对象的应用。

难点

- 正则表达式对象的应用。
- DOM 节点对象的应用。

8.1　Date 日期时间对象

用 JavaScript 的 Date 日期时间对象可在页面中动态显示客户机器系统的当前日期时间。

8.1.1　Date 日期时间对象的创建

用构造方法可以创建由参数指定的日期时间对象，可以使用日期时间字符串，也可以使用年、月、日数组作为参数，省略参数默认为机器系统当前的日期时间：

```
var myDate=new Date([日期时间字符串])
var myDate=new Date([year, month, day])
```

使用年、月、日数组作参数创建指定日期时间对象时，年份参数 year 必须是 4 位数，如果使用 2 位数，则创建的日期为 19xx 年。

日期时间对象默认的显示格式为：

英文月份 日期 年份 时:分:秒

例如：

```
July 21 1983 01:15:00
```

日期对象可直接进行大小比较，例如：

```
if (myDate>today) { ... }
```

8.1.2 Date 日期时间对象的常用方法

Date 日期时间对象没有可直接操作的属性，全部通过方法进行操作。

1. 获取日期时间的方法

默认本地日期时间，UTC 表示世界时。

- getYear()：返回两位或四位数年份，已被 getFullYear()方法取代。
- getFullYear() / getUTCFullYear()：返回四位数年份。
- getMonth() / getUTCMonth()：返回月份(0 ~ 11)。
- getDate() / getUTCDate()：返回某天几号。
- getDay() / getUTCDay()：返回一周中的星期几(日 0 ~ 6)。
- getHours() / getUTCHours()：返回小时(0 ~ 23)，默认 24 小时制。
- getMinutes() / getUTCMinutes()：返回分钟(0 ~ 59)。
- getSeconds() / getUTCSeconds()：返回秒数(0 ~ 59)。
- getMilliseconds() / getUTCMilliseconds()：返回毫秒(0 ~ 999)。
- getTime()：返回从 1970.1.1 日至当前对象的毫秒数，等价 valueOf()。
- getTimezoneOffset()：返回本地时间与格林威治时间的分钟差(GMT)。
- Date.parse(日期时间字符串或日期对象)：类方法，由类名调用返回指定日期与 1970.1.1 日 00:00:00 相隔的毫秒数。
- Date.UTC(y, m, d [, h [, m [, s [, ms]]]])：类方法，由类名调用返回指定日期距世界时 1970.1.1 日 00:00:00 相隔的毫秒数。

2. 显示日期时间的方法

显示日期时间的方法如下。

- valueOf()：返回 1970.1.1 日至当前对象的毫秒数，等价于 getTime()。
- toString()：返回 Date 对象默认格式的字符串，可只用对象名省略 toString()。
- toDateString()：返回 Date 对象的日期部分字符串。
- toTimeString()：返回 Date 对象的时间部分字符串，默认 24 小时制。
- toUTCString()：返回 Date 对象的世界时字符串。
- toGMTString()：返回 Date 格林威治字符串，用 toUTCString()取代。
- toLocaleString()：返回本地格式的日期、时间字符串，时间默认 24 小时制。
- toLocaleDateString()：返回本地格式的日期部分字符串。IE 6.0 SP3 浏览器自动带有星期几，而 IE 6.0 SP2 及其他 IE 或火狐浏览器都不带星期。
- toLocaleTimeString()：返回本地格式的时间部分字符串，默认 24 小时制。

【例 8-1】日期时间对象的简单应用。

创建一个页面，使用脚本判断当前日期是否是周六或周日，若是，则弹出消息框显示"周末愉快"，否则弹出消息框显示"上班不要玩游戏哦，否则会挨批的！"。

代码如下：

```
<!DOCTYPE html PUBLIC "-//W3C//DTD XHTML 1.0 Transitional//EN"
  "http://www.w3.org/TR/xhtml1/DTD/xhtml1-transitional.dtd">
<html xmlns="http://www.w3.org/1999/xhtml">

<head>
<meta http-equiv="Content-Type" content="text/html; charset=gb2312" />
<title>日期时间对象的简单应用</title>
<script type="text/javascript">
  var now=new Date();
  var w=now.getDay();
  if(w==0 || w==6){alert("周末愉快！");}
  else{alert("上班不要玩游戏哦，否则会挨批的！");}
</script>
</head>
</html>
```

8.2　Array 数组对象

8.2.1　数组的创建与属性

Array 是 JavaScript 的数组对象，可以使用 new 创建空数组对象，也可以用初始化数据创建数组对象。

```
var myArray=new Array();                  //创建空数组对象
var myArray=new Array(长度);              //创建具有初始长度的数组对象
var myArray=new Array(数据1, 数据2, ...); //用初始化数据创建数组对象
var myArray=[数据1, 数据2, ...];          //用初始化数据创建数组，不能用{}
```

JavaScript 数组元素下标从 0 开始，数组长度自动可变，可以添加任意多个任意类型值的元素，未赋值元素默认 undefined。

通过数组名及下标可以访问指定的数组元素：

```
myArray[0]="张三";    //为数组元素赋值，若下标超过数组长度，则自动增加数组长度
document.write(myArray[0]); //将指定数组元素的值写入 HTML 文档
```

JavaScript 的每个数组对象都自动具有一个数组长度的属性变量 length，可以通过数组名访问：

```
数组名.length
```

数组长度属性变量 length 在创建数组时初始化，添加、删除元素改变数组长度时自动更新。通过设置和修改 length 的值，可以改变数组长度，设置值小于数组长度则数组截断变小，反之数组增大。

8.2.2　数组对象与日期时间对象的综合应用

【例 8-2】编写代码，在页面中输出如图 8-1 所示的日期时间效果。

图 8-1　h8-2.html 的运行效果

页面代码如下：

```
<!DOCTYPE html PUBLIC "-//W3C//DTD XHTML 1.0 Transitional//EN"
  "http://www.w3.org/TR/xhtml1/DTD/xhtml1-transitional.dtd">
<html xmlns="http://www.w3.org/1999/xhtml">
<head>
<meta http-equiv="Content-Type" content="text/html; charset=gb2312" />
<title>数组的简单应用</title>
<style type="text/css">
  #t1{width:300px; height:25px; font-size:14pt; border:0;}
</style>
<script type="text/javascript">
window.onunload=function(){}
window.onload=dt;
function dt(){
  var week=new Array('星期天','星期一','星期二','星期三',
'星期四','星期五','星期六');
  var now=new Date();
  var year=now.getFullYear();
  var m=now.getMonth()+1;
  var d=now.getDate();
  var w=now.getDay();
  var t1=document.getElementById('t1');
  t1.value='今天是'+year+'年'+m+'月'+d+'日 '+week[w];
}
</script>
</head><body>
  <input type="text" id="t1" />
</body></html>
```

8.2.3　表单复选框组数据验证的实现

表单复选框组是一个数组的形式，若是要求用户必须从该组中选择至少一项，则在提交数据时，需要对复选框组进行验证，判断用户是否选择了选项，若是没有选择，则弹出消息框提示用户至少要选择一项。

【例 8-3】编写页面代码。假设页面中存在复选框组"喜欢的运动"，包含的选项有"篮球、足球、乒乓球、踢毽子、游泳、爬山、羽毛球、网球"共 8 个选项，要求用户至少要选择一项，否则不允许提交数据。

代码如下：

```
<!DOCTYPE html PUBLIC "-//W3C//DTD XHTML 1.0 Transitional//EN"
  "http://www.w3.org/TR/xhtml1/DTD/xhtml1-transitional.dtd">
<html xmlns="http://www.w3.org/1999/xhtml">
<head>
<meta http-equiv="Content-Type" content="text/html; charset=gb2312" />
<title>无标题文档</title>
<script type="text/javascript">
function validate(){
    var sport=document. getElementsByName('sport');//获取到的 sport 是一个组
    result=false; //设置 result 的初始值为 false
    for(i=0;i<sport.length;i++){ //根据 sport 组的长度确定循环次数
        if(sport[i].checked){ //判断当前的数组元素是否被选中了
            result=true;//若选中了一个选项，则将 result 设置为 true，然后退出循环
            break;
        }
    }
    if(!result){
        alert("必须要选择自己喜爱的运动哦！");
        return false;
    }
}
</script>
</head><body>
<form method="post" onsubmit="return validate()">
  <p>喜爱的运动：<br />
  <input type="checkbox" name="sport" value="篮球" />篮球 
  <input type="checkbox" name="sport" value="足球" />足球 
  <input type="checkbox" name="sport" value="爬山" />爬山 
  <input type="checkbox" name="sport" value="游泳" />游泳 <br />
  <input type="checkbox" name="sport" value="踢毽子" />踢毽子 
  <input type="checkbox" name="sport" value="网球" />网球 
  <input type="checkbox" name="sport" value="羽毛球" />羽毛球 
  <input type="checkbox" name="sport" value="乒乓球" />乒乓球 </p>
  <p><input type="submit" value=" 提交 " /></p>
</form>
</body></html>
```

页面运行效果如图 8-2 所示。

图 8-2　没有选择任何复选框提交数据时的效果

8.3 String 字符串对象

字符串是 JavaScript 的基本数据类型，每个字符串常量、变量都是 String 对象。字符串对象的内容是不可变的，String 对象的函数对字符串的处理都不会改变原字符串内容，而是将处理结果作为新的字符串对象返回。

1．String 对象的长度属性 length

字符串对象只有一个长度属性，可用于获取字符串所包含的字符个数。

例如，var txt="Hello World!"；则 txt.length 的值为 12。

2．获取指定位置的字符 charAt([index])

charAt()方法返回字符串中 index 指定位置的字符(第一个字符位置为 0)。如果省略参数或取值为 0，则返回第一个字符，如果指定的 index 不在字符串长度的范围内，则返回空值""。例如，var str="Hello world!"；则 str.charAt(str.length-1)的值是"!"，str.charAt()的值是"H"，str.charAt(40)的值是""。

3．获取指定位置字符的 Unicode 编码 charCodeAt([index])

charCodeAt()方法返回字符串中 index 指定位置字符的 Unicode 编码值，若返回值在 0~255 之间，则属于 ASCII 字符。如果省略参数或取值为 0，则返回第一个字符的 Unicode 值，如果指定的 index 不在字符串长度的范围内，则返回 NaN。

例如，var str="A 我们学习"；则 str.charCodeAt(1)的值是 25105，str.charCodeAt()的值是 65，str.charCodeAt(40)的值是 NaN。

4．获取指定范围的子字符串 substring(start[, end])

substring()方法返回当前字符串中从 start 到 end-1 指定范围内的子字符串。省略 end 则从 start 位置一直取到结尾。

start 与 end 必须是正数，两个参数相等返回空字符串，若 start 大于 end，可自动交换。

5．获取指定范围的子字符串 slice(start[, end])

slice()方法与 substring()方法的功能相同，区别是 slice()方法的 start 与 end 参数可以取负值，即可以从尾部向前查找指定位置，最后一个字符的位置为-1。

6．获取指定字符数的子字符串 substr(start[, length])

substr()方法从当前字符串中提取从 start 指定位置开始的 length 个字符的子字符串并返回该子串。省略 length 则从 start 位置的字符一直取到结尾。

该方法可替代 substring()和 slice()，但没有标准化，不赞成使用。

7．正向检索查找子字符串 indexOf(子字符串[, 起始位置])

indexOf()方法从指定位置开始向后查找匹配的子字符串(区分大小写)，返回首次出现指定子串第一个字符的位置，如果没有找到，返回-1。

省略起始位置默认为 0，即从字符串开头开始查找。

8．逆向检索查找子字符串 lastIndexOf(子字符串[, 最后位置])

lastIndexOf()方法从指定位置开始向前查找匹配(区分大小写)的子字符串，返回首次出现指定子串第一个字符的位置(即最后一次出现的位置)，如果没有找到，返回-1。

省略最后位置为最后一个字符，即从字符串结尾开始向前查找。

9．字符串转换为小写/大写字母 toLowerCase() / toUpperCase()

toLowerCase()将字符串全部转换为小写；toUpperCase()将字符串全部转换为大写。

10．字符串与正则表达式有关的方法

字符串与正则表达式有关的方法如下。

- search(string||regexp)：检索与 string 或正则表达式 regexp 匹配的字符串。
- match(string||regexp)：获取字符串中与 string 或 regexp 匹配的文本数组。
- split(string||regexp[, howmany])：用 string 或正则表达式 regexp 作分隔符，获取从字符串中拆分出的子字符串数组。
- replace(string||regexp, replacement)：替换与 string 或正则表达式 regexp 匹配的文本。

这些都是字符串非常有用的方法，因为与正则表达式有关，我们将在下一节中介绍。

【例 8-4】使用字符串对象的方法判断某个文本框中输入的第一个字符是否是字母，若不是，则在光标离开文本框时弹出消息框提示用户。

获取字符串中第一个字符的方法很多，假设字符串变量是 str1，可以用 str1.charAt(0)、str1.substr(0,1)、str1.substring(0,1)，还可以通过判断第一个字符的编码 charCodeAt(0)是否为 96~121(小写字母)或者 64~89(大写字母)。

代码如下：

```
<!DOCTYPE html PUBLIC "-//W3C//DTD XHTML 1.0 Transitional//EN"
  "http://www.w3.org/TR/xhtml1/DTD/xhtml1-transitional.dtd">
<html xmlns="http://www.w3.org/1999/xhtml">
<head>
<meta http-equiv="Content-Type" content="text/html; charset=gb2312" />
<title>字符串对象应用</title>
<script type="text/javascript">
  function check(){
    var t1=document.getElementById('t1').value;
    var fst=t1.charAt(0);
    if(!((fst>='a' && fst<='z') || (fst>='A' && fst<='Z'))){
      alert("用户名第一个字符必须是字母！");
      return false
    }
  }
</script>
</head><body>
```

请输入用户名：<input type="text" id="t1" onblur="check();" />
</body></html>

8.4 RegExp 正则表达式对象

对于很多复杂的数据验证，使用字符串对象的方法来实现，程序会非常繁琐复杂，例如要检查用户名的组成中是否只包含字母、数字、下划线，测试密码的强弱、检查手机号的组成等。而使用正则表达式，这些操作就会变得很轻松。

正则表达式是由普通字符及特殊元字符组成的字符串，用于校验字符串的构成语法。

8.4.1 正则表达式的构成

1. 普通字符

在正则表达式中，.(圆点或小数点) * + ? ^ $ | & { } [] ( ) 等字符是具有特定含义的特殊字符，使用这些字符本身时，必须用"\"引导或使用代表它的转义字符。

正则表达式中保留了用"\"引导的转义字符：\\-反斜线字符、\'-单引号、\"-双引号、\0mnn-三位八进制字符 mnn(第 1 位 m 取值 0~3)、\xhh-两位十六进制字符 hh、\uhhhh-四位十六进制字符 hhhh、\a-报警符 bell、\t-跳格制表符、\n-换行、\r-回车、\f-换页。

正则表达式还增加了用"\"引导的元字符(匹配符及定位符)。

除了特殊字符以外的所有大小写字母、数字、标点符号(包括转义字符、元字符)都是正则表达式中的普通字符。

2. 元字符

元字符是用于表示某一类字符的通用匹配符。

- . 圆点代表除\n 换行符以外的任何一个字符，圆点本身可用\. 或\056、\u002E。
- \d 代表 0~9 中的任何一个数字字符，等价于[0-9]。
- \D 代表除 0~9 以外的任何一个非数字字符，等价于[^0-9]。
- \w 代表任何一个单词字符(字母、数字、下划线)，等价于[a-zA-Z0-9_]。
- \W 代表任何一个非单词字符(字母、数字、下划线除外)，等价于[^\w]。
- \s 代表任何一个空格、制表、换页、换行空白字符，等价于[\t\n\v\f\r](内有空格)。
- \S 代表任何一个\s 除外的非空白字符，等价于[^\s]。

3. 定位、标识符

定位符是用于表示字符串或正则表达式边界的符号。使用这些字符本身可用"\"引导。

- ^ 在文本中表示字符串开始位置，在[]中表示不接受、不能使用某些字符。
- $ 表示整个字符串的结尾，对允许多行的字符串模式也表示'\n' '\r'回车换行符。
- \b 表示字符串行内一个单词的开始位置(边界，隐含之前匹配多个空白符)。
- \B 表示非单词边界。

^与$配合可实现精确匹配，其他为模糊匹配，即只要包含指定的字符就可以，其余有

多少任意字符都不影响。

例如：

bucket 匹配在任意位置包含它们的字符串"...ssbucket..."、"bucketss..."、"...ssbucket"。

^bucket 匹配以 bucket 开头的字符串"bucket up..."、"bucketss..."，不匹配"...bucket..."。

bucket$匹配"...bucket"、"...ssbucket"，不能匹配"...buckets"、"...bucket ..."。

^bucket$只能匹配"bucket"。

^\t、^\s、^\\、^\.分别表示以制表符、空白符、反斜杠、圆点开始的字符串。

标识符包括下列几种。

- ( )　标识子表达式，用于匹配文本中的一部分或表示匹配优先级。
- |　表示在其前后两项中任选一个，即"或"运算或者"并集"运算。
- &&　表示前后两项必须同时满足，即"与"运算或者"交集"运算。
- [ ]　只匹配其中一个字符，可标识所有允许的字符集，但只能任选其一。
- -　减号或负号，在[]内用于表示范围(包括两端字符)，如[0-3]、[a-z]，作为正常字符在[]之外可直接使用，也可使用"\-"。

4．贪婪限定符

贪婪(尽可能多的匹配)限定符可限定它前面的字符 X 允许出现的次数。

- X{n}　　　X 恰好 n 次。如 yb{3}k 只匹配"...ybbbk..."。
- X{n,}　　X 至少 n 次。如 yb{3,}k 可匹配"...ybbbk..."或"...ybbbbbbbbk..."。
- X{n,m}　X 至少 n 次最多 m 次(n<=m)，逗号前后不能有空格。如 yo{3,5}k 只匹配"...ybbbk..."、"...ybbbbk..."和"...ybbbbbk..."。
- X?　　　X 零或 1 次，等价于 X {0,1}。如 yo?k 只匹配"...yk..."和"...yok..."。
- X*　　　X 零或多次，等价于 X {0,}。如 yo*k 可匹配"...yk..."或"...yoooook..."。
- X+　　　X 1 或多次，等价于 X {1,}。如 yo+k 可匹配"...yok..."或"...yoooook..."。

在以上符号后面如果再加上一个?或+，其含义不变。

5．正则表达式应用示例

下面给出正则表达式的一些应用示例：

[abc]可匹配 abc 任一字符，而[^abc]则匹配除 abc 外的任一字符

[a-z]表示 a~z 中的任一个小写字母

[a-zA-Z]匹配任一大小写字母

[a-d[m-p]]匹配 a~d 或 m~p 中的任一字母，等价于[a-dm-p]

[a-z&&[def]]匹配 a~z 中的任一字母，但必须是 def 中的任一字母，等价于[def]

[a-z&&[^m-p]]匹配 a~z 中除了 m~p 范围的任一字母，等价于[a-lq-z]

[0-9\.\-]匹配数字、小数点和负号中的任一字符

[\f\r\t\n]匹配所有的空白字符(注意其中的空格)，等价于\s

^[a-z][0-9]$匹配一个小写字母与一个数字组成的字符串，如"z2"、"t6"

^[^0-9][0-9]$匹配一个非数字字符与一个数字组成的字符串，如"-2"、"_6"、"t6"

[^\\\/\^]匹配除 \ / ^ 之外的任何字符

^a$匹配"a"、^a{4}$匹配"aaaa"、^a{1,3}$匹配"a"、"aa"、"aaa"

^a{2,}$匹配两个以上 a

^.5$匹配除\n 外的任何一个字符与数字 5 两个字符组成的字符串

```
^[a-zA-Z0-9_]{1,}$或^[a-zA-Z0-9_]+$或^\w+$匹配一个以上单词字符的字符串
^\-{0,1}[0-9]{1,}$或^\-?[0-9]+$匹配正负整数，包括1或多个0，可以0开头
^[0]{1}|([1-9]{1}[0-9]{0.})$匹配所有非0开头的正整数，包括一个0
^[0-9]{1,}$ 或 ^[0-9]+$匹配所有正整数，包括1或多个0，可以0开头
^[0]{1}|([1-9]{1}[0-9]{0.})$匹配所有非0开头的正整数，包括一个0
^\-?[0-9]{0,}\.?[0-9]{0,}$或^\-?[0-9]*\.?[0-9]*$匹配所有实数
^\-{0,1}[0-9]{1,}(\.{0,1}[0-9]{1,})?$正负必须有整数，最后不能单独是"."
(-?\d{1,2})|(-?[0-9]{1,2}\56[1-9])正负1~2位整数或带一位非0小数
^a{2,}匹配开头两个以上a，如"aardvark..."、"aaaab..."
\w{1,}@\w{1,}\56\w{1,}匹配E-mail邮箱的构成规则
```

8.4.2　RegExp 正则表达式对象的创建与属性

RegExp 正则表达式对象可用于制定检索文本内容、位置、类型的规则。

1. 用构造函数创建 RegExp 对象

语法如下：

```
var patt=new RegExp("正则表达式 pattern"[, "模式 flags"]);
```

2. 用正则表达式隐式创建 RegExp 对象

语法如下：

```
var patt=/正则表达式 pattern/[模式 flags];      //正则表达式与模式都不允许加引号
```

其中参数 flags 是正则表达式对象的模式标志，取值为 g、i 或 m，可以组合使用。

- g：用于创建全局检索的正则表达式对象，以便分次循环检索所有匹配的文本，省略 g 默认非全局模式，只能检索第 1 个匹配的文本。
- i：用于创建忽略大小写的正则表达式对象，省略 i 默认区分大小写。
- m：用于创建可跨多行检索的正则表达式对象，如果正则表达式中含有^、$、\n 字符，则可以匹配每行的开头和结尾，省略 m 默认为不跨行检索。

例如，/W3School$/im 为非全局、忽略大小写、可跨多行检索的正则表达式对象，可匹配字符串"...w3school"或"...W3School\nisgreat..."。

3. 正则表达式对象的属性

正则表达式对象的属性如下。

- global：是否为全局模式，创建对象时设置了 g 为 true，否则为 false。
- ignoreCase：是否区分大小写，创建对象时设置了 i 为 true，否则为 false。
- multiline：是否为多行模式，创建对象时设置了 m 为 true，否则为 false。
- source：保存正则表达式源文本 pattern，不包括定界符/.../和标志 g、i、m。
- lastIndex：保存上次匹配文本之后第 1 个字符的位置。保存的位置是全局对象 exec() 或 test()方法检索的依据，创建对象时初始值为 0，之后由 exec()或 test()方法在找到匹配文本后自动记录，并作为下次检索的起点，循环重复调用这两个方法即可遍历字符串中所有匹配的文本。当 exec()或 test()方法再也找不到匹配文本时，自

动设置 lastIndex 属性为 0。lastIndex 属性是可读写的，如果在一个字符串中检索了某个子字符串之后再检索另一个新子字符串，则必须把这个属性设置为 0。

8.4.3　RegExp 正则表达式对象的方法

使用 RegExp 正则表达式对象的方法，可以检查字符串是否包含与 RegExp 对象匹配的文本、检索匹配的文本。

1. 检查字符串是否包含匹配文本 test(string)

test()方法用于检测指定字符串 string 中是否包含与当前正则表达式对象匹配的文本，包含返回 true，不包含返回 false。

非全局对象调用 test()方法每次都从头开始只检索第一次匹配的文本，不记录 lastIndex 属性。

全局对象调用 test()方法每次都从 lastIndex 属性指定的位置开始检索字符串，找到匹配文本时自动将 lastIndex 设置为匹配文本的下一个字符位置，到达字符串尾部再没有匹配文本时，将 lastIndex 设置为 0。

【例 8-5】使用 test()方法判断注册密码的强弱。

输入密码时，可以包含的字符有数字 0-9、大写英文字母 A-Z、小写英文字母 a-z 和特殊字符!@#$%^&*。

密码强弱的判断结果一共包含三种情况：若密码字符只包含上面 4 种字符中的一种，则定为弱，若包含了上面 4 种字符中的任意两种或者三种字符，则定为中，若包含了上面 4 种字符，则定为强。

代码如下：

```
<!DOCTYPE html PUBLIC "-//W3C//DTD XHTML 1.0 Transitional//EN"
  "http://www.w3.org/TR/xhtml1/DTD/xhtml1-transitional.dtd">
<html xmlns="http://www.w3.org/1999/xhtml">
<head>
<meta http-equiv="Content-Type" content="text/html; charset=gb2312" />
<title>无标题文档</title>
<style type="text/css">
 p span{font-size:10pt; color:#0d0;}
</style>
<script type="text/javascript">
function psdQr(){
    var psd1=document.getElementById('psd').value;
    var ptrn1=/\d/;    var ptrn2=/[a-z]/;
    var ptrn3=/[A-Z]/; var ptrn4=/[!@#$%^&*]/;
    res1=0;res2=0;res3=0;res4=0;
    if(ptrn1.test(psd1)){res1=1;} //若密码串中包含数字，则设置 res1 为 1
    if(ptrn2.test(psd1)){res2=1;} //若密码串中包含小写字母，则设置 res2 为 1
    if(ptrn3.test(psd1)){res3=1;} //若密码串中包含大写字母，则设置 res3 为 1
    if(ptrn4.test(psd1)){res4=1;} //若密码串中包含特殊字符，则设置 res4 为 1
    res=res1+res2+res3+res4;
    if(res==1){ //若 res 为 1，说明密码串中只包含一种字符
```

```
        var psd1qr=document.getElementById('sp1');
        sp1.firstChild.nodeValue='密码强弱：弱';
    }
    else if(res==2 || res==3){ //说明密码串中包含两种或三种字符
        var psd1qr=document.getElementById('sp1');
        sp1.firstChild.nodeValue='密码强弱：中';
    }
    else if(res==4){ //说明密码串中包含 4 种字符
        var psd1qr=document.getElementById('sp1');
        sp1.firstChild.nodeValue='密码强弱：强';
    }
}
</script>
</head>
<body>
  <p>注册密码：<input type="password" id="psd" onblur="psdQr();" /><br />
  <span id="sp1"> </span></p>
</body>
</html>
```

例如，输入密码串 12a%34 之后的效果如图 8-3 所示。

图 8-3　h8-5.html 的运行效果

2. 检索匹配的文本 exec(string)

exec()方法用于检索指定字符串 string 中与正则表达式匹配的文本：

- 非全局对象调用 exec()方法每次总是从头开始，只检索第一次匹配的文本，找到匹配文本后，返回包含匹配文本信息的数组，也会将 lastIndex 设置为匹配文本下一个字符的位置，检索不到匹配的文本则返回 null，lastIndex 仍保存原初始值。
- 全局对象调用 exec()方法则从 lastIndex 属性指定的位置开始检索字符串，找到匹配文本后返回包含匹配文本信息的数组，并将 lastIndex 设置为匹配文本下一个字符的位置，到达结尾没有匹配文本时返回 null，并将 lastIndex 设置为 0。
- 全局 RegExp 对象通过循环调用 exec()方法可遍历字符串中所有匹配的文本，对每个匹配的文本都返回包含匹配信息的数组。
- 返回的匹配文本信息数组中 0 元素存放检索到的匹配字符串，其余存放子匹配信息，如果正则表达式含有带圆括号的子表达式，则从数组[1]元素开始依次存放与圆括号子表达式匹配的子字符串(与$1~$9 相同)。

例如，有正则表达式(-?\d{1,2})|(-?\d{1,2}\56[1-9])，匹配的文本为 1~2 位的正负整数或 1~2 位的正负整数带 1 位非 0 小数。返回数组 a 的元素为：a[0]为匹配的整个字符串，a[1] 为整数字符串，a[2]为带小数的字符串。

【例 8-6】使用 exec()方法。

设计要检索的字符串是"Visit W3School, W3School is a place to study web technology -w3school."，分别定义非全局对象 W3School 和全局区分大小写的对象 W3School，用 exec() 方法检索匹配的文本，分别输出检索前的位置和检索后的位置，以及检索到的对象的位置。

代码如下：

```
<!DOCTYPE html PUBLIC "-//W3C//DTD XHTML 1.0 Transitional//EN"
 "http://www.w3.org/TR/xhtml1/DTD/xhtml1-transitional.dtd">
<html xmlns="http://www.w3.org/1999/xhtml">
<head>
<meta http-equiv="Content-Type" content="text/html; charset=gb2312" />
<title>使用 exec()函数</title>
<head>
<body>
 <h3>用 exec()检索字符串中包含的匹配文本</h3>
 <script type="text/javascript">
   var str="Visit W3School, W3School is a place to study web technology
-w3school.";
   var patt1=new RegExp("W3School");          //非全局对象
   document.write("检索前位置: "+patt1.lastIndex+"<br />")
   var arry=patt1.exec(str);                  //检索到返回数组, 否则返回 null
   document.write("检索后位置: "+patt1.lastIndex+"<br />")
   if (arry!=null){
    document.write("检索到的数组: "+arry + "<br />");
    document.write("被检索文本: "+arry.input+"<br />检索到文本\""
            +patt1.source+"\"的位置: "+arry.index+"<br />");
   }else {document.write("文本\""+str+"\"中没有与\""
            +patt1.source+"\"匹配的内容。<br />");}
   document.write("<hr />")        //水平线
   var patt2=new RegExp("W3School", "g");  //全局对象
   while (true){                    //非全局对象会造成死循环
     document.write("检索前位置: "+patt2.lastIndex)
     if ((arry=patt2.exec(str)) == null) break;
     document.write(" ，检索后位置: "+patt2.lastIndex+"<br />")
     document.write("本次检索\""+patt2.source
                    +"\"出现的位置是: "+arry.index+"<br />");
   }
   document.write("<br />全部检索结束的位置: "+patt2.lastIndex+"<br />");
 </script>
</body>
</html>
```

运行结果如图 8-4 所示。

图 8-4　h8-6.html 的运行效果

8.4.4　String 字符串对象使用正则表达式的方法

1．查找匹配字符串位置 search(string‖regexp)

search()方法在当前字符串中检索 string 或与正则表达式对象 regexp 匹配的字符串，返回第 1 个匹配的子字符串的起始位置，检索不到返回-1。参数 regexp 是已存在的 RegExp 对象。search()函数不执行全局匹配，每次总是从字符串的开头检索第 1 个匹配的字符串。

2．检索匹配的文本 match(string‖regexp)

match()函数与正则表达式 exec()方法相似,用于检索当前字符串中与 string 子字符串或正则表达式匹配的文本，但返回的是匹配的信息数组，找不到则返回 null。注意：

- 字符串或非全局正则表达式对象作参数时 match()方法每次总是从头开始只检索第一次匹配的文本，返回数组的 0 元素存放匹配文本，其余元素存放与 regexp 匹配的信息，数组的 index 属性存放匹配文本第 1 个字符的位置。
- 全局正则表达式对象作参数时 match()方法也仅执行一次全局检索，不需要循环且只返回一个数组，但数组元素会依次存放所有匹配的文本，数组的 index 属性存放最后一个匹配文本的第 1 个字符位置。

注意：火狐浏览器执行 match()函数后返回的数组不支持 index 与 input 属性。

【例 8-7】使用 match 函数。

设计要检索的字符串是"Visit W3School, W3School is a place to study web technology -w3school."，定义字符串对象 W3School，使用 match()方法检索，输出检索到的数组以及位置；定义全局区分大小写的对象 W3School，使用 match()方法检索匹配的文本，输出检索的结果数组信息。代码如下：

```
<!DOCTYPE html PUBLIC "-//W3C//DTD XHTML 1.0 Transitional//EN"
  "http://www.w3.org/TR/xhtml1/DTD/xhtml1-transitional.dtd">
<html xmlns="http://www.w3.org/1999/xhtml">
<head>
<meta http-equiv="Content-Type" content="text/html; charset=gb2312" />
<title>使用 exec()函数</title>
<head>
<body>
  <h3>用 match 检索字符串中包含的匹配文本</h3>
  <script type="text/javascript">
   var str="Visit W3School, W3School is a place to study web technology
-w3school.";
   document.write("被检索文本:"+str+"<br />");
   var str1="W3School";
   var arr1=str.match(str1);
   document.write("要检索的是字符串 W3School<br />");
   if(arr1!=null){
     document.write("检索到的数组: "+arr1+ "<br />");
     document.write("文本"+str1+"的位置是: "+arr1.index+ "<br />");
   }
   document.write("<hr />");
   document.write("要检索的是全局对象 W3School，区分大小写<br />");
   var ptrn=/W3School/g;
   var arr2=str.match(ptrn);
   if(arr2!=null){
     document.write(arr2);
     document.write("被检索文本"+str1+"的位置是: "+arr1.index+ "<br />");
   } 。
  </script>
</body></html>
```

运行结果如图 8-5 所示。

图 8-5 h8-7.html 的运行效果

3．拆分字符串 split(string||regexp[, howmany])

split()方法用于把一个字符串按 string 字符串指定的分隔符或与正则表达 regexp 匹配的分隔符拆分成若干个子字符串(不包括分隔符自身)，返回拆分后的子字符串数组。

如果用空字符串""作分隔符，则按每个字符分隔，即每个字符都是一个子字符串元素。

howmany 参数用于指定返回数组的最大长度，省略 howmany 默认分隔整个字符串，返回包含全部子字符串的数组。

【例 8-8】使用 split()函数拆分字符串：

```
<!DOCTYPE html PUBLIC "-//W3C//DTD XHTML 1.0 Transitional//EN"
  "http://www.w3.org/TR/xhtml1/DTD/xhtml1-transitional.dtd">
<html xmlns="http://www.w3.org/1999/xhtml">
<head>
<meta http-equiv="Content-Type" content="text/html; charset=gb2312" />
<title>使用 split()函数</title>
</head><body>
  <h3>使用 split()拆分文本</h3>
  <script type="text/javascript">
    var str="How are you?"
    document.write("原字符串 str=\"" + str + "\"<br />")
    document.write("按空串分隔取前 3 个字母: " + str.split("",3) + "<br />")
    document.write("按空格分隔: " + str.split(" ") + "<br />")
    document.write("正则空白符: " + str.split(/\s+/) + "<br />")
    document.write("取前 2 个单词: " + str.split(" ", 2) + "<br />")
  </script>
</body></html>
```

运行结果如图 8-6 所示。

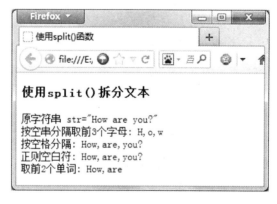

图 8-6　应用 split()拆分文本

4．替换字符串文本 replace(string||regexp, replacement)

replace()方法可用 replacement 指定的文本替换当前字符串中与 string 或 regexp 正则表达式匹配的文本，返回替换后的新字符串，不改变原字符串。注意：

● 若用字符串 string 或非全局正则表达式对象 regexp 作参数，则 replace()方法只替换第一个匹配的文本，如果使用全局对象，则可替换所有匹配的文本。

- replacement 指定替换文本，也可以是能返回文本的函数。
- 在 replacement 的替换文本中，可直接使用正则表达式的类属性$1~$9，用于代表原文中与 regexp 对象 1~9 个圆括号子表达式所匹配的文本。

例如 replace(/(\w+)\s*,\s*(\w+)/, "xx**$2**yy, **$1**ab")。

其中/(\w+)\s*,\s*(\w+)/可以匹配的文本为(1 个以上单词字符) + 0 个以上空白符 + , + 0 个以上空白符 + (1 个以上单词字符)，原文本中与 2 个子表达式相匹配的文本则分别用$1、$2 表示，假设$1 匹配 hhh、$2 匹配 aaa，则替换文本为"xx**aaa**yy, **hhh**ab"，然后再去替换与/(\w+)\s*,\s*(\w+)/匹配的文本。

8.4.5　自定义删除字符串首尾空格的方法 trim(str)

JavaScript 的字符串对象没有提供去掉首尾空格的方法，我们可以利用 replace()方法与正则表达式对象，自己设计一个函数，将首尾的空格替换为空，即可实现这个功能：

```
function trim(str)
{ return str.replace(/^[\s]*/, "").replace(/[\s]*$/g, ""); }
```

也可以在页面装载时，为自己程序中的 String 类添加一个属于字符串对象自己的 trim() 成员方法，这样无需单独调用独立方法，由字符串对象随时自由调用即可：

```
String.prototype.trim=function(){
    return this.replace(/(^\s*)|(\s*$)/g, "");
}
```

【例 8-9】使用 trim()自定义函数去掉字符串首尾空格：

```
<!DOCTYPE html PUBLIC "-//W3C//DTD XHTML 1.0 Transitional//EN"
  "http://www.w3.org/TR/xhtml1/DTD/xhtml1-transitional.dtd">
<html xmlns="http://www.w3.org/1999/xhtml">
<head>
<meta http-equiv="Content-Type" content="text/html; charset=gb2312" />
<title>使用 trim()自定义函数去掉字符串首尾空格</title>
<head><body>
  <h3>用 trim()自定义函数去掉字符串首尾空格</h3>
  <script type="text/javascript">
    String.prototype.trim1=function(){
        return this.replace(/(^\s*)|(\s*$)/g, "");
    }
    function trim2(str) {
        return str.replace(/^[\s]*/, "").replace(/[\s]*$/g, "");
    }
    var str1="Welcome  to Microsoft. JAVAscript.";
    var str2="   Welcome  to Microsoft. JAVAscript.    ";
    document.write("原字符串 str1=\""+str1+"\"<br />");
    document.write("原字符串 str2=\""+str2+"\"<br />");
    document.write("调用成员函数 str1=\""+str1.trim1()+"\"<br />");
    document.write("调用成员函数 str2=\""+str2.trim1()+"\"<br />");
```

```
    document.write("用自定义函数 str1=\""+trim2(str1)+"\"<br />");
    document.write("用自定义函数 str2=\""+trim2(str2)+"\"<br />");
  </script>
</body></html>
```

运行结果如图 8-7 所示。

图 8-7 用 trim()自定义函数去掉字符串首尾空格

8.5 Math 类

JavaScript 中设置了 Math 数学函数类，提供了常用的常量和方法，但都是类常量与类方法，所以 Math 类不需要创建对象，直接通过类名即可使用类常量、调用类方法。

1. Math 类的类常量属性

Math 类的类常量属性如下。

- Math.E   常量 e，自然对数的底数，约等于 2.71828。
- Math.PI   圆周率，约等于 3.1415926。
- Math.SQRT2   2 的平方根，约等于 1.414。
- Math.SQRT1_2   1/2 的平方根，约等于 0.707。
- Math.LN2   2 的自然对数，约等于 0.693。
- Math.LN10   10 的自然对数，约等于 2.302。
- Math.LOG2E   以 2 为底 e 的对数，约等于 1.414。
- Math.LOG10E   以 10 为底 e 的对数，约等于 0.434。

2. Math 类的常用数学类方法

Math 类提供的数学函数都是类方法，必须用 Math 类名调用。

(1) Math.sqrt(x)：返回 x 的平方根。

(2) Math.abs(x)：返回 x 的绝对值。

(3) Math.random()：返回 0~1 之间的随机数。

例如，Math.floor(Math.random()*11; 可得到 0~10 范围内的随机整数。

(4) Math.round(x)：把 x 四舍五入为最接近的整数。

例如，Math.round(4.7)的值为 5。

(5) Math.ceil(x)：对 x 进行上舍入(强制进位)，返回大于等于 x 最接近的整数。

例如，Math.ceil(0.30)的值为 1，Math.ceil(-5.9)的值为-5。

(6) Math.floor(x)：对 x 进行下舍入(强制截断)，返回小于等于 x 最接近的整数。

例如，Math.floor(0.80)的值为 0，Math.floor(-5.1)的值为-6。

8.6　document 文档对象

document 对象也是浏览器窗口对象 window 的子对象属性，可直接使用。

HTML DOM 是 W3C 规范中的 HTML 文档对象模型(Document Object Model for HTML)，定义了访问和操作 HTML 文档的标准方法，可被 Java、JavaScript 和 VBScript 等任何编程语言使用。

HTML 文档为树形结构，也称为文档树(如图 1-5 所示)。而 DOM 把 HTML 文档进一步细化为带有标记元素、属性和文本节点的节点树，起始于文档根节点，每个标记元素、标记的属性、标记中的文本都是树中的一个 Node 节点，每一个节点都是一个对象。

document 对象代表了整个 HTML 文档页面的根节点对象，是所有节点对象的父对象，可用于访问整个页面的所有元素。注意：

- 整个 HTML 文档是一个文档节点对象，即 document 对象。
- 每个 HTML 标记都是元素节点对象。
- 每个 HTML 标记的属性都是元素的属性节点对象。
- 每个 HTML 标记中的文本是元素的文本节点对象。
- 每个 HTML 注释都是注释节点对象。

除文档根节点 document 对象外，每个节点都有父节点，大部分元素还会有子节点，如<p>、<div>、<span>节点对象可包含属性节点、文本节点及其他子标记节点等子对象。

通过 DOM 对象可以访问页面中的所有 HTML 标记元素以及它们所包含的属性及文本，可以创建、删除标记元素，也可以对元素内容进行修改和删除。

8.6.1　document 对象的属性

document 对象的常用属性如下。

- body：<body>元素。
- title：当前文档的标题，即<title>元素内的文本。
- URL：当前文档的 URL，等价于 location.href 属性。

8.6.2　document 对象的方法

(1) getElementById("id")：获取指定 id 的元素对象。

(2) getElementsByName("name")：获取指定 name 属性名称的元素集合——数组。

例如获取一个复选框组或单选按钮组。

又如例 h8-3.html 中 document. getElementsByName('sport')的应用。

(3) getElementsByTagName("tagname")：获取指定标记名的元素数组。

标记名不区分大小写，获取第 i 个<p>元素：document.getElementsByTagName("p")[i-1]。

使用 getElementsByTagName("*");可获取文档中的所有元素。

(4) createElement("标记名")：创建并返回新标记节点对象。

(5) createTextNode("文本内容")：创建并返回新文本节点对象。

标记对象调用 appendChild(文本节点或子标记节点对象)方法可追加指定子节点对象，body 页面对象调用 appendChild(标记节点对象)方法可在页面中追加指定标记对象。

【例 8-10】用 document 获取元素。在页面中生成复选框组，包含三个选项，名称是 myIn，然后生成两个按钮，效果如图 8-8 所示。

点击了按钮"查看有几个名字是'myIn'的元素"和按钮"查看共有几个'<input />'标记"之后的效果如图 8-9 所示。

图 8-8　h8-10.html 的初始运行效果

图 8-9　点击两个按钮之后的效果

创建 h8-10.html 页面文档：

```
<!DOCTYPE html PUBLIC "-//W3C//DTD XHTML 1.0 Transitional//EN"
  "http://www.w3.org/TR/xhtml1/DTD/xhtml1-transitional.dtd">
<html xmlns="http://www.w3.org/1999/xhtml">
<head>
<meta http-equiv="Content-Type" content="text/html; charset=gb2312" />
<title>用 document 获取元素</title>
<script src="j8-10.js" type="text/javascript"></script>
</head><body>
<h3>获取 id 标记、name 标记数组</h2>
  爱好: <input type="checkbox" name="myIn" value="sing" />唱歌
  <input type="checkbox" name="myIn" value="swim" />游泳
  <input type="checkbox" name="myIn" value="climb" />登山
  <p><input type="button" id="but1" value="查看有几个名字是'myIn'的元素" />
  <br />
  <input type="button" id="but2" value=" 查看共有几个'<input />'标记" />
  <br />
  <div id="div1"> </div>
  <div id="div2"> </div>
</body></html>
```

创建 j8-10.js 文件：

```
onunload=function() {};
onload=initButton;
function initButton(){
  document.getElementById("but1").onclick=getNames;
  document.getElementById("but2").onclick=getTagNames;
  var div1=document.getElementById('div1');
  var div2=document.getElementById('div1');
}
function getNames(){              //获取 name="myIn"的标记数组
  var x=document.getElementsByName("myIn");
  div1.firstChild.nodeValue="name 是 myIn 的标记个数为"+x.length;
}
function getTagNames(){      //获取<input>标记数组
  var x=document.getElementsByTagName("input");
  div2.firstChild.nodeValue="页面中的 input 标记个数为"+x.length;
}
```

8.7　DOM 节点对象

DOM 节点对象泛指标记对象、标记的属性子对象、标记内的子标记对象或文本子对象，可通过 document 的 getElementById()、getElementsByName()和 getElementsByTagName()方法获取指定的标记对象，再通过该标记对象获取其属性、子标记或文本内容子对象。

8.7.1　DOM 节点对象的通用属性

标记对象、标记的属性子对象、标记内的子标记对象或文本子对象等 DOM 节点对象都具有 nodeType-节点类型、nodeName-节点名称和 nodeValue-节点值三个通用属性。

(1) nodeType-节点类型，取值含义如下。
- 1：标记节点，包括 body 文档节点。
- 2：属性节点。
- 3：文本节点。
- 8：注释节点。
- 9：文档节点。

(2) nodeName-节点名称，不同类型对象的属性值含义不同：
- body 文档节点对象值为#document。
- 标记节点为标记名(全部大写)等价 tagName 属性。如<div>标记对象的 nodeName 属性值为"DIV"，<img>标记对象的 tagName 属性值为"IMG"。
- 属性节点对象的值为属性名称，如 style 属性节点对象的 nodeName 值为 style。
- 文本节点对象的值为#text。

(3) nodeValue-节点值：
- 标记节点对象(包括 body 文档)没有该属性，其值为 null。

- 属性节点对象的值为属性值。
- 文本节点对象的值为所包含的文本字符串。

注意：文本区的文本节点应使用 value 属性，如果使用 nodeValue 属性，很容易出错。

8.7.2　标记对象的所属类

在 HTML 文档中，每出现一个标记就相当于为 JavaScript 创建了一个相应的对象，这些对象对应的类名一般与标记名一致，但第一个字母必须大写。

例如<body>、<p>、<div>标记分别为 Body、P、Div 类的对象，例外的标记如下。

- Anchor：锚或超链接<a>对象的类名。
- Image：嵌入图像<img>对象的类名。
- TableRow：表格行标记<tr>对象的类名。
- TableCell：表格单元格标记<td>对象的类名。

其他如 Input text-文本框、Input password-密码框、Input hidden-隐藏域、Input checkbox-选择框、Input radio-单选框、Input file-文件选择框、Input reset-重置按钮、Input submit-提交按钮及 Input button 按钮等对象的类名。

我们可以使用 createElement("标记名")创建新的指定标记对象，也可以直接使用类名创建标记对象。例如：

```
var div=new Div();    //创建一个空<div></div>标记对象
var img=new Image();  //创建一个空<img />嵌入图像标记对象
```

然后可以通过直接赋值或调用 setAttribute()方法为标记对象添加和设置各种属性或文本内容。

8.7.3　标记对象的属性

一个标记的所有属性都是该标记对象的子对象，通过 document 对象获取标记对象后，可使用"对象名.属性名"或调用 getAttribute()、setAttribute()方法获取或设置该对象的任意属性值。属性子对象也可通过自己的属性或方法操作自己的属性。

1.标记对象的标准属性

标记对象的标准属性如下。

- id：标记对象的 id 属性子对象。
- className：标记对象的 class 属性子对象。
- style：标记对象的 CSS 样式属性子对象。

2.标记对象的通用属性及子标记属性

标记对象的通用属性及子标记属性如下。

(1) name：标记的 name 属性，<area><option><table><frameset>不能使用该属性。

(2) tagName：标记的标记名称，等价于 nodeName 属性，全部为大写字母。

(3) tabIndex：标记 Tab 键控制次序，<img><form><hidden><option><table><frameset> 标记不能使用该属性。

(4) innerHTML / innerText：非空标记内的文本内容。

(5) firstChild：当前标记内的第一个子标记节点，对非空文本标记一般为文本内容。可取代 innerHTML 获取 x 文本标记的文本内容：var text=x.firstChild.nodeValue;。

(6) lastChild：当前标记内的最后一个子标记节点。

(7) nextSibling：当前标记节点的下一个兄弟节点。

(8) previousSibling：当前标记节点的上一个兄弟节点。

> 注意：IE 或 Firefox 把标记内的空格、换行、制表符都作为子节点，如果同一个父标记内的兄弟标记之间有空格、换行、制表符，在使用 nextSibling、previousSibling 获取下一个、上一个兄弟节点时，得到的将是文本节点"#text"，因此使用 nextSibling、previousSibling 时，标记之间不能留有空格，也不能换行，如果需要换行时，可以在标记内部换行。

(9) parentNode：当前标记的父节点，可用于改变文档结构，例如，删除某个指定标记节点：

```
var x=document.getElementById("maindiv");      //获取被删除节点
x.parentNode.removeChild(x);                   //由父节点执行删除
```

通过 parentNode、firstChild、lastChild 等特殊标记节点，可快速获取相关标记或定位。

(10) offsetParent：距离当前标记最近的已进行 CSS 定位的父元素，如果所有父元素都没有定位，则为 body 根元素(浏览器页面)。

(11) childNodes[]：当前标记内所有子标记节点数组(按文档顺序，IE/火狐包括空白符)。

应用技巧：对 IE 或 Firefox 标记内空格、换行、制表符等子节点的处理：

```
function clearWhitespace(childNodes)  //清除空白符子节点函数，参数为子节点集合
{ for(var i=0; i<element.childNotes.length; i++)
   { var node = element.childNodes[i];
     //文本节点且包含空白符
    if (node.nodeType==3 && /\s/.test(node.nodeValue))
       { node.parentNode.removeChild(node); }  //删除该节点
}   }
```

3．标记对象的区域及位置属性

标记对象的区域及位置属性如下。

- offsetWidth：元素 width+padding+border+margin 的宽度总和(像素)。
- offsetHeight：元素 height+padding+border+margin 的高度总和(像素)。
- clientTop：元素上边缘到客户区域顶端的距离(像素)。
- clientLeft：元素左边缘到客户区域左端的距离(像素)。
- offsetTop：元素上边缘到 offsetParent 已定位父对象上边缘的偏移量(像素)。
- offsetLeft：元素左边缘到 offsetParent 已定位父对象左边缘的偏移量(像素)。

注意：IE7 及以下的 offsetTop、offsetLeft 属性存在 Bug，无论有无 offsetParent，也无论其取值如何，总是参照 body 计算，IE8 修正为与其他浏览器相同，参照 offsetParent 对象计算。

在参照 body 计算时，IE 从左边框开始计算，而其他浏览器将从左外边距开始计算。

8.7.4 标记对象的方法

创建标记对象后，可使用"对象名.方法([参数])"任意调用该对象具有的方法。

1. 标记对象的通用方法

(1) focus()：当前标记获得焦点。

(2) blur()：当前标记失去焦点——把焦点从当前元素上移开。

(3) setAttribute("属性名"，"属性值")：为当前标记添加属性或替换已有属性值，也可通过直接赋值添加任意属性：a.pName="pValue";。

(4) getAttribute("属性名")：获取当前标记指定属性的属性值，对标记对象的自定义属性，IE 可以用"对象名.属性名"或 getAttribute()获取，而火狐浏览器只能通过 getAttribute()获取。

(5) cloneNode(include)：返回当前标记的副本，即复制的当前节点。其中 include 取值为 true 表示连同子标记节点一起复制，取值为 false 时不复制子节点。

2. 父标记操作子标记对象的方法(document 方法)

(1) getElementById("id")：获取标记内指定 id 的子元素对象(如有多个只取第一个)。

(2) getElementsByName("name")：获取标记内具有指定 name 属性的子元素对象集合数组。

(3) getElementsByTagName("tagname")：获取标记内指定标记名的子元素对象集合。

(4) hasChildNodes()：判断当前标记内是否具有子节点，有返回 true，否则 false。

(5) appendChild(子节点对象)：在当前标记内的尾部添加指定的子节点。

(6) insertBefore(新子节点对象, 插入位置原子节点对象)：在指定原子节点之前插入新子节点，返回新插入子节点对象。

(7) replaceChild(新子节点对象, 被替换子节点对象)：用新子节点替换原有子节点，返回被替换的子节点对象。

(8) removeChild(childNode)：删除当前标记内的指定子节点，包括子节点中的子节点。

8.7.5 某些标记对象的专有属性或方法

某些 HTML 标记除了标准或通用的属性或方法外，还会有只属于自己的属性或方法，下面介绍几个常用标记的属性或方法。

1．<body>标记的属性

<body>标记的属性如下。

offsetWidth/offsetHeight：当前浏览器窗口的宽度/高度。

2．<form>表单标记的属性及方法

elements[]：表单中包含的所有标记对象数组。
reset()：把表单的所有输入元素重置，恢复为默认值，等价于单击重置按钮。
submit()：向服务器提交表单数据，等价于单击提交按钮。

3．<form>内所有表单元素的通用属性

form：包含表单元素的<form>父表单对象，通过任一表单元素可获取<form>对象。

4．文本框、密码框、文本区、文件选择框的方法

select()：自动选中框区中的文本，等价于用鼠标拖动选中。

5．<select>下拉列表或滚动列表框的属性与方法

selectedIndex：被选中项目的位置索引号(从 0 开始)。
options[]：所有选项标记的集合数组。
remove(index)：删除指定索引位置的选项标记，index 小于 0 或大于项数无效。
add(option, before)：在 before 选项标记前插入一个 option 选项标记对象。

注意：对 IE 省略 before、非 IE 的 before 取值为 null，则在末尾添加选项对象。

例如：

```
var option=document.createElement('option');  //创建一个新<option>标记对象
option.value="提交文本"; option.firstChild.nodeValue="显示文本";
var s=document.getElementById("mySelect");  //获取滚动或下拉列表
try { s.add(option, null); }   //标准用法，非 IE 在末尾添加，IE 出错则执行 catch()
catch(ex) { s.add(option); } //IE 专用在末尾添加
```

【例 8-11】节点对象综合操作。

可在文本区中输入文本内容，创建新的<p>标记(也可不输内容创建空标记)，并根据下拉列表的选择及单击不同按钮进行不同的操作，可将新标记加入或插入到</div>标记中，也可删除或替换</div>中的其他标记，注意第一次操作必须是"添加节点"。

(1) 创建 h8-11.html 页面文档：

```
<!DOCTYPE html PUBLIC "-//W3C//DTD XHTML 1.0 Transitional//EN"
  "http://www.w3.org/TR/xhtml1/DTD/xhtml1-transitional.dtd">
<html xmlns="http://www.w3.org/1999/xhtml">
<head>
<meta http-equiv="Content-Type" content="text/html; charset=gb2312" />
<title>节点对象综合操作</title>
```

```
<style type="text/css">
  #txt{width:320px; height:40px; line-height:20px; font-size:10pt;}
</style>
<script type="text/javascript" src="j8-11.js"></script>
</head><body>
  <p>在文本区中输入新节点的文本内容：<br />
      <textarea id="txt"></textarea>
  </p>
      选择插入标记位置或删除的标记：
      <select id="nodeList"><option>最后元素</option></select>
  <p> <input type="button" id="add" value="添加节点" />
      <input type="button" id="del" value="删除节点" />
      <input type="button" id="ins" value="插入节点" />
      <input type="button" id="rep" value="替换节点" />
  </p>
  <div id="modify"> </div>
</body></html>
```

运行效果如图 8-10、8-11 所示。

图 8-10　初始页面

图 8-11　向页面添加节点对象

(2) 在同一目录下创建 js 外部脚本文件 j8-11.js：

```
var select, div;    //<select><div>全局标记对象，<div>可加入新创建的标记对象
onunload=function() {};
onload=initAll;
function initAll()
{ select=document.getElementById("nodeList");       //获取指定下拉列表全局对象
  div=document.getElementById("modify");            //获取指定<div>全局对象
  document.getElementById("add").onclick=addNode;        //添加节点
  document.getElementById("del").onclick=delNode;        //删除节点
  document.getElementById("ins").onclick=insertNode;     //插入节点
  document.getElementById("rep").onclick=replaceNode;    //替换节点
}
function addNode()      //在<div>最后添加节点
{ var newNode=createP();                          //调用方法创建<p>标记
  if (newNode==null) return;
  div.appendChild(newNode);                        // <p>标记加入<div>
```

```
    listChange();                                   //调用方法修改下拉列表
}
function delNode()      //删除指定节点
{ var num=select.selectedIndex;                     //获取下拉列表中被选中项的索引
  var allTagPs=div.getElementsByTagName("p");  //<div>标记内所有<p>标记数组
  if (num==0) div.removeChild(allTagPs[allTagPs.length-1]); //默认最后一个
  else div.removeChild(allTagPs.item(num-1));  //等价于 allTagPs[num-1]
  listChange();                                     //调用方法修改下拉列表
}
function insertNode()    //在指定位置插入节点
{ var newNode=createP();                            //调用方法创建<p>标记
  if (newNode==null) return;
  var num=select.selectedIndex;                     //获取下拉列表中被选中项的索引
  if (num==0) { div.appendChild(newNode); }         //默认插入到最后
  else { var allTagPs=div.getElementsByTagName("p");
        div.insertBefore(newNode, allTagPs[num-1]);//在指定标记前插入新标记
     }
  listChange();
}
function replaceNode()   //替换指定位置的节点
{ var newNode=createP();                            //调用方法创建<p>标记
  if (newNode==null) return;
  var num=select.selectedIndex;
  var allTagPs=div.getElementsByTagName("p");
  if (num==0) { num= allTagPs.length; }             //默认最后一个
  div.replaceChild(newNode, allTagPs[num-1]);       //替换指定位置的节点
  listChange();
}
function createP()       //创建<p>标记对象
{ var text=document.getElementById("txt").value;    //不要使用
firstChild.nodeValue
  if ( text==null || text=="" )
    { var boo=confirm("您没有在文本区输入节点内容\n 单击确定: 创建空标记\n 单击取消:
                返回输入节点内容重新操作");
      if (boo) ext=" "; else return null;
    }
  var newNode=document.createElement("p");          //创建<p>标记对象
  var newText=document.createTextNode(text);        //创建文本节点对象
  newNode.appendChild(newText);                     //文本节点加入<p>标记
  return newNode;
}
function listChange()    //修改下拉列表
{ var count=div.getElementsByTagName("p").length;//<div>标记内<p>标记的数量
  select.options.length=0;                          //清空下拉列表
  select.options[0]=new Option("最后元素");    //创建下拉列表中的第一个列表项对象
  for (var i=1; i<=count; i++)
  { select.options[i]=new Option("p"+i); } //循环创建下拉列表中的列表项对象
}
```

8.8 event 事件对象

页面中任何事件发生时，JavaScript 都会自动创建一个封装了事件状态的 event 对象，通过 event 对象可获取引发事件的事件源对象、按键的键码、操作鼠标的左右键及坐标点。

对 IE 浏览器，event 对象是 window 窗口对象的子对象属性，可在事件函数中直接获取和使用 window.event 事件对象(window 可以省略)而不需要专门的参数接收 event 对象。

对 Firefox 火狐等非 IE 浏览器，event 对象不是 window 的子对象属性，在事件函数中需要使用 event 对象时，必须设置参数接收 event 对象，当引发事件调用事件处理函数时会自动传递 event 对象，而不需要显式传递。如果在事件函数中嵌套调用其他函数，则需要显式地向下传递 event 对象。

```
//调用函数不需要传递 event 对象
document.getElementsById(id).事件名=functionName;
function functionName(evt)    //非 IE 浏览器需要时必须设置参数接收 event 对象
{ //对 IE 浏览器不会传递 event 对象，因此 evt 对 IE 不存在，解决浏览器的兼容方法：
  var e=evt || window.event;  //IE 浏览器必须单独获取
  //后续代码中，即可将 e 作为本次事件的 event 对象直接使用
}
```

1. event 对象的标准属性(2 级 DOM)

event 事件对象只有属性，没有方法。

(1) type：当前事件的类型名，与事件名同名或删除事件名前缀"on"。

以下 DOM 标准属性 IE 浏览器不支持，用于火狐等非 IE 浏览器。

(2) timeStamp：事件生成的日期时间。

(3) target：触发事件的事件源对象(目标节点)。但在 mouseout 鼠标离开事件中 target 等于将要去往的元素 relatedTarget，如果想要得到当前元素，可通过 currentTarget 对象获取。

(4) currentTarget：监听、处理该事件的元素、文档或窗口对象。

以下为 IE 浏览器专用的属性。

● srcElement：触发事件的事件源对象，相当于 DOM 的 target 属性。

● returnValue：比事件方法返回值的优先级更高的返回值，可自行设置。

● keyCode：IE 浏览器获取被按下字符的 ASCII 码。

● which：Netscape/Firefox/Opera 浏览器获取被按下字符的 ASCII 码。

【例 8-12】在页面中设置 4 个按钮，id 分别是 bt1、bt2、bt3、bt4，创建函数 btn，通过 event 事件对象获取用户所点击按钮的 id 值：

```
<!DOCTYPE html PUBLIC "-//W3C//DTD XHTML 1.0 Transitional//EN"
  "http://www.w3.org/TR/xhtml1/DTD/xhtml1-transitional.dtd">
<html xmlns="http://www.w3.org/1999/xhtml">
<head>
<meta http-equiv="Content-Type" content="text/html; charset=gb2312" />
<title>无标题文档</title>
<style type="text/css">
```

```
#div1{width:200px; height:30px; padding:0; margin:0; font-size:10pt;}
</style>
<script type="text/javascript">
window.onunload=function(){}
window.onload=function(){
  this.onclick=btn;  //this 表示所点击的按钮
}
function btn(evt){
  var div1=document.getElementById('div1');
  var e=evt || window.event;
  btnId=e.target.id || e.srcElement.id;
  div1.firstChild.nodeValue="你所点击的按钮的 ID 是："+btnId;
}
</script>
</head>
<body>
  <p><input type="button" id="bt1" value="第一个按钮" />
  <input type="button" id="bt2" value="第二个按钮" />
  <input type="button" id="bt3" value="第三个按钮" />
  <input type="button" id="bt4" value="第四个按钮" /></p>
  <div id="div1">此处显示你所点击的按钮的 id 值</div>
</body>
</html>
```

运行效果如图 8-12、8-13 所示。

图 8-12　h8-12.html 的初始运行效果

图 8-13　点击第一个按钮时的效果

2．与鼠标事件相关的属性

(1)　与鼠标事件相关的属性如下。

①　relatedTargent：DOM 标准属性 IE 不支持，IE 使用 fromElement、toElement。在 mouseover 鼠标进入事件中表示鼠标来自最近的上一个元素。在 mouseout 鼠标离开事件中表示鼠标去向是最近的下一个元素。

②　button：IE 浏览器的鼠标值：1-左键、2-右键、3-左右同时按、4-中键。其他浏览器鼠标值：0-左键、2-右键。非鼠标事件返回 undefined。

③　clientX/clientY：鼠标指针在浏览器客户区(不包括工具栏、滚动条等)中的坐标。

④　screenX/screenY：鼠标指针在屏幕中的坐标。

(2) 以下为 IE 浏览器专用的属性。

① fromElement：在 mouseover 鼠标进入事件中表示鼠标来自最近的上个元素，而在鼠标离开时，fromElement 等于当前事件源 srcElement。

② toElement：在 mouseout 鼠标离开事件中表示鼠标去向最近的下一个元素，而在鼠标进入时 toElement 等于当前事件源 srcElement。

③ offsetX/offsetY：事件发生点在事件源对象中的 x, y 坐标。

④ x, y：事件发生点在最内层 CSS 定位对象中的 x, y 坐标(火狐为 pageX, pageY)。

8.9　style 样式对象

XHTML 将 style 作为标记的样式属性节点子对象，style 对象的属性就是 CSS 样式属性，在 JavaScript 中，每个 HTML 标记都可通过其 style 子对象设置 CSS 样式。

(1) CSS 设置标记样式：

样式属性：属性值；

(2) JavaScript 设置标记样式：

标记对象**.style.CSS 样式属性**="属性值"；

JavaScript 样式属性与 CSS 样式属性的区别如下：

- 也许是为了区别数值类型 float，JavaScript 使用的 CSS 浮动样式 float 是一个唯一的例外，对 IE、Opera 浏览器使用"标记对象.style.styleFloat="属性值";"，而对火狐 Firefox 及其他浏览器使用"标记对象.style.cssFloat="属性值";"。

- 除 float 外，凡是单一单词的 CSS 样式属性，JavaScript 样式属性与 CSS 样式属性完全相同。例如 CSS 字符颜色 color、块元素宽度 width、综合边框 border、定位 position、显示方式 display 等在 JavaScript 中仍表示为 color、width、border、position、display。

- 凡是多单词用"-"连接的 CSS 样式属性，JavaScript 样式属性统一表示为去掉"-"并将其后单词的第一个字母大写。例如，CSS 字号大小 font-size、水平对齐方式 text-align、上边框样式 border-top-style 等在 JavaScript 中分别表示为 fontSize、textAlign、borderTopStyle。

> **注意**：JavaScript 中标记的 style 子对象是指标记内部的 style 属性，如果 HTML 标记使用 style 属性设置 CSS 样式，则 JavaScript 可通过 style 子对象直接获取和使用，但如果用样式表为 HTML 标记设置样式，则 JavaScript 中该标记的 style 子对象及样式属性不存在，必须先使用"标记对象**.style.CSS 样式属性**="属性值";"赋值激活(添加属性)后方可使用。

例如设置 id="dis"标记的隐藏或显示时，使用样式表设置其初始状态不可见：

```
#dis { display:none; }
```

假设在单击事件函数中使用 JavaScript 代码：

```
var menuStyle=document.getElementById("dis").style;
menuStyle.display=(menuStyle.display=="block")?"none ":"block ";
//或者
menuStyle.display=(menuStyle.display!="block")?"block":"none";
```

则打开页面第一次单击时不起作用。这是因为该标记中不存在 style.display 属性，无法正确进行比较，都会执行"menuStyle.display="none";"，一旦赋值激活 menuStyle.display 之后，就可以正常操作了。除了使用先赋值激活方法外，也可以在条件判断时不使用其初始值而使用相反值进行判断，然后再通过赋新值激活。

例如：

```
menuStyle.display=(menuStyle.display=="block") ? "none" : "block";
//或者
menuStyle.display=(menuStyle.display!="block") ? "block" : "none";
```

这样虽然第一次 display 不存在，但恰好符合初始状态，执行 menuStyle.display="block"; 时的激活有效，保证可正常地操作。

8.10　习　　题

1. 选择题

(1)　数组对象 Array 的方法中不改变原数组顺序和内容的是(　　　)。

　　A. sort()　　　　　　B. reverse()　　　　　C. slice()　　　　　　D. concat()

(2)　"中国".length 的结果是(　　　)。

　　A. 2　　　　　　　　B. 4

(3)　下面的代码运行之后，变量 len 的值为(　　　)。

```
var str1="中国 China";
var len=0;
for (i=0;i<str1.length;i++)
{
  if(str1.charCodeAt(i)>=0 && str1.charCodeAt(i)<=255)
  {
    len=len+2;
  }
  else
  {
    len=len+1;
  }
}
```

　　A. 7　　　　　　　　B. 5　　　　　　　　C. 9　　　　　　　　D. 11

(4)　若要求用户名称只能以字母开始，包含 6~18 个字母数字或下划线，相应的正则表达式是(　　　)。

A. /^[A-Za-z]\w{6,18}/　　　　　　B. /^[A-Za-z]\w{6,}/

C. /[^A-Za-z]\w{6,18}/　　　　　　D. /[A-Za-z]\w{6,18}/

(5) 假设已经存在正则表达式 ptrn，需验证字符串 str 是否符合正则表达式的要求，以下代码正确的是(　　)。

A. str.test(ptrn)　　　　　　　　B. ptrn.test(str)

C. str.search(ptrn)　　　　　　　D. ptrn.search(str)

(6) 假设存在如下代码：

```
var str="Hello world!";
var ptrn=/world/;
```

下列表达式写法正确的有(　　)。

A. str.test(ptrn)　　B. ptrn.test(str)　　C. str.match(ptrn)　　D. ptrn.match(str)

(7) 正则表达式对象中，用于设置全局模式的模式标志字符是(　　)。

A. i　　　　　　　　B. g　　　　　　　　C. m

(8) 假设已经存在串变量 str="I am a teacher!"，取其前三个单词的做法是(　　)。

A. str.split(" ")　　B. str.split("")　　C. str.split(" ", 3)　　D. str.split("", 3)

(9) 下列日期时间函数中错误的是(　　)。

A. getDate()　　　　B. getDays()　　　　C. getHours()　　　　D. getTime()

(10) 关于 HTML 文档对象模型，下面说法中错误的是(　　)。

A. 整个文档是一个文档节点对象 document

B. document 对象不具有父节点

C. HTML 中的标记<span>不能被看作是元素节点对象

D. 元素节点对象<p>包含属性节点对象和文本节点对象

(11) 识别某个浏览器类型时，我们经常采用如下哪种做法？(　　)

A. 使用 if(document.all)，条件成立则是 IE 浏览器

B. 使用 if(document.layers)，条件成立则不是 IE 浏览器

C. 使用 if(window.all)，条件成立则是 IE 浏览器

(12) 获取 ID 属性值为 P1 的元素节点，代码是(　　)。

A. document.p1

B. document.getElementById(p1)

C. document.getElementById('p1')

D. document.getElementByName(p1)

(13) 获取文档的所有节点，可以使用下面哪种做法？(　　)

A. document.getElementById("")

B. document.getElementById("*")

C. document.getElementByName("*")

D. document.getElementByTagName("*")

2. 操作题

完成如图 8-14 所示的页面，并按要求编写代码。

(1) 在左侧框中选中的元素可以在单击"＞"按钮后移动到右侧框中，反之亦然。

(2) 单击"＞＞"按钮可以把左侧框中剩余的全部元素移动到右侧框中，反之亦然。

图 8-14　页面效果

第 9 章　JavaScript 的应用

【学习目的与要求】

知识点

- 折叠式菜单与图像操作的各种特效设置。
- 表单验证的通用方法。

9.1　折叠式导航

9.1.1　折叠式导航

折叠式导航是将导航菜单分类集中折叠隐藏起来，在鼠标单击主导航项时，则打开并显示导航菜单，当鼠标再次单击时则折叠隐藏。一般折叠式菜单中，主导航项不能带有超链接，单击打开时占据页面空间，也可设置为不占用页面空间。

1. 纵向折叠式导航

【例 9-1】要求初始效果如图 9-1 所示，点击第二个主导航菜单后，效果如图 9-2 所示。

图 9-1　页面初始运行效果

图 9-2　展开菜单后的效果

(1) 创建样式文件 c9-1.css，代码如下：

```
#main { margin:10px; padding:10px; font-size:12pt; border:1px solid red;
        width:160px; }
```

```
div.mainLink {width:160px; height:30px; padding:0; margin:5px 0 0;
  background:url(img/dh2.jpg); font-size:16px; font-weight:bold;
  color:#fff;line-height:30px; cursor:pointer;text-align:center;}
ul.menu {list-style:none;width:160px; padding:0; margin:5px 0 0;
  background-color:#CF9; text-align:center; display:none;}
ul a{ color:#00f; font-weight:bold; line-height:20px;
  text-decoration:none; }
ul a:hover{ color:#f00; text-decoration:underline; }
```

(2) 创建页面文件 h9-1.html，代码如下：

```
<!DOCTYPE html PUBLIC "-//W3C//DTD XHTML 1.0 Transitional//EN"
  "http://www.w3.org/TR/xhtml1/DTD/xhtml1-transitional.dtd">
<html xmlns="http://www.w3.org/1999/xhtml">
<head>
<meta http-equiv="Content-Type" content="text/html; charset=gb2312" />
<title>折叠式下拉列表导航</title>
<link rel="stylesheet" rev="stylesheet" href="c9-1.css" />
<script type="text/javascript" src="j9-1.js"></script>
</head><body>
  <div>鼠标单击折叠式下拉列表导航。</div>
  <div id="main">
    <h3>学院管理</h3>
      <div class="mainLink" id="m1">教育教学</div>
      <ul id="menu1" class="menu">
        <li><a href="pg1.html">平面设计</a></li>
        <li><a href="pg2.html">三维动画</a></li>
        <li><a href="pg3.html">网页制作</a></li>
        <li><a href="pg4.html">Flash动画</a></li> </ul>
      <div class="mainLink" id="m2">招生就业</div>
      <ul id="menu2" class="menu">
        <li><a href="pg5.html">人才交流</a></li>
        <li><a href="pg6.html">招工单位</a></li>
        <li><a href="pg7.html">就业状况</a></li> </ul>
      <div class="mainLink" id="m3">学生社区</div>
      <ul id="menu3" class="menu">
        <li><a href="pg8.html">新闻娱乐</a></li>
        <li><a href="pg9.html">动漫视频</a></li>
        <li><a href="pg10.html">聊天室</a></li> </ul>
  </div>
</body></html>
```

(3) 创建脚本文件 j9-1.js，代码如下：

```
onunload=function(){};
onload=function(){
    this.onclick=showOrHideMenu; //this 表示点击的对象
}
function showOrHideMenu(evt){
    var e=evt || window.event; //获取事件对象
```

```
var divId=e.target.id || e.srcElement.id; //获取事件对象的 id
var num=divId.charAt(1); //获取 id 取值中第二个字符的数字序号
var ulnum=document.getElementById('menu'+num); //获取指定序号的 ul
ulnum.style.display=(ulnum.style.display=="block")? "none" : "block";
}
```

2. 弹出式二级导航

【例 9-2】创建弹出式二级导航，初始效果如图 9-3 所示，鼠标进入一级导航后，效果如图 9-4 所示。

图 9-3　弹出式二级导航的初始效果

图 9-4　弹出式二级导航的显示效果

(1)　创建样式文件 c9-2.css，代码如下：

```
#main{width:480px; height:30px; margin:0px auto;
  padding:0px;font-size:12pt;
  position:relative;}   /* 相对定位 */
a{font-weight:bold; text-decoration:none;}
a.mainLink{width:160px; height:30px; padding:0; margin:5px 0 0; float:left;
  background:url(img/dh2.jpg); color:#fff; margin-top:5px; font-size:12pt;
  line-height:30px; text-align:center; /*主导航超链接左浮动，变为块元素*/}
a.mainLink:hover{color:#f00;}
.clear{clear:both;}
ul.menu{list-style:none; width:140px; padding:10px 0;
  margin:0;background-color:#CF9; position:absolute; text-align:center;
  display:none; top:30px;} /*绝对定位、初始不可见*/
#menu1{left:10px;}
```

```
#menu2{left:170px;}
#menu3{left:330px;}
ul a{color:#00f; line-height:20px;}
ul a:hover{color:#f00; text-decoration:underline;}
.div1{width:480px; height:30px; padding:0; margin:10px auto;}
```

(2) 创建页面文件 h9-2.html：

```
<!DOCTYPE html PUBLIC "-//W3C//DTD XHTML 1.0 Transitional//EN"
  "http://www.w3.org/TR/xhtml1/DTD/xhtml1-transitional.dtd">
<html xmlns="http://www.w3.org/1999/xhtml">
<head>
<meta http-equiv="Content-Type" content="text/html; charset=gb2312" />
<title>横向下拉列表导航</title>
<link rel="stylesheet" rev="stylesheet" href="c9-2.css" />
<script type="text/javascript" src="j9-2.js"></script>
</head><body>
  <h3 align="center">学院管理</h3>
  <div id="main">
    <a href="#" class="mainLink" id="m1">教育教学</a>
    <a href="#" class="mainLink" id="m2">招生就业</a>
    <a href="#" class="mainLink" id="m3">学生社区</a>
    <ul id="menu1" class="menu">
        <li><a href="pg1.html">平面设计</a></li>
        <li><a href="pg2.html">三维动画</a></li>
        <li><a href="pg3.html">网页制作</a></li>
        <li><a href="pg4.html">Flash 动画</a></li> </ul>
    <ul id="menu2" class="menu">
        <li><a href="pg5.html">人才交流</a></li>
        <li><a href="pg6.html">招工单位</a></li>
        <li><a href="pg7.html">就业状况</a></li> </ul>
    <ul id="menu3" class="menu">
        <li><a href="pg8.html">新闻娱乐</a></li>
        <li><a href="pg9.html">动漫视频</a></li>
        <li><a href="pg10.html">聊天室</a></li> </ul>
    <div class="clear"></div><!--清除一级导航向左浮动的效果-->
  </div>
  <div class="div1">鼠标指向横向展开式下拉列表导航。</div>
</body></html>
```

(3) 创建脚本文件 j9-2.js，代码如下：

```
onunload=function() {};
onload=function(){
    this.onmouseover=showOrHideMenu; //this 表示鼠标操作的对象
}
function showOrHideMenu(evt){
    var e=evt || window.event; //获取事件对象
    var divId=e.target.id || e.srcElement.id; //获取事件对象的 id
    var num=divId.charAt(1); //获取 id 取值中第二个字符的数字序号
```

```
var ulnum=document.getElementById('menu'+num); //获取指定序号的 ul
ulnum.style.display='block';
ulnum.onmouseover=function(){this.style.display='block';}
ulnum.onmouseout=function(){this.style.display='none';}
this.onmouseout=function(){ulnum.style.display='none';}
}
```

9.1.2　动态生成下拉列表

对一些有规律的下拉列表元素，如选择年份、月份、日期的下拉列表，可通过 JavaScript 自动创建，以减少 HTML 页面的代码量，还可以避免选择日期错误，例如 2 月份不存在 30、31 号，平年时也不存在 2 月 29 日。

【例 9-3】使用下拉列表导航与动态生成下拉列表。

本例自动创建年份、月份下拉列表，必须选择有效年份才可以选择月份，并根据所选月份自动生成该月份所具有的日子下拉列表。

本例还使用下拉列表直接导航到指定页面，如果用户浏览器不支持 JavaScript 或已经关闭该功能时，页面会自动显示"提交导航"按钮，配合后台服务器 gotoLocation.jsp 程序可动态地为用户转移到指定的超链接页面，实现"无干扰"编程。

(1) 创建 h9-3.html 页面文档：

```
<!DOCTYPE html PUBLIC "-//W3C//DTD XHTML 1.0 Transitional//EN"
  "http://www.w3.org/TR/xhtml1/DTD/xhtml1-transitional.dtd">
<html xmlns="http://www.w3.org/1999/xhtml">
<head>
<meta http-equiv="Content-Type" content="text/html; charset=gb2312" />
<title>自动导航、动态生成列表项</title>
<script type="text/javascript" src="j9-3.js"> </script>
</head><body>
  <form action="gotoLocation.jsp">
    出生日期: <select id="years"><option>-年份-</option></select>
          <select id="months"><option>-月份-</option></select>
          <select id="days"><option>-日子-</option></select>
    <span id="birthday" style="color:red"> </span><br /><br />
  </form>
</body></html>
```

页面效果如图 9-5 所示。

图 9-5　下拉列表导航与动态生成下拉列表

(2) 创建脚本文件 j9-3.js：

```javascript
var year, month, months=["1月", "2月", "3月", "4月", "5月", "6月",
                "7月", "8月", "9月", "10月", "11月", "12月"];
var monthDays=[31, 28, 31, 30, 31, 30, 31, 31, 30, 31, 30, 31];
var birthDay;                            //<span>标记全局对象
onunload=function() {}
onload=initForm;
function initForm()
{
  for (var i=1901; i<=2020; i++)                     //创建年份下拉列表
    { document.getElementById("years").options[i-1900]=new Option(i); }
  for (var i=0; i<12; i++)                           //创建月份下拉列表
    { document.getElementById("months").options[i+1]=
        new Option(months[i]); }
  document.getElementById("days").selectedIndex=0;
  birthDay=document.getElementById("birthday");
  document.getElementById("years").onchange=newMonth; //选年份则初始化月份
  document.getElementById("months").onclick=creatDays;//选月份自动生成日子
  //显示选择的出生日期
  document.getElementById("days").onchange=creatBirthday;
}
function newMonth()                     //改变年份时初始化月份
{ document.getElementById("months").selectedIndex=0; }
function creatDays()                    //选择月份后根据年份、月份自动创建日子列表项
{
  year=document.getElementById("years").selectedIndex+1900;  //获取年份
  if (year==1900)
    { birthDay.firstChild.nodeValue="请先选择年份！";
      this.selectedIndex=0; return; }
  var monthIndex=this.selectedIndex;                 //选中的月份索引
  var daysTag=document.getElementById("days");       //获取日子下拉列表
  daysTag.options.length=1;                          //日子下拉列表清零
  if (monthIndex>0)                                  //选择了有效月份
    { month=months[monthIndex-1];                    //获取选择的月份
      var days=monthDays[monthIndex-1];              //当前月份天数
      if (monthIndex==2)                             //计算2月份是否闰月
        { if (year%4==0 && year%100!=0 || year%400==0) days++; }
      for (var i=1; i<=days; i++)
        { daysTag.options[i]=new Option(i); }  //创建日子列表
    }
}
function creatBirthday()                 //显示选择的出生日期
{
  var dayIndex=this.selectedIndex;               //获取选中的日子索引
  if (dayIndex>0)                                //选择了有效日子
    { birthDay.firstChild.nodeValue=year+"年"+month+dayIndex+"日"; }
}
```

9.2 图 像 操 作

页面中使用的所有图像等资源文件都必须从服务器下载到用户机器上才能由浏览器调用，但这些图像不会都出现在 HTML 页面的代码中，而浏览器在初始加载 HTML 页面时只会将页面代码中的图像下载到客户机器上。

如果在 JavaScript 代码中使用了不在 HTML 代码中的图片，例如需要在鼠标指向一幅图片时翻转为另一幅不在 HTML 代码中的图片，就必须等待浏览器临时从服务器下载新图片到用户机器上，下载的延迟会影响页面的浏览效率，网速较慢时延迟会更突出。

通常的解决方法是在加载页面时就立即执行的 JavaScript 代码或 onload 事件函数中将页面使用的所有图片文件都创建为 JavaScript 图像对象——也就是所谓的预加载图像，虽然不直接使用这些对象，但创建这些对象就使得浏览器必须先从服务器下载图片到用户机器上。这样就可在页面加载时一次性加载完所有资源文件，可能初始加载页面慢一些，但浏览器以后使用这些资源文件时，可直接从客户机器上调用，从而避免了页面运行过程中的下载延时。

9.2.1 图像翻转器

图像翻转器也称为悬放超链接按钮，实际上是一个交互变换图片的超链接图像按钮，当鼠标指向超链接图像时，图片自动变换为另一张不同的图像，以提供良好的视觉反馈，减少用户的困惑及避免操作失误。

使用图像翻转器必须为每个图标准备两到三张不同的图片，也可以是相同内容，但一张黯淡，另一张加亮或带有不同色彩，页面默认显示一幅链接图片，当鼠标进入该图像时则显示为另一张图片，单击该图像可超链接到指定的页面，还可以在超链接加载新页面的过程中显示第三张图像。

【例 9-4】简单图像翻转器。

本例使用内容相同但一张黯淡另一张加亮的图片文件，默认为黯淡图片并用该文件名作为<img>标记的 id 属性值，对应翻转的加亮图片文件名增加特定字符"_on"。

假设所有<a>标记内的<img>——即父标记是<a>的<img>都是图像翻转器，则可直接通过<img>标记的 src 属性获取默认图片文件，增加"_on"即可作为翻转的图片文件名。运行结果如图 9-6 所示。

(1) 创建 h9-4.html 文档：

```
<!DOCTYPE html PUBLIC "-//W3C//DTD XHTML 1.0 Transitional//EN"
  "http://www.w3.org/TR/xhtml1/DTD/xhtml1-transitional.dtd">
<html xmlns="http://www.w3.org/1999/xhtml">
<head>
<meta http-equiv="Content-Type" content="text/html; charset=gb2312" />
<title>图像翻转器—悬放超链接按钮</title>
<style type="text/css"> img { border-style:none; } </style>
<script type="text/javascript" src="j9-4.js"></script>
</head><body><h3>图像翻转器</h3>
    鼠标指向超链接图像按钮可以加亮，点击后链接对应页面。<hr /><br />
```

```
    <a href="#"> <img src="img/news.gif" alt="新闻" /> </a>
    <a href="#"> <img src="img/products.gif" alt="产品" /></a>
    <a href="#"> <img src="img/order.gif" alt="订单" /></a>
    <a href="#"> <img src="img/goodies.gif" alt="糖果" /></a>
    <a href="#"> <img src="img/about.gif" alt="关于我们" /></a>
</body></html>
```

(2) 创建外部脚本文件 j9-4.js。

该方法在页面加载完成后为每个超链接的<img>标记分别添加 overImg 和 outImg 两个 Image 子对象属性，overImg 子对象的 src 属性保存鼠标进入时翻转的加亮图片，outImg 子对象的 src 属性保存鼠标离开后所用的默认黯淡图片。

j9-4.js 可作为所有<a>标记内<img>图像翻转器的通用文件，但必须所有文件名后缀相同，鼠标指向时的翻转图像文件名比对应的默认图像文件名增加特定字符"_on"：

```
onunload=function() {}
onload=initImg;
function initImg()       //页面加载时预加载<a>标记中所有<img>标记使用的所有图像
{ var imgs=document.getElementsByTagName("img"); //获取所有<img>标记对象数组
                                //也可直接使用 document.images 集合数组
  for (var i=0; i<imgs.length; i++)          //对文档中所有<img>标记对象循环
  { var img=imgs[i];
    if (img.parentNode.tagName=="A")        //父标记是<a>的<img>对象
      { img.onmouseover=over;               //为<img>指定鼠标进入事件
      img.onmouseout=out;                   //为<img>指定鼠标离开事件
      img.overImg=new Image();              //为<img>添加 overImg 子对象属性
      var index=img.src.indexOf(".");       //获取原默认图像文件名中"."的位置
      var start=img.src.substring(0, index); //获取原默认图像的文件名
      var end=img.src.substring(index);     //获取原默认图像的文件名后缀
      img.overImg.src= start+"_on"+end; //为 overImg 子对象的属性加载亮图像
      img.outImg=new Image();               //为<img>添加 outImg 子对象属性
      img.outImg.src=img.src;               //outImg 子对象的属性保存原默认图像
} } }
//显示 overImg 对象中预加载的亮图像
function over() { this.src=this.overImg.src; }
//显示 outImg 对象中保存的原默认图像
function out()  { this.src=this.outImg.src; }
```

运行结果如图 9-6 所示。

图 9-6 第二幅图为图片翻转的效果

9.2.2　随机显示一条文本或一幅图像

如果页面中准备有多种文本资料或图片，而每次需要显示一条文本或一幅图片时，可以采用随机抽取的方法，每次加载页面时可任意加载其中之一。

【例 9-5】每次页面加载时随机抽取一句格言、一幅图片(见图 9-7、9-8)。

创建 h9-5.html 页面文档，其中 spacer.gif 是一个占位的空图片：

```html
<!DOCTYPE html PUBLIC "-//W3C//DTD XHTML 1.0 Transitional//EN"
  "http://www.w3.org/TR/xhtml1/DTD/xhtml1-transitional.dtd">
<html xmlns="http://www.w3.org/1999/xhtml">
<head>
<meta http-equiv="Content-Type" content="text/html; charset=gb2312" />
<title>显示随机格言与图像</title>
<style type="text/css">
  .p1 { width:auto; background-color:#EEE; margin:0 15px 10px; padding:15px;
    float:left; }
  #myText { color:red; font-weight:bold; }
  #myImg { width:75px; height:85px;}
</style>
<script type="text/javascript" src="j9-5.js"> </script>
</head><body>
  <h3>随机显示名人格言与图像</h3>
  <p>刷新、重新载入页面可看到其他名人格言及图片。</p>
  <p class="p1"> <span id="myText"> </span> <br />
    <span id="myName"> </span> </p>
  <img id="myImg" src="img/spacer.gif" alt="随机图像" />
  <p>欢迎您经常光顾本网站！</p>
</body></html>
```

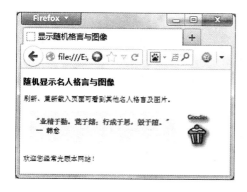

图 9-7　默认页面显示结果

图 9-8　刷新页面时的显示结果

9.3　表单处理与验证

表单是实现用户与服务器交互的最重要方法，用户对服务器的请求、提交给服务器的数据一般都是通过表单实现的，JavaScript 可实现客户端的表单验证，对用户提交数据的内容、格式进行初步的语法验证，符合要求再提交服务器进行最终验证，避免频繁提交服务器，既可减少网络传输、提高效率，又能减轻服务器的负担。

通过<form>标记的 onsubmit 事件函数，可在单击"提交"按钮时进行客户端表单验证，验证成功，返回 true，则提交服务器，验证失败时返回 false，将终止提交。

失去焦点事件 onblur 可对某一项输入内容进行当即验证，若不符合要求，可用 focus()重新获得焦点，并可用 select()方法选中原文本供用户修改，但一个页面中只能为一个元素设置 onblur 验证，否则可能会造成焦点转换的死循环。

简单语法验证包括输入内容不能为空(必填项)、输入字符的个数、对第 1 个字符或内容的限制(如非数字、大小写、日期的格式或范围、E-mail 及文件名的构成规则)、两项内容是否一致(如确认密码)、单选按钮组是否必须有一个被选中、复选框是否至少一项被选中、下拉列表是否为有效选项(如第一项的提示信息为无效选项)等。

9.3.1 使用正则表达式验证表单内容

1. 验证 E-mail 邮箱的构成规则

(1) 正则表达式：

```
/^\w{2,}@\w{2,}\56\w{2,}$/
```

其中^...$ 表示必须匹配一个完整的字符串，其匹配的内容为：

2 个以上单词字符 + @ + 2 个以上单词字符 + 圆点 + 2 个以上单词字符

例如，lfshun@163.com 是匹配文本，而 lfshun@163.com.cn 则不匹配。

(2) 正则表达式：

```
/^\w+(-?\w+)*@\w+(-?\w+)*(\56\w{2,3})+$/;
```

则表示匹配的内容为：

1 个以上字符 + 0 或多个(0 或 1 次- + 1 个以上字符) + @ + 1 个以上字符 + 0 或多个(0 或 1 次- + 1 个以上字符) + 1 个以上(点 + 2-3 个字符)

例如，lfshun@163.com、lf-shun@163-abc.com.cn 都是匹配文本。

2. 验证上传图像文件的 URL

正则表达式：

```
/^((((file|http):\/\/)|([A-G]:\\)|(../)|\/)?(\ w+[\/\\])+\w+\56(gif|jpg|\w+)$/i;
```

其中最后的 i 表示不区分大小写，其匹配的内容为：

0 或 1 个((file 或 http):// 或 [A-G]:\ 或 ../ 或 /) + 1 或多个(1 个以上单词字符 + / 或\) + 1 或多个单词字符 + 圆点 + (gif 或 jpg 或 1 个以上单词字符)

例如，file://abc/xyz/xxx.gif、HTTP://abc/xyz/aaaa/xxx.JPG、D:\abc\xyz\xxx.jpg、../abc/xyz/xxx.jpg、/abc/xxx.jpg、img/order.gif 都是匹配文本。

3．验证并格式化电话号码

例如要求输入 10~12 位带区号的电话号码，前 3~4 位为 0 开头的区号，后 8 或 7 位是 2 以上数字开头的电话号码，输入正确则格式化为统一格式：(010)-8888-8888。

正则表达式如下：

```
var re=/^\(?((0[12]\d{1})|(0[3-9]\d{2}))\)?[\.\-\/]?([2-9]
      \d{3})[\.\-\/]?(\d{3,4})$/;
```

匹配的内容为：

<u>可选的(</u> + <u>((01 或 02 开头 3 位数) 或 (03~09 开头 4 位数))</u> + <u>可选的)</u> + <u>可选的.-/</u> + <u>2~9 开头 4 位数</u> + <u>可选的.-/</u> + <u>3 或 4 位数</u>

对 <u>01~02</u> 开头的区号自动取前 3 位数，<u>03~09</u> 开头的区号则取前 4 位，如果电话为 7 位数，则最后可以是 3 位数。

第 1 个子表达式为外圆括号内的区号，第 2 个子表达式为 3 位区号，第 3 个子表达式为 4 位区号，第 4 个子表达式为 2 以上开头共 4 位，第 5 个子表达式为 3 或 4 位数。

如果输入 01023456789、(010)2345-6789、010.2345/6789、010-2345.6789、010/2345/6789、(010)/2345/6789，则都是正确的，统一格式化为：(010)-8888-8888。

方法一，使用正则表达式对象调用 exec()方法返回的数组：

```
var newPhone, phoneNum="(010)/2345-6789";
var phoneList=re.exec(phoneNum);  //检索到匹配的字符串返回数组，不匹配返回 null
if (phoneList)
{ newPhone="("+phoneList[1]+")-"+phoneList[4]+"-"+phoneList[5]; }
```

方法二：在正则表达式对象调用 exec()方法后使用类变量$1~$9：

```
var newPhone, phoneNum="(010)/2345-6789";
if (re.exec(phoneNum))
{ newPhone="("+RegExp.$1+")-"+RegExp.$4+"-"+RegExp.$5; }
```

4．字符串内容的提取、交换与格式化

例如在文本区输入一组英文姓名，每个人的姓名单独一行(换行)，而每个人的姓名又分为姓和名两个单词，且名字在前姓氏在后，并以空格隔开"名字 姓氏"，如果需要转换为名字在后姓氏在前，且用圆点连接"姓氏.名字"，还必须保证姓和名的首字母都为大写，其余小写。

(1) 获取文本区内容：

```
var names=document.getElementsById("textArea").value; //获取文本区英文姓名
var newNames="";                    //用于存放转换后的新格式姓名文本内容
```

(2) 将姓和名的首字母转换为大写，其余小写。

方法一：用正则表达式将大篇文章按换行符拆分成段落数组，每个人的"名字 姓氏"都是一个数组元素，再循环用正则表达式检索，将每个人的姓名分为 4 部分保存在匹配信息数组及类变量中。代码如下：

```
var re=/\s*\n\s*/;                    // 0 或多个空白符 + 换行符 + 0 或多个空白符
var nameList=names.split(re);      //用正则表达式对象 re 为分隔符拆分为姓名数组
re=/^([a-z])(\S+)\s+([a-z])(\S+)$/i;  //正则表达式匹配整个字符串，不区分大小写
                  //首字母+多个非空白符+1 或多空白符+首字母+多个非空白符
for (var i=0; i<nameList.length; i++)
 { re.exec(nameList[i]);              //将 nameList[i]分 4 部分存入数组及类变量$1~$9
   nameList[i]=RegExp.$1.toUpperCase()+RegExp.$2.toLowerCase()+" "
           +RegExp.$3.toUpperCase()+RegExp.$4.toLowerCase();
    newNames+=nameList[k]+"\n"; //组合为转换后的新文本内容
 }
```

方法二：直接用自定义匿名函数作参数，使用全局正则表达式对象一次性替换，全部单词的首字母大写，其余小写(其中\b 为单词的起始边界)。代码如下：

```
newNames=names.replace(/\b[a-z]\w+/gi, function(ws)
     { return  ws.substring(0, 1).toUpperCase()
        +ws.substring(1).toLowerCase(); });
```

(3) 将"名字 姓氏"自动交换并格式化为"姓氏.名字"：

```
re=/\s*\n\s*/;                     // 0 或多个空白符 + 换行符 + 0 或多个空白符
nameList=newNames.split(re);  // 用正则表达式对象 re 为分隔符拆分新的姓名数组
re=/^(\S+)\s+(\S+)$/;           // 1 或多非空白符 + 1 或多空白符 + 1 或多非空白符
names="";                     //转换后的新格式姓名文本内容
for (var i=0; i<nameList.length; i++)
  { names+=nameList[i].replace(re, "$2.$1")+"\n"; }
```

9.3.2　目前流行的通用表单验证方法

传统表单验证一般在<form>标记内设置 onsubmit 属性调用事件函数，针对需要验证的标记元素分别编写单独的验证函数，验证错误时弹出提示信息对话框，无法实现代码通用。

目前通用流行的方法是将验证内容分类并作为 class 类名，对需要验证的元素按验证类型附加对应的 class 类名，如果需要多项验证，则附加多个类名，多个类名，包括 CSS 样式类之间用空格隔开。

空格隔开的多个验证类是与的关系，将分别验证，必须全部符合要求。

例如，可用验证类名"reqd"表示验证非空的必填项，即元素内容不能为空，如果用 size 表示验证内容的长度，则"size8"表示内容长度不能小于 8 个字符、"size10-10"表示内容长度必须为 10 个字符、"size6-16"表示内容长度必须为 6~16 个字符。如果需要某个元素的内容与另一个元素的内容相同，则可将另一个元素的 id 值作为该元素的验证类名，例如，如果输入密码框的 id="pass1"，则确认密码框使用 class="pass1"即可表示其内容必须与输入密码框的内容相同，如果使用 class="reqd pass1"，则表示该元素内容不允许为空，而且内容必须与 id="pass1"的元素内容一致。

验证错误时，一般不再使用对话框，而是改变标签提示文本及输入框的字符或背景颜色来提醒用户，只需将标签提示文本作为父元素<label>，并设计验证错误时专用的样式，当验证错误时，通过 JavaScript 为错误元素及<label>附加上验证错误样式即可。

还可以在输入框之后通过<span>附加错误提示信息。

> **注意**：IE 或 Firefox 把标记内的空格、换行、制表符都作为子节点，如果同一个父标记中的兄弟标记之间有空格、换行、制表符，则使用 nextSibling、previousSibling 获取下一个、上一个兄弟节点时，得到的将是文本节点"#text"。如果在输入框之后用<span>显示错误信息，则输入框与<span>之间不允许有空格或换行，否则无法找到<span>，如果需要换行，可以在标记内部换行。

【例 9-6】表单验证的通用模式，适用多个表单的页面，可对所有表单进行验证。

所谓通用模式，只需约定验证类型单词并设置为 class 类名，即可对该标记内容进行验证，本例中，将验证用户名不能为空"reqd"、密码长度"size6-16"、确认密码不能为空，且必须与输入密码相同(为演示通用性，设置了两个验证，实际只需验证相同即可)。

验证出现错误时，输入框改变背景颜色，并附加边框；如果设置了<label>父标记，则同时将父标记文本变为红色，不设置<label>父标记也不影响页面运行，只是标签颜色不变而已。如果设置了输入框的下一个兄弟标记<span>(必须紧跟在输入框之后具有同一个父标记、有初始空格符)，还会同时在<span>中显示错误信息。不设置<span>也不会影响页面的运行。

(1) 创建 h9-6.html 文档：

```html
<!DOCTYPE html PUBLIC "-//W3C//DTD XHTML 1.0 Transitional//EN"
  "http://www.w3.org/TR/xhtml1/DTD/xhtml1-transitional.dtd">
<html>
  <head> <title>表单验证</title>
       <style type="text/css">  /* 验证错误专用样式表 */
          input.invalid { background-color:#FF9; border:2px red inset; }
          label.invalid, label span { color:#F00; }
       </style>
       <script type="text/javascript" src="j9-6.js"> </script>
  </head>
  <body>
    <h3>表单验证的通用模式</h3>
    <form>
     <p><label>用户名称: <input class="reqd" /><span> </span>
        </label></p>
     <p><label>注册密码: <input type="password" id="pass1"
             class="size6-16" /><span> </span></label></p>
     <p><label>确认密码: <input type="password" class="reqd pass1" /><span>
              </span> </label></p>
     <p><input type="submit" value="提交" />  
        <input type="reset" /></p>
    </form>
  </body>
</html>
```

运行效果如图 9-9、9-10 所示。

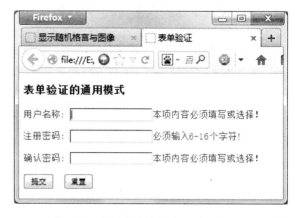

图 9-9　表单验证初始页面　　　　　图 9-10　直接单击"提交"按钮的页面

读者可自行输入若干数据，观察页面效果的变化。

(2) 在同一目录下创建表单验证的通用外部脚本文件 j9-6.js：

```
onunload=function() {};
onload=initForms;
function initForms()
{
 //获取所有<form>表单对象数组。也可直接使用 document.forms 集合数组
 var forms=document.getElementsByTagName("form");
 for (var i=0; i<forms.length; i++)      //循环对页面中的所有表单进行验证
 { forms[i].onsubmit=function()
     { return validForm(this); }  //有返回值匿名事件函数
} }    //调用函数验证成功则返回 true，并提交表单；验证不成功返回 false，取消提交表单
function validForm(form)   //验证表单函数
{ var validGood=true;                 //表单验证成功标志，可在内部函数中直接使用
 var allTags=form.elements;            //获取当前表单内包含的所有标记对象数组
 for (var i=0; i<allTags.length; i++)     //循环对表单内的所有标记进行验证
  {
     //只要一个验证失败则表单失败
     if (!validTag(allTags[i])) { validGood=false; } }
 return validGood;                //验证通过返回 true；失败返回 false，不提交表单
 function validTag(tag)   //第一层内部函数——验证表单中的某个标记
 { var nextTag=tag.nextSibling;             //获取当前标记的下一个兄弟标记
   if (nextTag && nextTag.nodeName=="SPAN")  //兄弟标记存在而且是<span>
    { nextTag.firstChild.nodeValue=" "; }       //去掉原有的错误提示信息
   var parTag=tag.parentNode;          //获取当前标记的父标记
   if (parTag.nodeName=="LABEL")   //父标记是<label>则借用验证去掉原错误样式
    { var labClass="";           //验证后附加给<label>标记的新 class 属性
      //拆分<label>父标记 class 属性
      var labClasses=parTag.className.split(" ");
      for (var k=0; k<labClasses.length; k++)//循环验证<label>所有 class 值
        //根据 class 验证返回新 class
        { labClass+=validClass(labClasses[k])+" "; }
      parTag.className=labClass;//将验证后的新 class 赋给标记——已去掉错误样式
```

```
   }
var newClass="";                        //验证后附加给标记的新 class 属性
//将标记的原 class 属性用空格拆分为数组
var allClasses=tag.className.split(" ");
//循环验证标记所有 class 值，不能用外层 i
for (var j=0; j<allClasses.length; j++)
  {newClass+=validClass(allClasses[j])+" ";}//根据 class 验证返回新 class
  //删除原有错误样式，验证成功返回原样式，验证失败返回附加 invalid 错误样式
tag.className=newClass;                  //将验证后新 class 赋给标记，可能包含错误样式
//标记新 class 包含 invalid 错误样式——验证失败
if (newClass.indexOf("invalid")>-1)
  { if (parTag.nodeName=="LABEL")        //父标记是<label>则附加错误样式表
    { parTag.className+=" invalid"; }    //附加 class 样式必须用空格隔开
   if (validGood)    //之前表单尚未出错，则让第一个验证错误的标记获得焦点
     //输入框选中内容
     { tag.focus(); if (tag.nodeName=="INPUT") tag.select(); }
   return false; //验证失败返回 false，不提交表单
  }
return true;   //验证成功返回 true，为观察运行效果，可返回 false，强制不提交表单
//第二层内部函数——对 class 分类验证返回新 class
function validClass(tagClass)
{ var backClass=tagClass;        //验证后返回的新 class 类名——错误时附加样式
  switch(tagClass)                        //根据 class 值调用不同函数进行验证
   { case "invalid":                      //上次验证失败附加的错误样式返回""——去掉
    case "": backClass=""; break; //原来没有样式，不需验证，直接返回""
    case "reqd":                 //必填项，如果为空，则附加错误样式"invalid"
      if (tag.value=="")
       { backClass+=" invalid"; //附加错误样式，必须用空格隔开
         if ( nextTag && nextTag.nodeName=="SPAN") //存在<span>兄弟标记
          { nextTag.firstChild.nodeValue="本项内容必须填写或选择！"; }
       }
      break;
    default: //对不规则不固定的验证调用函数，验证通过返回 true，失败 false
      //验证 id 标记内容相同
      if (!validEqual(tagClass)) backClass+=" invalid";
      //验证标记内容长度
      if (!validLength(tagClass)) backClass+=" invalid";
   }
  return backClass;
}
function validEqual(tagId)   //第二层内部函数——验证与 id 标记的内容是否相等
{ var otherTag=document.getElementById(tagId); //用 class 作 id 获取标记
  //不存在 class 为 id 的标记，无可比性，则按相等处理
  if (!otherTag) return true;
  //存在 id 标记且值相等，返回 true
  if (tag.value==otherTag.value) return true;
  //不存在<span>兄弟标记
  if (!nextTag || nextTag.nodeName!="SPAN") return false;
  var text1="本标记", text2=tagId+"标记";        //错误提示信息的默认值
```

```
    if (parTag.nodeName=="LABEL")                //父标记是<label>，则获取标记内容
      { text1=tag.parentNode.firstChild.nodeValue; }
    //id指定标记的父标记是<label>
    if ( otherTag.parentNode.nodeName=="LABEL")
      { text2=otherTag.parentNode.firstChild.nodeValue; }
    nextTag.firstChild.nodeValue=text1+"与"+text2+"内容不一致!" ;
    return false;
  }
  //第二层内部函数——验证长度如"size6"、"size6-16"
  function validLength(size)
  {
    //class不含size，无可比性，则按正确处理
    if (size.indexOf("size")==-1) return true;
    var max, min=parseInt( size.substring(4) );    //取出第一个数为最小数
    if (size.indexOf("-")==-1) max=0;              //不含"-"则无第二个数
    else max=parseInt(size.substring(size.indexOf("-")+1));//取出第二个数
    var str, len=tag.value.length;                 //获取输入内容长度
    if (max==0)
      { if (len>=min) return true;                 //验证成功，返回true
        str="内容不能小于"+min+"个字符!" ; }
    else if ( max==min )
      { if (len==max) return true;
        str="内容必须输入"+max+"个字符!"; }
    else { if (len<=max && len>=min) return true;
          str="必须输入"+min+"-"+max+"个字符!"; }
    if (nextTag && nextTag.nodeName=="SPAN")        //存在<span>兄弟标记
      { nextTag.firstChild.nodeValue=str; }
    return false;
  }
} //第一层验证标记内部函数结束
} //验证表单函数结束
```

所谓通用文件，就是一个验证表单的通用代码框架，当验证类型 class 类名改变时，只需修改其中的 switch() 语句，根据 class 验证添加对应的 "case "class 值"" 或在 default 中调用对应添加的验证函数即可，在 h9-7.html 中我们将套用该框架，对表单进行综合验证。

j9-6.js 文件中只有 onload 事件函数 initForms() 和验证表单函数 validForm()，其余各种验证函数都是 validForm() 函数中的内部函数，内部函数可直接使用外部函数中定义的变量，而无须传递参数，尤其适合需要共用多个变量的情况。

9.3.3　表单综合验证示例

【例 9-7】模拟注册表单实现表单的综合验证。

本页面为演示通用性设置了两个表单，合成为一个表单也不会影响表单验证，其中第一个表单 id="stop" 为了观察上传照片，强制不提交表单，第二个表单验证通过后转换页面。

(1) 创建 h9-7.html 文档：

```
<!DOCTYPE html PUBLIC "-//W3C//DTD XHTML 1.0 Transitional//EN"
```

```
      "http://www.w3.org/TR/xhtml1/DTD/xhtml1-transitional.dtd">
<html>
  <head>
    <title>模拟综合验证表单</title>
    <style type="text/css">  /*上传照片绝对定位，默认 spacer.gif 为背景色图片*/
      #chgImg { width:130px; height:140px; position:absolute;
        left:360px; top:50px; }
      #align { position:relative; top:-15px; } /*邮政编码上移，下面为验证码*/
      #validShow { font-style:italic; background-color:cyan;
        padding:3px 20px 2px; }
      label.invalid, label span, span#zip, span#abc { color:#F00; }
      input.invalid { background-color:#FF9; border:2px red inset; }
    </style>
    <script type="text/javascript" src="j9-7.js"></script>
  </head>
<body>
  <img id="chgImg" src="img/spacer.gif" alt="显示你上传的图片" />
  <h3>模拟综合验证表单</h3>
  <form id="stop" action="#">
  <label>用户名称:
    *<input class="reqd" size="32" /><span> </span> </label> <br />
  <label>注册密码: *<input class="size6-16" id="pass1" type="password"
    size="35" /><span> </span> </label> <br />
  <label>确认密码: *<input class="pass1" type="password" size="35" />
    <span> </span> </label> <br />
  <label>带区号电话号码:
    *<input class="phone" size="25" /><span> </span> </label> <br />
  <label>Email 邮箱地址:
    *<input class="email" size="25" /><span> </span> </label> <br />
  <label>请上传您的照片:
    *<input class="imgURL" size="25" /><span> </span> </label> <br />
  <p><input type="submit" value="提交" /> <input type="reset" /></p>
  </form><hr />
  <form>
  输入邮政编码或选择您居住的城市:<br />
  <label id="align">邮政编码:
      <input class="isZip-dealer" size="10" maxlength="6" /></label>
  <select id="dealer" size="3" >
    <option value="250100">济南</option><option value="250200">
      青岛</option>
    <option value="250300">淄博</option><option value="250400">
      烟台</option>
    <option value="250500">济宁</option></select>
    <span id="zip"> </span><br />
  <label>选择年龄: <select class="reqd">
    <option selected="selected">选择年龄:</option>
    <option value="20">20</option><option value="25">25</option>
    <option value="30">30</option><option value="30">35</option>
    </select><span> </span> </label> <br />
```

```
    <label>个人爱好:
        <input id="beauty" type="checkbox" value="beauty" />美容(仅女士)
        <input type="checkbox" value="book" />读书
        <input type="checkbox" value="sport" />运动
    </label><br />
    <label>选择性别:
        <input id="male" class="radio" type="radio" name="sex"
            value="male" />男士
        <input id="lady" class="radio" type="radio" name="sex"
            value="lady" />女士
    </label><span id="abc"> </span> <br />
    <label>月薪收入:
        <input class="isNum" size="10" /><span> </span> </label><br />
    <label>验证码: <input class="isValid" size="10" /></label>
        <span id="validShow"> </span>
        <input type="button" id="validBut" value="换一张" /> <br />
    <p><input type="submit" value="提交" /> <input type="reset" /></p>
    </form>
  </body>
</html>
```

(2) 关于表单验证的说明:

- 用户名称 class="reqd"表示非空必填项,不允许为空。
- 注册密码 class="size6-16"表示密码的长度必须是 6~16 位,id="pass1"与确认密码相同。
- 确认密码 class="pass1"必须与 id="pass1"的注册密码框内容相同。
- 电话号码 class="phone"必须为带区号的 10~12 位数字,并自动转换为(010)-8888-8888。
- 邮箱地址 class="email"必须匹配 "/^\w+(-?\w+)*@\w+(-?\w+)*(\56\w{2,3})+$/"。例如邮箱输入 "lfshun@163.com"正确。
- 上传照片 class="imgURL"匹配 "/^(([A-G]:\\)|(..\/)|\/)?(\w+[\/\\])?\w+\56(gif|jpg|\w+)$/i",例如输入 "img/lfish.gif"正确。
- 邮政编码 class="isZip-dealer"用 "-"表示两个验证是或的关系,或者输入邮政编码 isZip 必须满足非 0 开头 6 位正整数,或者有效选择 id="dealer"的城市,二者必选其一。也可以二者都选:即使选择了城市,一旦输入了邮政编码,就必须符合 isZip 规则。
- 选择年龄 class="reqd"表示非空,对下拉列表则表示必须选择有效项。
- 个人爱好复选框:美容项 id="beauty"表示与其他元素有关联,即选择了 "美容"则必须对应选择单选框的 "女士"。
- 选择性别单选框:各选项 class="radio"表示单选按钮必须选择其中一个,并且与其他元素有关联,若选择了 id="male"(男士),则不允许选择 id="beauty"(美容)复选框。
- 月薪收入 class="isNum"必须输入非 0 开头的正整数。
- 验证码 class="isValid"必须与<span id="validShow">产生的 4 位随机数字相同,单

击 id="validBut"的"换一张"按钮，可重新生成 4 位随机数(目前多为动态图片)。

> **注意：** 如果一个选项会影响另一个选项的值，则称它们为关联元素，为了避免可能出现的矛盾，可以检查用户输入，出现错误时弹出警告框。本例采用了自动选择方式：若选择了"美容"，则可自动选择"女士"；若选择了"男士"，则保证不选择"美容"，如果已经选择，可自动取消。自动选择、取消可通过相关控件的 onclick 单击事件实现。

　　(3)　在同一目录下创建表单验证的通用外部脚本文件 j9-7.js。

　　利用 j9-6.js 表单验证的通用框架添加相关验证的代码块(带下划线代码或函数)，验证错误时，如果有<span>兄弟标记则用<span>显示错误信息，否则用对话框显示错误信息。

　　代码如下：

```
var valid;                       //增加验证码全局变量
onunload=function() {}
onload=initForms;
function initForms()             //修改原有 onload 初始化函数，添加代码
{ getValid();                    //调用函数产生 4 位随机数字的验证码
  //"换一张"验证码单击事件
  document.getElementById("validBut").onclick=getValid;
  //"美容"复选框单击事件
  document.getElementById("beauty").onclick=setLady;
  //"男士"单选框单击事件
  document.getElementById("male").onclick=cancelBeauty;
  //获取所有<form>表单对象数组
  var forms=document.getElementsByTagName("form");
  for (var i=0; i<forms.length; i++)       //对页面中所有的表单进行验证
    //有返回值匿名事件函数
    { forms[i].onsubmit=function() { return validForm(this); } }
} }

function getValid()        //在任意位置添加独立函数——模拟产生 4 位随机数字验证码
//产生 4 位随机数保存到全局变量
{ valid=String(Math.floor(Math.random()*10000));
  while (valid.length<4) { valid="0"+valid; }//不足 4 位，循环前补 0 直到 4 位数
  //span 显示验证码
  document.getElementById("validShow").firstChild.nodeValue=valid;
}
function setLady()         //在任意位置添加独立函数——选中"美容"则自动选择"女士"
//手动单击可以取消
{ if (this.checked) document.getElementById("lady").checked=true; }
function cancelBeauty()   //在任意位置添加独立函数——选中"男士"则自动取消"美容"
{ document.getElementById("beauty").checked=false;       //单选单击只有选中
  //或 var roof=document.getElementById("beauty");
  //调用函数模拟单击
  //if (this.checked && roof.checked) { roof.click(); }
}
function validForm(form) //修改原有验证表单的函数——增加代码与第二层内部函数
```

```
{
  ...原代码
  if (form.id=="stop") return false;      //增加代码为观察上传照片，强制不提交表单
  return validGood;                        //验证通过返回 true 提交表单——false 不提交
  function validTag(tag)                   //原有内部函数——验证表单中的某个标记
  {
    //...原代码
    function validClass(tagClass)//修改原有第二层内部函数 switch(tagClass)语句
    { var backClass=tagClass;              //验证后返回的新 class 类名
      switch(tagClass)                     //根据 class 值调用不同函数进行验证
        { case "invalid":                  //上次验证失败附加的错误样式返回""——去掉
          case "": backClass=""; break;    //原来没有样式不需验证直接返回""
          case "reqd":                     //必填项，如果为空则附加错误样式"invalid"
            if (tag.value=="")
            { backClass+=" invalid";       //附加错误样式，必须用空格隔开
              if (nextTag && nextTag.nodeName=="SPAN")  //存在<span>兄弟标记
                { nextTag.firstChild.nodeValue="本项内容必须填写或选择！"; }
                else alert("本项内容必须填写或选择！");
            }
            break;
          case "phone":                    //调用函数 validPhone()验证电话号码是否符合规则
            if (!validPhone()) backClass+=" invalid"; break;
          case "email":                    //调用函数 validEmail()验证是否符合 E-mail 构成规则
            if (!validEmail()) backClass+=" invalid"; break;
          case "imgURL":                   //调用函数 validImgURL 验证上传图片文件是否合法
            if (!validImgURL()) backClass+=" invalid"; break;
          case "isZip-dealer":             //调用函数判断邮政编码与选择城市二选一是否正确
            if (!validIsZip(tagClass)) backClass+=" invalid"; break;
          case "radio":                    //调用函数判断单选按钮是否选中了其中一个
            if (!validRadio()) backClass+=" invalid"; break;
          case "isNum":                    //调用函数判断是否是非 0 开头的正整数
            if (!validIsNum())
            { backClass+=" invalid";
              if (nextTag && nextTag.nodeName=="SPAN")  //存在<span>兄弟标记
                { nextTag.firstChild.nodeValue="请输入非 0 开头的正整数！"; }
                else alert("请输入非 0 开头的正整数！");
            }
            break;
          case "isValid":                  //判断输入内容与机器随机验证码是否相等
            if (tag.value!=valid) backClass+=" invalid"; break;
          default: //对不规则、不固定的验证调用函数，验证通过返回 true，失败 false
            //验证 id 标记内容相同
            if (!validEqual(tagClass)) backClass+=" invalid";
            //验证标记内容长度
            if (!validLength(tagClass)) backClass+=" invalid";
        }
      return backClass;
    }
    //原有第二层内部函数不变
```

```
//在验证标记 validTag()内部函数中的任意位置增加第二层内部函数
function validPhone()    //增加第二层内部函数，验证电话号码并格式化
{ var re=/^\(?((0[12]\d{1})|(0[3-9]\d{2}))\)?[\.\-\/]?
          ([2-9]\d{3})[\.\-\/]?(\d{3,4})$/;
  if (re.exec(tag.value))   //检索成功后各子表达式文本存入数组或类变量$1~$9
    { tag.value="("+RegExp.$1+")-"+RegExp.$4+"-"+RegExp.$5;
      return true; }
  if (nextTag && nextTag.nodeName=="SPAN")    //存在<span>兄弟标记
    { nextTag.firstChild.nodeValue="电话号码输入错误！"; }
  else alert("电话号码输入错误！");
  return false;
}
function validEmail()      //增加第二层内部函数验证 E-mail
{ var re=/^\w+(-?\w+)*@\w+(-?\w+)*(\56\w{2,3})+$/;
  if (re.test(tag.value)) return true;  //验证成功返回 true
  if (nextTag && nextTag.nodeName=="SPAN")    //存在<span>兄弟标记
    { nextTag.firstChild.nodeValue="Email 邮箱地址不正确！"; }
  else alert("Email 为空或不符合规则！\n 请重新填写");
  return false;
}
function validImgURL()   //增加第二层内部函数，验证上传文件名并链接显示图像
{ var re=/^(([A-G]:\\)|(..\/)|\/)?(\w+[\/\\])?\w+\56(gif|jpg|\w+)$/i;
  if (re.test(tag.value))    //验证成功，加载图像并返回 true
    { document.getElementById("chgImg").src=tag.value; return true; }
  if ( nextTag && nextTag.nodeName=="SPAN")    //存在<span>兄弟标记
    { nextTag.firstChild.nodeValue="路径或文件名不正确！"; }
  else alert("路径或文件名不正确！");
  return false;
}
//增加第二层内部函数，验证邮政编码与选择城市二选一
function validIsZip(idClass)
{ var zip=document.getElementById("zip");
  if (zip) { zip.firstChild.nodeValue=" "; }       //清除原错误提示信息
  if (tag.value!="")           //邮政编码不为空，要求非 0 开头的 6 位正整数
    { //不是 6 位或函数验证不是正整数
     if (tag.value.length!=6 || !validIsNum())
      { if (zip) { zip.firstChild.nodeValue="邮政编码输入不正确！"; }
        else alert("邮政编码输入不正确！");
        return false;
      }
     else return true;        //输入邮编正确不再检查是否选择城市，直接返回
    }
  //取出-后 id 获取指定标记
  var tagId=idClass.substring(idClass.indexOf("-")+1);
  if ( document.getElementById(tagId).value=="")  //未输入邮编也未选择城市
    { if (zip) { zip.firstChild.nodeValue="没有输入邮政编码或选择城市！"; }
     else alert("没有输入邮政编码或选择城市！");
     return false;
    }
```

```
        return true;
    }
    function validIsNum()      //增加第二层内部函数验证非 0 开头的正整数
    { return (tag.value.search(/^[1-9][0-9]*$/)!=-1); }
    function validRadio()      //增加第二层内部函数保证单选按钮必须选中一个
    { //IE7 以下不允许 id 与 name 共用 sex
      var sex=document.getElementById("abc");
      if (sex) { sex.firstChild.nodeValue=" "; }    //清除原错误提示信息
      var radioSet=form[tag.name];   //获取与当前标记具有相同 name 值的单选按钮组
      for (k=0; k<radioSet.length; k++)
        { if (radioSet[k].checked) return true; }    //有一个被选中立即返回 true
      if (sex) { sex.firstChild.nodeValue="单选按钮必须选中一个！"; }
      else alert("单选按钮必须选中一个！");
      return false;
    }
    //...其他原代码
  } //第一层内部函数——验证表单内的标记结束
} //验证表单函数结束
```

9.4 样式表切换器

JavaScript 最强大的用途之一，就是在页面运行时根据用户的选择改变页面所使用的样式，也就是所谓的"换肤"功能，并且将最后的选择存储在 cookie 中，用户再次打开页面时自动采用上次选择的样式。

【例 9-8】使用样式表切换器。本例使用了三个样式表文件。

C9-8.css：通用样式表文件。

C9-8-1.css：初次加载默认首选样式表，采用小号宋体。

C9-8-2.css：用户可选择的备用样式表，采用大号楷体。

<link>标记用 title 属性指定所引用样式表的类型，"default"为默认样式，"variable"为可变的另一种备用样式。选择样式按钮的 id 采用对应的属性值。

对禁止使用的样式表，可设置<link>标记的 disabled 属性为 true，即 link.disabled=true；而对选中使用的<link>标记则设置其 disabled 属性为 false。

(1) 创建 h9-8.html 文档：

```
<!DOCTYPE html PUBLIC "-//W3C//DTD XHTML 1.0 Transitional//EN"
  "http://www.w3.org/TR/xhtml1/DTD/xhtml1-transitional.dtd">
<html>
  <head>
    <title>样式表切换器</title>
    <link href="c9-8.css" type="text/css" rel="stylesheet" />
    <link href="c9-8-1.css" title="default" type="text/css"
      rel="stylesheet" />
    <link href="c9-8-2.css" title="variable" type="text/css"
      rel="stylesheet"/>
    <script type="text/javascript" src="j9-8.js"></script>
```

```
  </head>
  <body>
    <div class="change">
      <p>改变你的字体:</p>
       <input id="default" type="button" class="but1"
        value="宋体小字" />
       <input id="variable" type="button" class="but2"
        value="楷体大字" />
    </div>
    <p>该示例使用了三个样式表文件: </p>
    <p>c9-8.css: 通用样式表文件</p>
    <p>c9-8-1.css: 默认首选样式表,采用小号宋体</p>
    <p>c9-8-2.css: 可选择的样式表,采用大号楷体</p>
    JavaScript 最强大的用途之一就是在页面运行时根据用户的选择改变页面所使用的样式表,
也就是某些页面的"换肤"功能,并且将最后的选择存储在 cookie 中。
  </body>
</html>
```

(2)　在同一目录下创建 CSS 外部样式表文件 c9-8.css:

```
div.change { width:280px; padding:20px; background-color:#CCC; float:right;
          border-left:2px groove #999; border-bottom:2px groove #999; }
.but1 { font:9px/10px 宋体, verdana, geneva, arial, helvetica, sans-serif; }
.but2 { font:15px/16px 楷体_GB2312, Times New Roman, Times, serif; }
```

(3)　在同一目录下创建 CSS 外部样式表文件 c9-8-1.css:

```
body, p, td, ol, ul, select, span, div, input
  { font:1em/1.1em 宋体, verdana, geneva, arial, helvetica, sans-serif; }
```

(4)　在同一目录下创建 CSS 外部样式表文件 c9-8-2.css:

```
body, p, td, ol, ul, select, span, div, input
  { font:1.3em/1.3em 楷体_GB2312, Times New Roman, Times, serif; }
```

(5)　在同一目录下创建 JavaScript 外部脚本文件 j9-8.js:

```
onunload=unloadStyle;                    //卸载页面事件,创建保存 cookie 为当前样式
onload=initStyle;
function initStyle()                     //装载页面事件,获取 cookie 设置按钮单击
{ var style=getCookieVal("style");       //调用函数获取 cookie 中指定键名的键值
  if (style=="") style="default";        //无 cookie 指定键值则采用默认首选样式表
  setActiveStylesheet(style);            //调用函数按 cookie 或默认样式设置页面样式
  //获取所有 input 标记数组
  var allButtons=document.getElementsByTagName("input");
  for (var i=0; i<allButtons.length; i++)
    { if (allButtons[i].type=="button")  //只为按钮标记设置单击事件
      { allButtons[i].onclick=setActiveStylesheet; }
} }
function getCookieVal(keyName)           //获取 cookie 中指定键名的值
{ //cookie 不存在,返回""
  if (document.cookie==null || document.cookie=="") return "";
```

```
       //拆分 cookie 键值对数组，必须有空格
       var cookieList=document.cookie.split("; ");
       for (var i=0; i<cookieList.length; i++)
         { var key=cookieList[i].split("=");              //拆分键、值数组
           if (key[0]==keyName) { return key[1]; }   //返回 keyName 对应的键值
         }
       return "";                                   //没有指定的键名项返回""
     }
     function setActiveStylesheet(titleEvt)//设置页面样式——按钮单击事件的共用函数
     { var title, thisLink, titleAttribute;
       //IE 浏览器的按钮单击事件，获取事件源 id
       if (!titleEvt) title=event.srcElement.id;
       //非 IE 浏览器按钮事件源 id
       else if (typeof titleEvt!="string") title=titleEvt.target.id;
       else title=titleEvt;                         //加载时调用函数传递的样式表字符串参数
       //获取<link>标记对象数组
       var linkTags=document.getElementsByTagName("link");
       for (var i=0; i<linkTags.length; i++)        //对<link>对象数组循环
         { thisLink=linkTags[i];                    //当前<link>标记对象
           //获取当前<link>标记 title 属性值
           titleAttribute=thisLink.getAttribute("title");
           if (titleAttribute)                      //当前<link>标记包含 title 属性
             { thisLink.disabled=true;              //对包含 title 的<link>先全部禁止
               if (titleAttribute==title)           //只解禁使用 title 指定的<link>
                 { thisLink.disabled=false; }
           } }
     }
     function unloadStyle()            //卸载页面，将当前使用样式保存在 cookie
     { var expireDate=new Date();
       expireDate.setYear(expireDate.getFullYear()+1);      //cookie 有效期为 1 年
       document.cookie="style="+getStylesheet()+";expires="
         +expireDate.toGMTString();
     }
     function getStylesheet()          //获取当前页面正在使用未被禁止的样式表
     { var thisLink, titleAttribute;
       //获取<link>标记对象数组
       var linkTags=document.getElementsByTagName("link");
       for (var i=0; i<linkTags.length; i++)               //对<link>对象数组循环
         { thisLink=linkTags[i];
           //获取当前<link>标记 title 属性值
           titleAttribute=thisLink.getAttribute("title");
           //<link>标记包含 title 且未被禁止
           if (titleAttribute && !thisLink.disabled)
             { return titleAttribute; }
         }
       return "";
     }
```

运行效果如图 9-11、9-22 所示。

图 9-11　选用宋体小字的效果

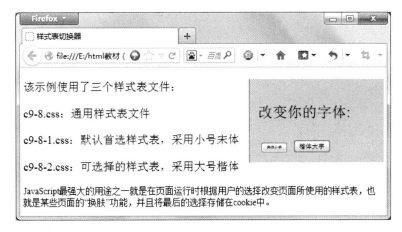

图 9-12　采用楷体大字的效果

附录 习题答案

第 1 章

1. 填空题

(1) HyperText Markup Language、HTML

(2) eXtensible HyperText Markup Language

(3) 用于设置 HTML 页面文本、图片的外形以及版面布局，即外观样式

(4) 用于客户端浏览器与用户的动态交互

(5) <title>、</title>

(6) <hr size="1" />

(7) Strict 严格型、Transitional 过渡型、Frameset 框架型

(8) document type definition、文档类型定义

(9) <meta http-equiv="refresh" content="20;url=www.sina.com.cn"/>

(10) <link href="相对路径/目标文档或资源 URL" type="目标文件类型"
     rel="stylesheet" />

2. 选择题

(1)	(2)	(3)	(4)	(5)
A	C	C	D	B

3. 提高题

答：这行代码在 HTML 4.01 strict 下是完全正确的，在 XHTML 1.0 strict 下有许多错误。

(1) 在 XHTML 下所有标签是闭合的，p，br 需要闭合，标签不允许大写，p 要小写。在 HTML 中这些都不是错，p 在 HTML 里是可选闭合标签，而且标签不区分大小写。nbsp 必须包含在容器里。

(2) 用 nbsp 控制缩进是不合理的。应该用 CSS 来实现。

(3) 标签的合理使用。

br 是强制换行标签，p 是段落。原题用连续的 br 制造两个段落，效果是达到了，但显然用得不合理，段落间距后期无法再控制。正确的做法是用 p 表现段落。"我说"后面是正常的文字换行，用 br 是合理的。

在 XHTML 中正确的书写为：

<p>前端开发工程师写 HTML，也写 JS。</p><p>我说：
最基础的 HTML+CSS</p>

第 2 章

1. 选择题

(1)	(2)	(3)	(4)	(5)	(6)	(7)	(8)	(9)	(10)	(11)	(12)	(13)	(14)	(15)	(16)	(17)
B	B	B	A	D	C	D	B	A	C	D	A	B	A	B	D	A

2. 操作题(略)

第 3 章

1. 选择题

(1)	(2)	(3)	(4)	(5)	(6)	(7)	(8)	(9)	(10)	(11)
B	A	BC	AC	B	C	C	A	A	C	CD

2. 操作题

(1) 参考答案为:

```
<body>
    <dl> <dt>孔雀</dt> <dd>印度的国鸟</dd>
        <dt>互联网</dt> <dd>网络的网络</dd>
        <dt>HTML</dt> <dd>超文本标记语言</dd>
    </dl>
</body>
```

(2) 参考答案为:

```
<body>
<ol> <li>HTML 简介</li>
    <ol type="a">
        <li>万维网简介</li>
        <li>HTML 标记简介</li>
            <ul> <li>设置文本格式</li> <li>增强文本效果</li> </ul>
    </ol>
    <li>设计网站</li>
    <ol type="i"> <li>设计网页</li> <li>设计导航</li> <li>创建超链接</li>
</ol>
</ol>
</body>
```

第 4 章

操作题

参考答案:

```
<body>
```

```
<marquee behavior="scroll">看，我一圈一圈绕着走！</marquee>
<marquee behavior="slide">呵呵，我只走一趟</marquee>
<marquee behavior="alternate">哎呀，我碰到墙壁就回头</marquee>
</body>
```

参考答案：

```
<!DOCTYPE html PUBLIC "-//W3C//DTD XHTML 1.0 Transitional//EN"
  "http://www.w3.org/TR/xhtml1/DTD/xhtml1-transitional.dtd">
<html xmlns="http://www.w3.org/1999/xhtml">
<head>
<meta http-equiv="Content-Type" content="text/html; charset=gb2312" />
<title>无标题文档</title>
<style type="text/css">
  table{border:3px double #00f; width:500px;}
  table td{ height:30px; font-size:10pt; color:#00a;}
  table caption{font-size:14pt; color:#008;}
  .inp{width:250px; height:20px;}
  .txtar{width:250px; height:50px; line-height:25px;}
</style></head><body>
<form method=post>
  <table align="center" cellpadding="0" cellspacing="0">
   <caption>手机使用意见调查表</caption>
   <tr>
     <td width="100">姓  名:</td>
      <td width="400"><input type="text" name="username" class="inp"></td>
   </tr>
   <tr>
     <td>E-mail:</td><td><input type="text" name="usermail" class="inp"
       value="username@mailserver"></td>
   </tr>
   <tr>
     <td>年  龄:</td>
     <td><input type="radio" name="userage" value="未满20岁">未满20岁
        <input type="radio" name="userage" value="20~29">20~29
        <input type="radio" name="userage" value="30~39">30~39
        <input type="radio" name="userage" value="40~49">40~49
        <input type="radio" name="userage" value="50岁以上">50岁以上
     </td>
   </tr>
   <tr>
     <td>使用的手机品牌：</td>
     <td><input type="checkbox" name="userphone" value="诺基亚">诺基亚
        <input type="checkbox" name="userphone" value="摩托罗拉">摩托罗拉
        <input type="checkbox" name="userphone" value="爱立信">爱立信
        <input type="checkbox" name="userphone" value="三星">三星
     </td>
   </tr>
   <tr>
     <td>最常碰到的问题：</td>
```

```
        <td><textarea name="usertrouble" class="txtar">线路太忙
            </textarea></td>
    </tr> <tr> <td width=200>使用的手机网(可复选):</td>
      <td><select name="usernumber" size="3" multiple>
        <option value="中国电信">中国电信
        <option value="中国连通">中国连通
        <option value="远传">远传
        <option value="铁路网">铁路网
        <option value="其他">其他
         </select>
      </td> </tr>
    <tr> <td colspan="2" align="center">
     <input type=submit value="  提  交  ">
     <input type=reset value="  重  填  ">
       </td> </tr>
   </table>
</form></body></html>
```

第5章

操作题

(1) 使用两个层实现红色十字架:

```
<!DOCTYPE html PUBLIC "-//W3C//DTD XHTML 1.0 Transitional//EN"
  "http://www.w3.org/TR/xhtml1/DTD/xhtml1-transitional.dtd">
<html>
<head>
    <title>十字架设计</title>
<style type=text/css>
/*使用绝对定位 left:50%与 margin-left 取宽度值的一半的负数形式设置水平居中*/
/*使用绝对定位 top:50%与 margin-top 取高度值的一半的负数形式设置垂直居中*/
#divx { width:880px;height:40px;background-color:#f00;position:absolute;
        left:50%;top:50%;  margin-left:-440px;margin-top:-20px; }
#divy { width:80px;height:460px;background-color:#f00;position:absolute;
        left:50%;top:50%;  margin-left:-40px;margin-top:-230px; }
</style>
</head>
<body>
    <div id="divx"></div>
    <div id="divy"></div>
</body></html>
```

(2) 使用 5 个层实现红色十字架:

```
<!DOCTYPE html PUBLIC "-//W3C//DTD XHTML 1.0 Transitional//EN"
  "http://www.w3.org/TR/xhtml1/DTD/xhtml1-transitional.dtd">
<html><head>
    <title>使用五个层完成十字架设计</title>
```

```
<style type=text/css>
  #divw{ width:880px;height:460px;background-color:#f00;
         position:absolute; left:50%;
         top:50%;margin-left:-440px;margin-top:-230px; }
  #divlt,#divrt,#divlb,#divrb{ width:400px; height:210px;
         background-color:#fff; }
  #divlt{ margin:0; float:left; }
  #divrt{ margin:0; float:right; }
  #divlb{ margin:40px 0 0;float:left; }
  #divrb{ margin:40px 0 0;float:right; }
</style>
</head>
<body>
  <div id="divw">
    <div id="divlt"></div> <div id="divrt"></div>
    <div id="divlb"></div> <div id="divrb"></div>
  </div>
</body></html>
```

第6章

1. 选择题

(1)	(2)	(3)	(4)	(5)	(6)	(7)	(8)	(9)	(10)	(11)	(12)	(13)	(14)	(15)
ABCD	ACD	A	A	B	D	D	A	ABC	CD	A	C	BD	AC	B

2. 操作题

脚本文件 xiti6-1.js 的代码如下：

```
function cal(op){
    var n1,n2,res;
    n1=parseFloat(document.getElementById("n1").value);
    n2=parseFloat(document.getElementById("n2").value);
    if(op=='+') res=n1+n2;
    if(op=='-') resu=n1-n2;
    if(op=='×')res=n1*n2;
    if(op=='÷')res=n1/n2;
    document.getElementById("res").value=res;
}
```

页面文件 xiti6-1.html 的代码如下：

```
<html><head>
<script src= "xiti6-1.js" type= "text/javascript">
</head><body>
 <form name="f1">
  第一个数 <input type=text name="n1" id="n1"><p>
  第二个数 <input type=text name="n2" id="n2"><p>
  <input type="button" name="add" value=" + " onclick="cal('+')">
```

```
<input type="button" name="sub" value=" - " onclick="cal('-')">
<input type="button" name="mul" value=" × " onclick="cal('×')">
<input type="button" name="div" value=" ÷ " onclick="cal('÷')"><p>
计算结果 <input type=text name="res" id="res">
</form></body></html>
```

第7章

选择题

(1)	(2)	(3)	(4)	(5)	(6)	(7)	(8)
A	BC	C	A	AC	C	C	BC

第8章

1. 选择题

(1)	(2)	(3)	(4)	(5)	(6)	(7)	(8)	(9)	(10)	(11)	(12)	(13)
CD	C	C	A	B	BC	B	C	B	C	A	C	D

2. 操作题

HTML 页面代码如下：

```
<!DOCTYPE html PUBLIC "-//W3C//DTD XHTML 1.0 Transitional//EN"
  "http://www.w3.org/TR/xhtml1/DTD/xhtml1-transitional.dtd">
<html xmlns="http://www.w3.org/1999/xhtml">
<head>
<style type="text/css">
  #divw{width:360px;height:120px;margin:0 auto; }
  #divleft,#divright{width:100px;height:120px;border:1px solid #aaf;
    float:left;margin:0;  }
  #divcenter{width:100px;height:100px;margin:0 20px;
    padding:10px 0 0;text-align:center;float:left; }
  #divleft p,#divright p{color:#00d;font-size:12pt;
    line-height:24px;margin:6px 0; }
  input{width:100px; height:25px; background:#000;
    text-align:center; color:#fff;}
</style>
<script type="text/javascript" src="ch8-2.js"></script>
</head><body>
  <div id="divw">
    <div id="divleft">
      <p id="p1">张三</p>
      <p id="p2">李四</p>
      <p id="p3">王五</p>
      <p id="p4">赵六</p>
    </div>
    <div id="divcenter">
```

```
    <input type="button" id="bt1" value="&gt;&gt;"
      onclick="movealls('divleft','divright');"><br />
    <input type="button" id="bt2" value="&gt;"
      onclick="btclick('divleft','divright');"><br />
    <input type="button" id="bt3" value="&lt;&lt;"
      onclick="movealls('divright','divleft');"><br />
    <input type="button" id="bt4" value="&lt;"
      onclick="btclick('divright','divleft');">
  </div>
  <div id="divright"> </div>
  </div>
</body></html>
```

脚本部分代码如下：

```
window.onunload=function(){};
window.onload=function(){
    document.getElementById('p1').onclick=ponclick;
    document.getElementById('p2').onclick=ponclick;
    document.getElementById('p3').onclick=ponclick;
    document.getElementById('p4').onclick=ponclick;
}
var pid;
function ponclick(evt){
  var e=evt || window.event;
  pid=e.target.id || e.srcElement.id;
  for(i=1;i<=4;i++){
    var p=document.getElementById("p"+i);
    if(pid=="p"+i){p.style.backgroundColor="#aaf";}
    else{p.style.backgroundColor="#fff";}
  }
}
function btclick(sourdiv,destdiv){
  var sour=document.getElementById(sourdiv);
  var dest=document.getElementById(destdiv);
  var ps=document.getElementById(pid);
  dest.appendChild(ps);
  ps.style.backgroundColor='#fff';
}
function movealls(sourdiv,destdiv){
  var sour=document.getElementById(sourdiv);
  var dest=document.getElementById(destdiv);
  for(i=1;i<=4;i++)
  {
    ps=document.getElementById("p"+i);
    ps.style.backgroundColor='#fff';
    dest.appendChild(ps);
  }
}
```